大数据混合存储布局及其
完整性审计方法研究

邵必林　边根庆　贺秦禄　等　著

西安电子科技大学出版社

内 容 简 介

本书结合课题组多年的科研成果，对大数据混合存储布局优化及其安全迁移相关理论和技术进行了全面、系统的介绍。全书共分为八章，其中第一章概述了数据存储基本知识；第二章论述了海量信息存储系统中负载均衡机制；第三、四章论述了并发的混合存储布局的优化模型及分布式存储集群系统布局优化方法；第五章阐述了数据存储布局的多目标优化策略；第六章讲述了分布式混合存储系统中的数据安全迁移技术；第七章论述了混合存储环境下重复数据删除技术；第八章论证了数据完整性审计方法。

本书从理论和实践两个方面对相关理论进行深入分析和研究的同时，给出了对应的模型和算法的仿真过程，有利于广大读者更为深入地理解有关大数据混合存储布局及其安全迁移技术的算法设计思想和实现过程。

本书可供信息类相关领域的研究者或技术人员查阅，也可作为相关专业研究生的教材和参考资料。

图书在版编目(CIP)数据

大数据混合存储布局及其完整性审计方法研究 / 邵必林等著. —西安：
西安电子科技大学出版社，2022.7
ISBN 978 - 7 - 5606 - 5880 - 3

Ⅰ. ①大… Ⅱ. ①邵… Ⅲ. ①数据管理—研究 Ⅳ. ①TP274

中国版本图书馆 CIP 数据核字(2022)第 057820 号

策　　划　刘玉芳
责任编辑　刘玉芳
出版发行　西安电子科技大学出版社(西安市太白南路2号)
电　　话　(029)88202421　88201467　　邮　　编　710071
网　　址　www.xduph.com　　　　　电子邮箱　xdupfxb001@163.com
经　　销　新华书店
印刷单位　咸阳华盛印务有限责任公司
版　　次　2022年7月第1版　　2022年7月第1次印刷
开　　本　787毫米×1092毫米　1/16　印　张　12.5
字　　数　291千字
定　　价　46.00元
ISBN 978 - 7 - 5606 - 5880 - 3/ TP
XDUP 6182001 - 1
＊＊＊如有印装问题可调换＊＊＊

前　言

　　大数据是以容量大、类型多、存取速度快、应用价值高为主要特征的数据集合。通过对数量巨大、来源分散、格式多样的数据进行采集、存储和分析，从中发现新知识、创造新价值、提升新能力，已逐渐成为新一代信息技术和服务业态。近年来，伴随着云计算、大数据、物联网、人工智能等信息技术的快速发展和传统产业数字化的转型，数据量呈现几何级增长态势。数据爆发式增长给存储行业带来新机遇，也带来了新挑战。大数据的自身属性及其蕴藏的内在价值正对国家的经济、社会、生活、安全等各方面产生着重要影响，已然是推动国家现代化建设的战略性资源。

　　随着数据量呈几何级增长，传统的数据存储与管理方法已不能应对大数据的特征与发展需求，存储系统不仅要在低成本的前提下具有持续存储海量数据的能力，还要具有能够提供高效数据访问的能力。在大数据存储模型中，构成存储系统的各种存储介质性能差异显著，且任何一种单一的存储介质都难以同时满足大容量、低成本和高性能的存储需求。为了充分发挥各存储介质的特性优势，提高存储系统的性能，可以结合存储文件的访问状态以及存储介质的特点，将文件迁移至合适的存储介质中。通常情况下，用户的突发访问及并发访问使得存储这些数据的服务器的负载加重，突发的访问压力会给自身负载较重的服务器带来更为严重的访问延迟和网络带宽问题。因此，如何高效、安全地存储数据，以及对存储文件进行合法性检测，对迁移数据的完整性进行有效验证，更好地服务于大数据的深层次挖掘与利用，已成为学术界和实际应用领域亟待解决的重要问题。

　　当前，国内外出版的相关海量数据存储系统方面的书籍或著作，大多数是对存储系统架构的实现原理和常用经典算法的介绍，而对数据的动态存储布局的优化、数据安全迁移技术的优化及数据迁移后数据完整性验证技术涉及不多，或论述不够完整和深入。近年来，作者所在课题组在国家自然科学基金项目"面向大数据的混合存储布局优化及安全迁移机制研究"的资助下，针对当前云存储环境下存在的数据存储布局问题，通过深入分析存储型任务与计算型任务的不同，探究存储节点负载状态影响的主要因素，构建了高精度、低时间复杂度的存储节点负载预测模型；针对传统布局策略在异构服务器下负载不均衡、性能降低的问题，通过对混合存储架构的分析和研究，提出了基于负载均衡的数据动态存储布局策略与改进传统遗传算法布局优化策略；针对纠删码容错的相关操作需要多个节点相互协作，从而导致数据传输需要占用较多网络资源的问题，通过研究纠删码重构技术及文件副本重构技术，提出了存储集群系统中机架感知与网络感知的数据布局方案；针对现有的文件布局方式不能同时兼顾系统平均响应时间更快和负载均衡的问题，通过研究文件布局和副本技术，以存储系统中的多目标优化为方向，提出了数据存储布局的多目标优化方案；通过分析引发数据迁移的内外部因素，提出了一种识别数据价值的算法，并将其引入数据迁移算法中，研究并优化了传统的数据迁移算法；通过分析云存储环境下设备中数据的重复率及数据可靠性，构建了一种基于重复数据删除的云存储系统模型；通过分析和研究数据迁移后数据完整性验证问题，提出了基于 Hadoop、ElGamal、多副本文件版本控制、多层分支树、哈希消息认证码及不可区分性混淆的数据完整性审计方法。通过对上述内容的系统研究，最终形成一套面向大数据的自适应、高安全、低能耗的混合存储体系，能够很好地满足"大数据"安全存储管理和利用的需求。全书从易于读者理解的角度出发，重点对大数据环境下数据的存储基础、数据的布局策略、数据感知、多目标优化、数据安全性迁移方法、重复数据删除技术及数据完整性审计方法等进行了全面、深入的讨论，并对这些技术的相关概念、原理进行了阐述，同时对当前海量存储技术给出了具体的描述。

全书共分为八章，其中第一章概述了数据存储基础知识；第二章论述了存储节点的动态负载预测算法；第三章论述了传统遗传算法优化方案及负载均衡的 SOR 数据布局策略的改进方法；第四章阐述了在存储集群系统中机架感知和网络感知的数据感知方案；第五章论证了数据存储布局的多目标优化策略；第六章讲述了数据安全迁移技术；第七章论述了云存储环境下重复数据删除技术；第八章论证了数据完整性审计方法。

本书是笔者及叶娜、常金勇、张翔、张维琪、张志霞、马思瑶、何箐、赵煜等课题组成员多年研究成果的结晶；书中部分内容采用了课题组成员所指导的西安建筑科技大学毕业的宋丹、王栋、王月、吴书强、赵媛媛、王莎莎、贺金能、李茂林等研究生的学位论文成果；另外，宋明轩、郭旭森、慕桐、张凡、张力、涂紫菱、李姗、马少怡、杨阳等研究生对本书进行了整理、校对工作。在此对以上人员一并表示由衷的谢意！

尽管在编写过程中，我们力求使本书能更好地满足读者的需要，但因为内容涉及面广且有一定的深度，加之目前数据存储技术与数据迁移技术发展日新月异，限于水平，书中不足之处在所难免，敬请读者批评指正。

著 者

2021 年 12 月于西安

目 录

第一章　数据存储基本知识 ……………… 1

1.1　大数据 ………………………………… 1

  1.1.1　大数据概述 ………………………… 1

  1.1.2　大数据的"4V"特征 ……………… 2

  1.1.3　大数据面临的挑战 ………………… 3

1.2　大数据存储基础 ……………………… 4

  1.2.1　硬件基础 …………………………… 4

  1.2.2　存储协议 …………………………… 5

  1.2.3　存储系统 …………………………… 7

1.3　混合存储系统 ………………………… 8

  1.3.1　GFS 分布式存储系统 ……………… 8

  1.3.2　Ceph 分布式混合存储系统 ……… 9

  1.3.3　SSD – HDD 混合存储系统 ……… 9

  1.3.4　Hadoop 中的 HDFS 存储系统 …… 11

1.4　数据迁移概述 ………………………… 13

  1.4.1　数据迁移背景及概念 …………… 13

  1.4.2　数据迁移算法 …………………… 13

本章小结 …………………………………… 14

参考文献 …………………………………… 14

第二章　负载均衡的数据动态存储布局策略
 ……………………………………………… 16

2.1　存储节点动态负载预测 ……………… 16

  2.1.1　负载状态影响因子 ……………… 16

  2.1.2　负载评估数学函数 ……………… 18

  2.1.3　负载变化特征分析 ……………… 21

  2.1.4　基于指数平滑法的节点负载预测
  …………………………………………… 21

2.2　基于负载预测的数据布局 …………… 24

  2.2.1　动态阈值计算模型 ……………… 25

  2.2.2　存储节点集合划分与选择 ……… 25

  2.2.3　基于负载预测的数据动态存储
    布局策略 ……………………………… 27

  2.2.4　基于时间区间均衡的数据
    动态存储布局算法 …………………… 28

2.3　实验与结果分析 ……………………… 30

  2.3.1　实验方法 ………………………… 30

  2.3.2　实验环境 ………………………… 31

  2.3.3　实验结果分析 …………………… 31

本章小结 …………………………………… 34

参考文献 …………………………………… 35

第三章　I/O 并发的混合存储布局优化模型
 ……………………………………………… 37

3.1　负载均衡的 SOR 数据布局策略
  改进方法 ………………………………… 37

  3.1.1　SOR 策略改进模型 ……………… 37

  3.1.2　数据指派模型构建 ……………… 40

  3.1.3　SP、SOR 和改进策略对比实验
  …………………………………………… 41

3.2　基于遗传算法的数据布局优化 ……… 43

  3.2.1　传统遗传算法优化 ……………… 43

  3.2.2　自适应的交叉变异算子 ………… 46

3.3　实验与结果分析 ……………………… 48

  3.3.1　实验参数 ………………………… 48

  3.3.2　与传统遗传算法结果对比 ……… 49

  3.3.3　优化布局算法对系统性能的影响
  …………………………………………… 50

本章小结 …………………………………… 52

参考文献 …………………………………… 52

第四章　分布式存储集群系统布局优化方法
 ……………………………………………… 53

4.1　存储集群系统中机架感知的
  数据布局方法 …………………………… 53

  4.1.1　编码数据块存储的数据布局
    策略与算法 …………………………… 53

4.1.2　单机架存储数据块策略性能分析
　　　　……………………………………… 55

4.1.3　机架感知布局方法测试 ……… 56

4.2　存储集群系统中网络感知的数据

　　　布局方法 …………………………… 59

4.2.1　存储系统网络特征指标 ……… 59

4.2.2　指标应用与结果分析 ………… 61

4.2.3　基于网络感知的数据布局方法 ……… 62

4.2.4　布局方法实验测试 …………… 67

本章小结 ……………………………………… 69

参考文献 ……………………………………… 70

第五章　数据存储布局的多目标优化策略 ……… 73

5.1　基于负载均衡的文件指派策略 ……… 73

5.1.1　LFAS 文件存储布局模型 …… 73

5.1.2　存储系统的性能指标与

　　　　负载变化表示 ………………… 75

5.1.3　LFAS 布局策略 ……………… 76

5.2　基于多目标分解的副本布局优化策略

　　　………………………………………… 78

5.2.1　副本文件存储布局模型 ……… 78

5.2.2　目标函数优化 ………………… 79

5.2.3　副本布局优化策略 …………… 82

5.3　实验与结果分析 ………………………… 84

5.3.1　文件指派策略实验环境 ……… 84

5.3.2　文件指派策略实验与结果分析

　　　　………………………………… 85

5.3.3　副本布局策略实验环境 ……… 87

5.3.4　副本布局策略实验与结果分析

　　　　………………………………… 88

本章小结 ……………………………………… 91

参考文献 ……………………………………… 92

第六章　数据安全迁移技术 ……………………… 94

6.1　数据迁移技术相关理论 ……………… 94

6.1.1　数据迁移技术概述 …………… 94

6.1.2　数据价值的评估指标选取 …… 95

6.1.3　基于熵权法的数据价值计算 …… 98

6.1.4　基于数据价值大小的冷热

　　　　数据识别 ……………………… 101

6.2　兼顾负载均衡与文件热度的数据

　　　迁移算法 ……………………………… 102

6.2.1　混合存储系统数据迁移架构 …… 102

6.2.2　兼顾负载均衡与文件热度的

　　　　改进蚁群算法 ………………… 104

6.2.3　改进蚁群算法的实现 ………… 107

6.3　实验与结果分析 ……………………… 109

6.3.1　实验方法 …………………… 109

6.3.2　实验环境 …………………… 110

6.3.3　实验结果分析 ……………… 111

本章小结 …………………………………… 117

参考文献 …………………………………… 117

第七章　重复数据删除技术 …………………… 119

7.1　云环境下应用感知的动态重复数据

　　　删除机制 …………………………… 119

7.1.1　传统重复数据删除技术 …… 119

7.1.2　Hy‐Dedup 机制设计 ……… 119

7.1.3　Hy‐Dedup 机制的实验分析 …… 122

7.2　移动闪存的重复数据删除技术 …… 127

7.2.1　M‐Dedupe 重复数据删除

　　　　技术架构 …………………… 127

7.2.2　M‐Dedupe 技术设计 ……… 128

7.2.3　实验分析 …………………… 130

7.3　基于云存储系统的自适应碎片

　　　恢复优化技术 ……………………… 133

7.3.1　最大化重写技术架构 ……… 134

7.3.2　最大化重写技术设计 ……… 135

7.3.3　实验分析 …………………… 138

本章小结 …………………………………… 141

参考文献 …………………………………… 142

第八章　数据完整性审计方法 ………………… 144

8.1　基于 Hadoop 的数据完整性分布式

　　　聚合审计方法 ……………………… 144

8.1.1　总体架构 …………………… 144

8.1.2 证据聚合模型 ······················· 145

8.1.3 基于 Hadoop 的分布式证据
验证模型 ·················· 148

8.1.4 基于负载均衡的动态延迟
调度模型 ·················· 150

8.1.5 实验与结果分析 ··········· 152

8.2 基于 ElGamal 加密的动态多副本
数据完整性审计方法 ·········· 155

8.2.1 基于 ElGamal 加密的数据
完整性审计算法设计 ···· 155

8.2.2 数据动态更新 ··········· 158

8.2.3 安全性分析 ··········· 160

8.2.4 实验性能分析 ··········· 161

8.3 基于增量存储的多副本文件
版本控制方法 ·········· 164

8.3.1 文件版本控制方法 ······· 165

8.3.2 MRFVCM 方法设计 ····· 165

8.3.3 文件版本动态更新 ······· 166

8.3.4 文件版本请求与文件版本传递
···························· 167

8.3.5 实验与结果分析 ··········· 168

8.4 基于分层多分支树的数据
完整性审计方法 ·········· 169

8.4.1 构造分层 MBT 认证结构 ···· 169

8.4.2 数据完整性审计过程 ········· 170

8.4.3 数据动态更新 ··········· 172

8.4.4 安全性分析 ··········· 177

8.4.5 实验与结果分析 ········· 179

8.5 基于哈希消息认证码和不可区分性
混淆的数据完整性审计方法 ···· 182

8.5.1 算法设计 ··········· 183

8.5.2 数据完整性审计过程 ········· 183

8.5.3 安全性分析 ··········· 185

8.5.4 实验与结果分析 ········· 186

本章小结 ···························· 188

参考文献 ···························· 188

第一章　数据存储基本知识

2015年，"十三五"规划纲要中首次提出实施"国家大数据战略"，把大数据作为基础性战略资源，全面实施促进大数据发展行动，加快推动数据资源共享开放和开发应用，助力产业转型升级和社会治理创新。现阶段，我国经济发展的基本特征就是由高速增长阶段转向高质量发展阶段，其中更是需要大数据的持续发力。"数据是新的石油，是本世纪最为珍贵的财产。"大数据正在改变各国综合国力，重塑未来国际战略格局。如何对数据进行合理、有效、高速的存储是大数据发展面临的首要挑战。本章主要从大数据、大数据存储基础、混合存储系统和数据迁移概述四个方面来简单介绍数据存储的基本知识。

1.1　大　数　据

大数据泛指巨量的数据集，因可从中挖掘出有价值的信息而受到重视。《华尔街日报》将大数据时代、智能化生产和无线网络革命称为引领未来繁荣的三大技术变革。麦肯锡公司的报告指出：数据是一种生产资料，大数据是下一个创新、竞争、生产力提高的前沿技术。世界经济论坛的报告认定大数据为新财富，价值堪比石油，因此，发达国家纷纷将开发利用大数据作为夺取新一轮竞争制高点的重要抓手。

1.1.1　大数据概述

研究机构 Gartner 的定义：大数据是指需要新处理模式才能具有更强的决策力、洞察发现力和流程优化能力的海量、高增长率和多样化的信息资产。

维基百科的定义：大数据是指所涉及的资料量规模巨大到无法通过目前主流软件工具，在合理时间内撷取、管理、处理并整理成为帮助企业经营决策的信息。

麦肯锡的定义：大数据是指无法在一定时间内用传统数据库软件工具对其内容进行采集、存储、管理和分析的数据集合。

无论哪种定义，我们可以看出，大数据并不是一种新的产品，也不是一种新的技术，就如同本世纪初提出的"海量数据"概念一样，大数据只是数字化时代出现的一种现象。海量数据包括结构化和半结构化的交易数据，除此以外，大数据还包括非结构化数据和交互数据。大数据包括交易和交互数据集在内的所有数据集，其规模或复杂程度超出了常用技术，而大数据技术则意味着按照合理的成本和时限捕捉、管理及处理这些数据集。20世纪60年代，数据一般存储在文件中，由应用程序直接管理；70年代构建了关系数据模型，数据库技术为数据存储提供了新的手段；80年代中期，数据仓库由于具有面向主题、集成性、时变性和非易失性特点，成为数据分析和联机分析的重要平台；随着网络的普及和

Web 2.0网站的兴起，基于 Web 的数据库和非关系型数据库等技术应运而生。目前，伴随着云计算、大数据、物联网、人工智能等信息技术的快速发展和传统产业数字化的转型，数据量呈现几何级增长，渐渐超出了传统关系型数据库的处理能力，数据中存在的关系和规则难以被发现，而大数据技术很好地解决了这个难题，它能够在成本可承受的条件下，在较短的时间内，将数据采集到数据仓库中，用分布式技术框架对非关系型数据进行异质性处理，通过数据挖掘与分析，从大量、多类别的数据中提取有价值的信息。大数据技术将是 IT 领域新一代的技术与架构。

1.1.2　大数据的"4V"特征

维克托·迈尔·舍恩伯格和肯尼斯·克耶编写的《大数据时代》一书中提出了大数据的"4V"特征，包括规模性(Volume)、多样性(Variety)、高速性(Velocity)和价值性(Value)。

1. 规模性

随着信息化技术的高速发展，数据开始爆发式增长。大数据中的数据不再以几个 GB 或几个 TB 为单位来衡量，而是以 PB(一千个 TB)、EB(一百万个 TB)或 ZB(十亿个 TB)为计量单位。

2. 多样性

大数据的多样性主要体现在数据来源多、数据类型多和数据之间关联性强这三个方面。

(1) 数据来源多。企业所面对的传统数据主要是交易数据，而互联网和物联网的发展，带来了诸如社交网站、传感器等多种来源的数据。数据来源于不同的应用系统和不同的设备，决定了大数据形式的多样性，大体可以分为三类：

一是结构化数据，如财务系统数据、信息管理系统数据、医疗系统数据等，其特点是数据间的因果关系强；

二是非结构化数据，如视频、图片、音频等，其特点是数据间没有因果关系；

三是半结构化数据，如 HTML 文档、邮件、网页等，其特点是数据间的因果关系弱。

(2) 数据类型多，并且以非结构化数据为主。在传统的企业中，数据都是以表格的形式保存的。而大数据中有 70%～85% 的数据都是如图片、音频、视频、网络日志、链接信息等非结构化和半结构化的数据。

(3) 数据之间关联性强，交互频繁。如游客在旅游途中上传的照片和日志，就与游客的位置、行程等信息有很强的关联性。

3. 高速性

高速性是大数据区分于传统数据挖掘最显著的特征。大数据与海量数据的重要区别在两方面：一方面，大数据的数据规模更大；另一方面，大数据对处理数据的响应速度有更严格的要求。大数据的处理是实时分析而非批量分析，数据输入、处理与丢弃立刻见效，几乎无延迟。数据的增长速度和处理速度是大数据高速性的重要体现。

4. 价值性

尽管企业拥有大量数据，但是发挥价值的仅是其中非常小的部分。大数据背后潜藏的价值巨大，由于大数据中有价值的数据所占比例很小，而大数据技术真正的价值体现在从大量不相关的各种类型的数据中，挖掘出对未来趋势与模式预测分析有价值的数据，并通过机器学习、人工智能或数据挖掘等方法进行深度分析，再运用于农业、金融、医疗等各个领域，以创造更大的价值。

1.1.3　大数据面临的挑战

尽管大数据意味着大机遇，拥有巨大的应用价值，但同时也面临工程技术、管理政策、人才培养、资金投入等诸多领域的挑战。只有解决这些基础性的问题，才能充分利用这个大机遇，让大数据为企业、为社会充分发挥最大价值与贡献。

1. 数据来源错综复杂

丰富的数据源是大数据产业发展的前提。我国数字化的数据资源总量远远低于美欧，每年新增数据量仅为美国的 7％、欧洲的 12％，其中政府和制造业的数据资源积累远远落后于国外。就已有有限的数据资源来说，还存在标准化程度不高、准确性不够、完整性低、利用价值不高的情况，这大大降低了数据的价值。

现如今，几乎任何规模企业，每时每刻也都在产生大量的数据，但对这些不同来源的数据如何进行归集、提炼始终困扰着人们。大数据技术的意义不在于掌握规模庞大的数据信息，而在于对这些数据进行智能处理，从中分析和挖掘出有价值的信息，但前提是如何获取大量有价值的数据。未来，数据采集是一个很大的市场，因为分析的数据模型可以根据需求和思维进行调整，但应确保数据采集的准确性。如果采集不到数据、采集到了错误的数据，采集效率受到网络带宽限制，则数据价值很难被利用起来。

2. 数据挖掘能力低

大数据的真正价值不在于它的大，而在于它的全面：空间维度上，多角度、多层次信息交叉复现；时间维度上，与人或社会有机体的活动相关联的信息持续呈现。

关于大数据分析，人们的期望很高，却鲜见其实际运用得法的模式和方法。造成这种窘境的原因主要有以下两点：一是对于大数据分析的逻辑尚缺乏足够深刻的洞察；二是大数据分析中的某些重大要件或技术还不成熟。大数据时代下数据海量增长而大数据分析逻辑以及大数据技术有待发展，这正是大数据时代下我们所面临的挑战。

要以低成本和可扩展的方式处理大数据，就需要对整个 IT 架构进行重构，开发先进的软件平台和算法。近年来以开源模式发展起来的 Hadoop 等大数据处理软件平台及其相关产业已经在美国初步形成。而我国数据处理技术基础薄弱，总体上以跟随为主，难以满足大数据大规模应用的需求。我国必须掌握大数据关键技术，才能将资源转化为价值。应该说，要迈过这道坎，开源技术为我们提供了很好的基础。

目前，尽管计算机智能化有了很大进步，但还只能针对小规模、有结构或类结构的数据进行分析，谈不上深层次的数据挖掘，现有的数据挖掘算法在不同行业中还难以通用。

3. 数据开放与隐私的权衡

数据应用的前提是数据开放，这已经是共识。全社会开放与共享数据还很难，这让数据价值大打折扣。数据增值的关键在于整合，但自由整合的前提是数据的开放。在大数据时代，开放数据的意义不仅仅是满足公民的知情权，更在于让大数据时代最重要的生产资料、生活数据自由地流动起来，准确全面地应用起来，以推动知识经济和网络经济的发展，促进中国的经济增长由粗放型向精细型转型升级。然而战略观念上的缺失、政府机构协调困难、企业对数据共享的认识不足及投入不够、科学家对大数据的渴望无法满足等，都是当前我们不得不面对的困难。

开放与隐私如何平衡，亦是一大难题。任何技术都是双刃剑，大数据也不例外。如何在推动数据全面开放、应用和共享的同时有效地保护公民、企业的隐私，逐步加强隐私立法，将是大数据时代的一个重大挑战。

4. 大数据管理与决策

大数据开发的根本目的是以数据分析为基础，帮助人们做出更明智的决策，优化企业和社会运转。哈佛商业评论说，大数据本质上是"一场管理革命"。大数据时代的决策不能仅凭经验，而真正要"拿数据说话"。因此，大数据若要真正发挥作用，从深层次看，就要改善我们的管理模式，并将管理模式与大数据技术工具相适配。

5. 缺乏相关技术人才

从大数据中获取价值至少需要三类关键人才：一是进行大数据分析的资深分析型人才；二是精通如何申请、使用大数据分析的管理者和分析家；三是大数据技术支持人才。此外，由于大数据涵盖内容广泛，因此所需的高端专业人才不仅包括程序员和数据库工程师，也包括天体物理学家、生态学家、数学和统计学家、社会网络学家和社会行为心理学家等。可以预测，在未来几年，资深数据分析人才短缺问题将越来越凸显，需要具有前瞻性思维的实干型领导者，从大数据分析中获得的有价值的信息，制订相应策略并贯彻执行。

1.2　大数据存储基础

随着数据量呈井喷式的增长，传统的本地数据存储不仅耗费存储设备，而且维护存储设备所需要的资金也逐渐增多。为了解决这一难题，越来越多的企业和个人将大量数据外包到云端进行计算和存储，从而降低本地基础设施的成本，这就是云存储。云存储是在云计算上延伸和发展起来的新概念，集成了各种存储设备来协同工作，并向租户提供数据存储等功能。同时云存储技术还是大数据处理的基础，能够满足大数据存储的高吞吐量和可扩展性的基本要求。

所谓云计算，即对存储在云端的数据进行计算。云计算是一种新型的计算模式，主要是通过并行处理、分布式处理以及网络虚拟化等计算机技术来实现与网络的有机结合。云计算通过大量的外部服务器为远程客户端提供资源池，用户可以根据自己的实际需求通过网络来连接资源池，使用远程资源池对自己所需要处理的信息进行处理。云计算技术的使用不仅打破了时间、地点、人员的限制，同时还为各个行业提供了更简单、更高效的信息处理工具，很大程度上提高了企业工作的效率。

1.2.1　硬件基础

存储数据的物理实体称为存储介质，不同的存储介质具有不同的物理性质，因此数据存储过程存在差异性。作为存储系统的设计者，为创建合理的数据布局和调度机制，有必要了解各种存储介质的具体存储过程以及相应的存储特性，进而提高存储系统的整体性能。

目前，市面上有磁带、光盘、机械硬盘（Hard Disk Drive，HDD）、固态硬盘（Solid State Drive，SSD）和 U 盘等不同特性的存储设备。但随着数据的爆炸式扩张，存储设备都在朝着易携带、大容量、高速度、低价格的方向发展。机械硬盘凭借安全的磁盘阵列技术等优势占据着存储市场的主要地位，固态硬盘也凭借着超高的读写速度等优点逐渐跻身于一级存储市场中，光盘和磁带以技术成熟和价格低廉等优点在二级存储市场有着重要的地位，U 盘以其独特的便携式特点在存储领域中占据着一席之位。

机械硬盘是目前最普及的存储介质，它由盘片、磁头和磁头臂等部分组成，具有低成本、大容量、顺序存取、速度快等优点。由于其机械结构的特殊性，磁盘在访问数据时需要依靠盘片的旋转和磁头的移动进行定位，这种定位操作会导致访问延迟，还会带来能耗和温度问题。在这样的背景下，固态硬盘的出现为存储系统的革新带来了新的机遇。固态硬盘是以闪存为存储介质，建立在半导体芯片上的存储设备。固态硬盘内部不含任何机械部件，在访问数据的过程中不存在机械运动，故其读写访问速度较快，能有效突破 HDD 随机访问性能的瓶颈。此外，固态硬盘还有很多其他优点，如体积小、能耗低、抗震性好，这些特性使得固态硬盘备受关注。

上述五种不同存储介质具有不同的数据存储特点和应用环境，其特点比较见表 1.1。

表 1.1　存储介质种类及特点

介质种类	优　点	缺　点	数据存储速度	应用环境
磁带	容量大、保存时间长、成本低廉	数据顺序检索时间长	慢	海量数据及大型网络应用环境的数据备份
光盘	成本低廉、查询时间短	表面易磨损、寿命短	相对较快	海量数据备份的访问与离线存储
机械硬盘	数据查询方便、简单易用、存取速度快	成本相对较高、抗震性较差、功耗大	快	大型服务器的在线数据存储以及磁盘阵列扩容
固态硬盘	数据存取速度快、防震抗衰性强、功耗低	容量较小、单位存储成本价格昂贵	很快	对数据可靠性要求高的 I/O 密集型应用
U 盘	便携性较高、抗震性极强、简单易用	速率相对较低、容量相对较小	快	经常需要修改的离线数据

1.2.2　存储协议

数据的传输和共享离不开协议，协议是通过在通信源端和目的端之间的接口设备来实现的。当前存储系统中常用的主机与外存储设备之间的通信协议有两大类：小型计算机接口（Small Computer System Interface，SCSI）协议和光纤通道（Fiber Channel，FC）协议。这两者都是由多个协议组成的协议簇，其功能实现依托于相应的接口和硬件。对于 SCSI

协议,对应的接口和硬件是 SCSI 协议卡和 SCSI 设备;而 FC 协议则通过多个部件来实现,其底层逻辑是由 FC 卡驱动程序来实现的。

1. SCSI 协议

SCSI 协议是计算机和智能设备之间进行通信的通用接口标准,它支持数据并行传输而且具有良好的扩展性和兼容性,已成为高端计算机中优先选择的连接协议。

随着时间的更迭,SCSI 协议从 1986 年出现以后经历了三代发展并形成了十几个版本。目前的 SCSI 协议与最初的协议相比支持更多的设备,而且一系列的技术规范更加标准。该协议的设计者借鉴了网络通信协议,通过采用分层结构来实现 SCSI 协议,这既有助于开发者、硬件设计者更好地实现 SCSI 协议,也有助于用户更好地利用 SCSI 协议。图1.1是当前流行的 SCSI-3 协议体系结构,其中指令层协议不仅包括所有设备最主要的指令,同时也包括特定设备的指令;传输层协议是一套设备之间通信和共享信息的标准集规则;物理层互联协议是关于接口的一些规范,例如电子信号方法和数据传输模式等。

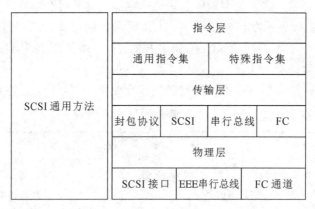

图 1.1　SCSI-3 协议体系结构

SCSI 协议最初是针对硬盘开发的。随着技术的不断改进,目前 SCSI 协议可以用于多种设备之间的数据传输,如磁带驱动器、打印机和光介质驱动器等。在这一协议之前,用于设备之间通信的接口只针对于特定类型的设备,例如 HDD 接口只能用于机械硬盘。此外,SCSI 协议还具有以下特点:

(1)可支持多台设备,传统的 SCSI 协议总线可以支持 1～8 台设备,当前的 SCSI 协议总线可以支持 1～16 台设备。

(2)SCSI 协议可以在一个设备传输数据的同时对另外一个设备进行数据查找,且其适配器或协议卡具有高度的独立性,可以大幅度减少 CPU 对 I/O 的处理时间。

(3)SCSI 协议能够提供更快的传输带宽,最快可以达到 640 MB/s 以上。

SCSI 协议最初的实现形式是并行 SCSI 协议总线或者 SCSI 协议接口。近年来,随着SCSI 协议标准的发展,SCSI 协议的设计在保留传统 SCSI 协议技术特点的基础上正转向串行点对点的设计模式。当前,串行 SCSI 协议已经可以支持最高 6 Gb/s 的传输速率。

2. FC 协议

FC 协议最初是针对局域网主干线设计的一种高速数据传输协议,主要是为了替换快速以太网和 FDDI。由于 FC 协议具有支持长距离传输、较低的误码率、较小的数据传输延迟以及支持设备数量大等优点，因此在存储领域也获得了广泛的应用，并且有替代 SCSI 协议的趋势。在存储系统中，FC 协议多应用于像服务器这样的多硬盘系统环境，能满足高端工作站、服务器、海量存储网络系统等对数据传输速率要求较高的环境。

同时，FC 协议也是一种功能强大的高速协议，它是由类似于网络通信协议的多层协议组成的一个协议簇。FC 协议标准定义的 FC-0～FC-4 五层通信协议，如图 1.2 所示。其中，FC-0 层作为 FC 协议标准的最底层，定义了系统中物理接口、传输媒介和信息传输的光电参数，其中传输媒介既可以采用光导纤维也可以采用同轴电缆，但是考虑到同轴电缆的传输距离较短而且容易受到电磁干扰影响的特点，因此通常采用光导纤维材料；FC-1 层提供了对传输数据编码、解码以及链路初始化和数据恢复的功能；FC-2 层提供了编址、数据组帧、流量控制和路由等功能，该层支持 FC 协议的最大传输帧长可以达到 2112B，并且还可以根据上层应用的不同提供不同的服务类别；FC-3 层提供了条块化复用、端口地址绑定和多播服务等功能；最后，FC-4 层是 FC 协议标准的最高层，它对高层协议（如 IP 协议、HIPPI 协议）和 FC 协议底层的通信方式进行了规定。

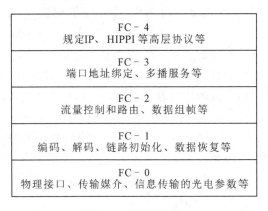

图 1.2　FC 协议栈

1.2.3　存储系统

大数据环境下的数据存储简称为云存储。数据存储的最终目的是应用、传播和共享。而单个的存储设备并不能实现这些目的，单个存储设备必须与控制部件、管理信息调度的设备（硬件）以及软件组成一个系统才能实现数据存储的目的。云存储是由云计算平台衍生出来的一种存储服务，它以集群应用、网络技术和分布式文件系统等技术为基础，通过整合云环境下的各种存储设备来对外提供海量数据存储和管理等服务，目前已成为云计算应用领域中的研究热点。此外，云存储和异构网络中的各种存储节点可通过网络通信技术整合成系统的存储资源池，通过集群、网格以及分布式文件系统技术让资源池中的存储设备能够协同起来为已授权的用户随时提供灵活、透明、按需的数据存储和访问服务。

根据数据存储形式的不同，数据存储可分为静态数据存储和动态数据存储两大类。在数据存储的过程中，静态数据不用进行众多的运算，只需要使用云计算的存储服务，一般采用密码学技术来确保静态数据的安全，以实现便捷访问数据和海量存储的主要目的。动态数据是指进行海量运算的一些数据，这些数据有可能是来自于数据库、配置或者程序中的一些文件，通常存储在云服务器，并根据安全策略及相应的管控机制来实现保护。

1.3　混合存储系统

为了使存储系统在低成本的环境下还具有持续存储和高效访问海量数据的能力，混合存储系统应运而生。混合存储系统是一种由不同存储介质组成并能充分发挥不同存储介质特性的系统，具有低成本、大容量和高性能等特点。目前，主流的混合存储系统主要有GFS 分布式存储系统、Ceph 分布式混合存储系统、SSD-HDD 混合存储系统和 Hadoop 平台中的 HDFS 存储系统等。

1.3.1　GFS 分布式存储系统

谷歌公司为了应对业务的快速发展和自身数据中心对大规模数据存储与处理的需求，于 2000 年前后设计并实现了分布式文件系统（Google File System，GFS），并将其核心设计思想和技术原理进行了公开。GFS 同谷歌的 BigTable 和 MapReduce 三者并称为分布式系统领域的三驾马车，为此后分布式系统的快速发展以及大数据、云计算等技术的出现和成熟奠定了非常重要和坚实的基础。GFS 也因此成为后来 HDFS、Kosmos File System 等众多分布式文件系统设计和实现的原型参考。GFS 采用成千上万台的廉价标准服务器构建存储集群，集群中的节点可分为三种角色：元数据服务器（Master）、存储客户端（Client）和存储服务器（ChunkServer）。在 GFS 中，Master 负责管理整个集群的元数据，其中最重要的是命名空间管理和数据布局管理。对于存入系统的每一个文件，GFS 将其切割为 64MB大小的分片，每一个分片以多副本的形式分散存储到不同的 ChunkServer 上以实现数据的冗余。

GFS 的设计和优化主要针对日志等大文件的存储和访问。这类数据通常具有一次写入、反复读取的特点，几乎不需要进行修改和随机读写，故 GFS 不是采用覆盖的方式对已有的数据进行修改，而是采用追加（Append）的方式进行数据写入，并保证了该操作的原子性。另一方面，日志类大文件访问主要是以顺序读写的方式进行的，相对于请求响应延迟和 IOPS（Input/Output Operations Per Second）这两个指标而言，较高的吞吐率显得更为重要和关键。对此，GFS 通过流水线等方式对大文件的顺序读写进行了专门的优化，大幅提高了多副本情况下系统的吞吐率。因为 GFS 主要针对特定业务场景中的特定应用设计，故其客户端并未实现符合 POSIX 标准的文件系统 API，而是提供了一套专用的客户端函数库，客户端应用程序通过调用这些函数与 GFS 进行交互和数据访问。

GFS 所代表的是一类具有集中式元数据管理的分布式存储模型，其特点是无论集群规模有多大，整个集群的元数据都在单一的元数据服务器上进行管理和维护。这一类分布式存储系统具有设计简单、结构清晰、便于进行命名空间管理、数据分布控制、访问控制和数据一致性保证等优点。然而其缺点也十分明显：由于整个集群只有一个元数据服务器，故为了防止其成为性能瓶颈，GFS 将元数据从持久化存储恢复到内存中并以 B＋树的形式组织起来，但元数据服务器的内存容量总是有限的，可以存放的元数据总量也是有限的，故 GFS 在容量规模上的可扩展性受到内存容量的限制，且由于集群中只运行一个元数据服务器，故容易形成单点故障而导致整个集群不能正常工作。

1.3.2　Ceph 分布式混合存储系统

Ceph 是 Linux 操作系统下一款 PB 级规模的分布式存储系统，其内部采用对象模型来进行数据的存储和管理。与其他分布式存储系统相比，Ceph 最大的特点是在同一套对象模型的基础之上，实现了三种不同数据视图的统一存储：

第一，对象存储，即可通过 Ceph 的原生客户端或支持 AmazonS3 协议的 Restful API 实现对象存储的功能；

第二，块存储，即提供标准块设备的数据存储功能，并支持诸如容量精简配置、逻辑卷的快照和克隆等高级功能；

第三，文件存储，即提供基于目录和文件视图的网络文件系统，上层应用不需要进行任何修改就可以用 Ceph 替代原来的文件存储功能。

由于 Ceph 实现了对这三种数据视图的统一存储，使它在部署和应用上都具有独特的优势，因此在各领域得到广泛应用。在 OpenStack 中，Ceph 已经逐步取代另一个分布式存储系统 Swift 而成为 OpenStack 云计算生态中重要的数据存储基础设施。

Ceph 的底层是 RADOS(Reliable Autonomous and Distributed Object Storage)，包含两个基础组件：监视管理节点(Monitor)和对象存储服务器(Object Storage Device，OSD)。其中，Monitor 负责维护整个 Ceph 集群的全局状态并进行集中式的配置管理，而 OSD 是带有一定计算能力并提供对象存储功能的存储服务器。此外，Ceph 还有文件系统元数据服务器(MDS，Metadata Server)和对象存储网关(RADOS Gateway)等组件。MDS 负责维护 CephFS(Ceph File System)文件系统的元数据，并向上层应用提供目录和文件的数据视图，而 RADOS Gateway 则实现了一个支持 AmazonS3 接口的服务网关，通过 Restful API 提供对象存储服务。与 GFS 不同，Ceph 集群中并不具有集中式的元数据服务器，它代表了一类对称式、去中心化的分布式存储系统。在 Ceph 中，数据的布局和定位通过 CRUSH 算法来实现，其基本思想来源于一致性哈希，通过哈希计算避免了从集中式元数据服务器进行数据查找和定位所带来的性能瓶颈和潜在的单点故障，使这一类分布式存储系统具有更高的可靠性和更好的横向可扩展性。

1.3.3　SSD-HDD 混合存储系统

混合存储已成为当下比较常用的一种经济、可靠且性能高的存储技术，它可以充分利用不同存储介质的特性优势使整个系统存储成本降低、存储容量增加和存储性能显著提升。当下，根据存储介质所属层次的不同，可将基于 HDD 和 SSD 的混合存储系统分为两类：一类是采用缓存分层结构，即将一种存储介质作为另一种存储介质的缓存，存放其中部分数据的副本，两者以分层的方式搭建系统；另一类是设备同层结构，即将 HDD 与 SSD 作为同层存储设备，两者作为相对独立的介质存储数据，此时不同存储介质中存储的数据是不同的。

缓存分层结构是将一种存储设备当作另一种存储设备的缓存而形成的层次化存储结构。考虑到 HDD 与 SSD 的读写特性，可以将 SSD 作为 HDD 的读缓存，也可以将

HDD 作为 SSD 的写缓存。如图 1.3 所示，SSD 作为 HDD 的缓存，其中存放的是 HDD 中部分热点数据的副本。在该系统中，由映射表记录系统的地址映射信息，系统的逻辑地址与 HDD 的物理地址是相对应的。当 I/O 请求到达时，需要通过查询映射表来判断所访问的数据是否在 SSD 中缓存。若数据缓存在 SSD 中就直接访问 SSD，否则继续访问 HDD。在缓存分层结构的混合存储系统中，由于数据热度会随着时间发生改变，因此通常需要根据存储数据被访问的情况适时地进行数据迁移，调整 SSD 中缓存的数据以提高系统的性能。

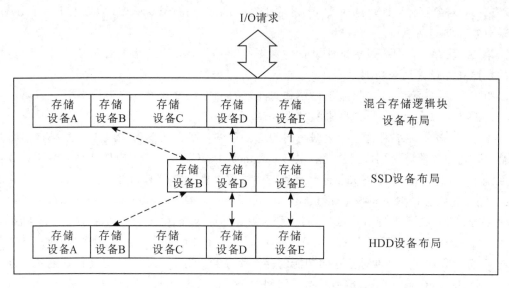

图 1.3　缓存分层结构的混合存储系统架构

　　在这种结构中，SSD 比内存的容量更大，因而能够缓存的数据量也更多，系统的性能也因此能得到一定的提升。但是这种结构也存在一些缺陷：一方面这种结构的系统性能容易受既定的缓存策略的影响，不合理的缓存策略会降低缓存命中率，从而导致系统资源利用率以及系统访问性能的降低；另一方面在访问数据过程中未命中缓存时，需要将被访问数据从 HDD 中迁移至 SSD 中，数据的一致性难以保证，且频繁的迁移操作会妨碍系统的正常使用。

　　设备同层结构是将 SSD 和 HDD 设置在存储架构的同一层次，对其进行统一编址。该种混合存储系统的架构如图 1.4 所示，两种存储介质是统一进行编址的，系统的逻辑地址范围是两个存储介质地址范围的并集，且系统的总存储容量为两个存储介质容量的总和，在这种结构中，系统的空间利用率会在一定程度上得到提高。此外，利用不同类型的存储设备同时访问数据能够有效地提高系统的并发性和吞吐量。考虑到 SSD 和 HDD 两种存储设备的特性差异，设备同层结构的混合存储系统在存储数据时，通常会将频繁读取的热点数据存放在 SSD 上，降低对 SSD 的擦写损耗，而将具有写密集型、冷数据以及较大的数据存储在大容量、较低性能的 HDD 上，充分利用两种存储介质的 I/O 不对称性来提升存储系统的整体性能。

　　在 SSD-HDD 混合存储系统中，用数据大小、访问频率、访问时间、访问方式以及被访问类型等几个方面来衡量存储数据的价值，并根据数据价值的大小将数据划分为冷数据和

热数据两类,最后将冷数据迁移至 HDD 中,将热数据迁移至 SSD 中以充分发挥两种存储
介质自身的性能优势。

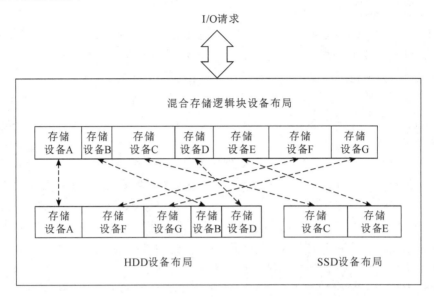

图 1.4　设备同层结构的混合存储系统架构

1.3.4　Hadoop 中的 HDFS 存储系统

Hadoop 为目前云环境下的数据存储提供了一个通用的分布式存储架构,是目前云环境下用来开发和处理大数据的主流分布式软件平台,主要用来解决大规模数据分析、处理以及存储等关键性问题,具有很强的可靠性、可扩展性以及高效性。由于它可以部署在廉价、性能较低的 PC 集群中,因此被广泛认可和应用。Hadoop 经过不断发展,目前已经是众多子项目的集合,但其最核心的两大项目模块一直都是 MapReduce 和 HDFS(Hadoop Distributed File System)。其中,MapReduce 主要负责大数据集的并行计算和处理任务,又可细分为 Map(映射)和 Reduce(规约)两个阶段,Map 阶段承担任务的分解,Reduce 阶段承担最终结果的合成;HDFS 模块主要负责大数据的持久化存储任务,具有高度的容错性和超高的吞吐量,为 MapReduce 的高效并行计算和处理提供强大的数据支撑,极大地满足了大数据时代人们对海量数据的存储与处理要求。

在实际的场景运用中,按需合理地使用 Hadoop 平台,可以极大地方便日常工作,提高任务的执行效率。由于 Hadoop 平台是开源的,接口的调用方便简单,因此非常便于开发人员的再次开发以及研究人员在其已有基础上进行合理的针对性改进。因此,无论是在工业界还是学术界,Hadoop 的再次开发以及其相关研究一直都是个热点,备受人们关注。

MapReduce 主要包括四个组件,分别是 Client、JobTracker、TaskTracker 以及 Task。其中,用户通过 Client 与 MapReduce 通信,也可以将其设计的 MapReduce 程序通过 Client 进行提交;JobTracker 是 MapReduce 中负责集群整体情况的管理节点,不仅负责接收 MapReduce 作业和分配管理集群中所有的计算资源,同时还负责监视 TaskTracker 和任务的执行状态,一旦发现执行错误,就会立即对该任务进行重新分配,交由其他的节点执行;TaskTracker 是集群中实际的任务执行节点,JobTracker 将 MapReduce 任务分配到 Task-

Tracker 节点执行，TaskTracker 会周期性地通过心跳信息将任务执行状态和资源使用情况等信息反馈给 JobTracker；Task 分为 MapTask 和 ReduceTask 两种，任务的启动操作均是通过 TaskTracker 节点来完成的。

MapReduce 是 Hadoop 平台中主要负责大数据计算任务的关键部分。在 Map 操作过程中，Map 程序通过计算输入的 key/value 对，即可得到另一个输出的 key/value 对，并将其作为中间数据存储在缓冲区中。MapReduce 将得到的中间数据按 key 值进行聚集，然后将其中 key 值相等的数据分配给 reduce 程序处理。reduce 程序读取 key 值和其对应的 value 列表，然后将与 key 值相等的所有 value 值进行合并，得到对应的 key/value 对，最终将该值存储至 HDFS 中。

HDFS 是 Hadoop 平台中的分布式文件系统，主要负责大数据的存储管理工作，是其主要的关键技术。HDFS 基于主从（Master/Slave）体系架构进行设计，是由多个实体节点角色，如 Client（客户端）、NameNode（主控节点）、SecondaryNameNode（备用节点）以及 DataNode（存储节点）等组成的数据文件存储集群。其中，Client 是用户访问 HDFS 并与之进行通信交互的应用程序；NameNode 是系统的主控节点，充当 Master 的角色，其数量只有一个，主要负责管理和维护 HDFS 集群中所有的元数据信息，以及处理客户端节点对数据文件内容的访问请求，是 HDFS 集群中的一个中心服务器；SecondaryNameNode 是一个特殊节点，作为 NameNode 的备用节点，其数量也只有一个，主要工作任务就是负责对 NameNode 节点中的所有信息进行热备份，只有当 NameNode 节点发生故障或失效时，其才会担负起 NameNode 节点来保障维持系统正常运行的职责；DataNode 节点在集群中的数量可以有成百上千甚至上万个，相当于 Slave 的角色，主要承担管理自身所在节点中的数据文件实际的持久化存储以及相关管理工作。HDFS 的整体架构如图1.5 所示。

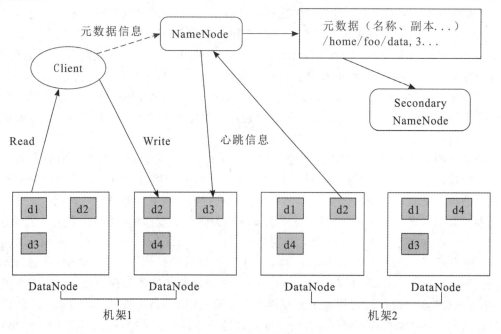

图 1.5　HDFS 的整体架构

1.4　数据迁移概述

全球的数据信息量每年都以惊人的速度增长，其中有超过 1/3 的数据是不活跃的，但它们却和活跃数据一样占据着昂贵的存储资源，混合存储是能解决这一问题的很好的手段。为了降低系统访问延迟、提升系统性能，混合存储系统根据数据的冷热程度对数据进行分类，以便将不同类别的数据存储在适合该类数据的存储设备中。然而，由于数据的热度会随着时间不断发生变化，并且对于分布式混合存储系统而言，需要考虑各节点的负载均衡情况，为了有效管理资源，实现资源利用率以及用户满意度的最大化，存储系统通常需要进行数据迁移操作，因此必须解决如何在不同存储介质间以及不同节点间进行数据迁移问题。其中，冷热数据识别解决的是迁移对象的确定这一问题，是数据迁移的基础；而数据迁移解决的是如何迁移以及何时迁移等问题，是混合存储系统中的关键技术，会直接影响整个存储系统的性能。

1.4.1　数据迁移背景及概念

大数据时代，海量数据的存储与管理需求对存储系统提出了越来越高的要求。对混合存储系统而言，构成混合存储系统的各存储介质性能差异显著且任何一种单一的存储介质都无法同时满足大容量、低成本和高性能的存储需求。因而，如何充分发挥各存储介质的特性优势和提高存储系统的性能是当下需要解决的首要问题。对此，可以结合存储文件的访问状态以及存储介质的特点，将文件迁移至合适的存储介质中。另一方面，存储系统存储着大量的数据以供用户能够随时访问，而对分布式存储系统而言，数据的存储位置和服务器的资源利用状态会严重影响其性能。通常用户的突发访问及并发访问会使得存储这些数据的服务器的负载变重，因此对于自身负载较重的服务器很难负担突发的访问压力，从而给系统带来严重的访问延迟和网络带宽问题。为了解决这一问题，就需要对存储文件进行适当的迁移。通过寻找分布式存储系统中负载压力较小的存储节点，将一些数据迁移至这些负载压力较小的存储节点中以实现系统的负载均衡，从而提高系统的稳定性。

数据迁移是指为实现资源的最优化利用，按照某种迁移策略将数据从一个存储设备上移动至另一个更合适的存储位置上的技术。在分布式混合存储系统中，用户的访问请求和系统的负载状态都会引发数据在各节点间的频繁迁移。此外，由于 HDD 与 SSD 在容量、寿命以及读写性能等方面存在显著差异，因而为了充分发挥各存储介质的优势，提高存储系统的性能，需要在 HDD 与 SSD 之间频繁地进行数据迁移。

1.4.2　数据迁移算法

根据迁移策略的不同，数据迁移算法可分为静态数据迁移和动态数据迁移。静态数据迁移只关注当前数据中心存储设备能力的差异性，根据预设的迁移方案迁移数据。在单一节点的存储系统中，静态数据迁移算法的效果显著，但在分布式存储系统中，该算法会忽略存储系统中各节点的负载情况，因此，在云计算技术迅猛发展的时代下，静态数据迁移对分布式存储系统性能的改善影响较小。动态数据迁移是根据各节点的负载状况以及系统的网络带宽情况，将数据迁移到合适的位置存储，该类算法会在数据迁移的过程中实时更新各存储节点的负载状态信息。动态数据迁移技术非常适合于改善分布式存储系统的整体性能，因而有着更为广泛的应用。

　　数据迁移算法是影响整个存储系统效率的关键。目前普遍采用的两种数据迁移算法是基于存储空间的高低水位法和基于数据访问频率的 Cache 替换迁移法。高低水位法只考虑了存储系统的饱和度，根据磁盘剩余空间来判断是否执行数据的迁移，并以此来决定数据的迁移而没有考虑到数据本身的特征，数据的利用效率不高。其主要的替换策略有 FIFO、LRU、LFU、SIZE、LRV 及 Hybird 等，其中代表性的算法是 LRU（Least-Recently-Used），其将最近最少使用的数据移出磁盘，优点是实现简单。LFU（Least-Frequently-Used）算法是将访问次数最少的数据移出磁盘，其优点是考虑了数据的访问频率，有利于数据的总体优化，但是会存在磁盘污染，如果没有失效机制可能会使历史数据（超过一定的时间长度）永远留在存储空间中，导致存储资源的浪费。

　　随着科学技术信息化的发展，信息系统不断被更新，在新旧系统切换时必然要面临数据迁移的技术问题。数据迁移的质量关系到以后系统运行的稳定。如果迁移失败，新的系统将不能正常启用。如果迁移的数据冗余大，没能有效阻止垃圾数据，会给系统带来很大的隐患，如当新系统访问它们时会产生新的错误数据，严重时会导致系统异常。相反，数据的成功迁移可以有效地促进新系统的顺利进行，珍贵的历史数据对任何企业来说都是十分可贵的资源。

本 章 小 结

　　本章主要对数据存储中所涉及的基本知识进行了介绍，首先从大数据概述、大数据的"4V"特征和大数据所面临的挑战三个方面对大数据的基本知识作了简单介绍；然后从大数据存储的角度出发，对现有的存储介质进行了描述，并对不同种类的存储介质的优缺点、数据存储速度和应用环境进行了简单的分析，并在此基础上，阐述了 SCSI 和 FC 两种通信协议，引出了混合存储系统的概念；最后对当前主流的四种混合存储系统进行了详尽的描述，并介绍了在数据量过载的情况下与数据迁移技术相关的背景知识，说明了数据迁移技术的必要性。

参 考 文 献

[1]　袁昊，张文斌，陈丽. "大数据"时代的计算机信息处理技术研究[J]. 电子世界，2021(01)：33 - 34.
[2]　邬贺铨. 大数据时代的机遇与挑战[J]. 求是，2013(04)：47 - 49.
[3]　陶雪娇，胡晓峰，刘洋. 大数据研究综述[J]. 系统仿真学报，2013，25(S1)：142 - 146.
[4]　刘立. 云环境下大数据迁移与存储研究[D]. 昆明：昆明理工大学，2019.
[5]　阮莹. 基于云计算技术的知识产权公共服务平台建设研究[D]. 沈阳：沈阳大学，2021.
[6]　董彦斌. 计算机云存储中数据迁移问题的分析[J]. 中国信息化，2019(06)：42 - 43.
[7]　王洪雨. 云计算中动态数据迁移的关键技术研究[D]. 大连：大连海事大学，2010.
[8]　徐灵均. 数据迁移技术及其应用[D]. 南京：南京理工大学，2013.

［9］　CHIRILLO J，BLAUL S，金甄平. 存储安全技术：SAN、NAS 和 DAS 的安全保护［M］. 洪平，等，译. 北京：电子工业出版社，2004.

［10］　王纪奎，李泓. 成就存储专家之路：存储从入门到精通［M］. 北京：清华大学出版社，2009.

［11］　曹强，黄建忠，万继光，等. 海量网络存储系统原理与设计［M］. 武汉：华中科技大学出版社，2009.

［12］　陈志鹏. 分布式块存储系统的缓存设计与实现［D］. 上海：上海交通大学，2017.

［13］　赵文辉. 网络存储技术［M］. 北京：清华大学出版社，2005.

［14］　张冬. 大话存储 2：存储系统架构与底层原理极限剖析［M］. 北京：清华大学出版社，2011.

［15］　黄冬梅，杜艳玲，贺琪. 混合云存储中海洋大数据迁移算法的研究［J］. 计算机研究与发展，2014，51(01)：199 - 205.

［16］　SHU J，YAO J，FU C，et al. A highly efficient FC-SAN based on load stream［M］//Advanced Parallel Processing Technologies. Heidelberg：［s. n.］，2003：31 - 40.

［17］　HILLYER B K，SILBERSCHATZ A. Random I/O scheduling in online tertiary storage systems ［J］. Acm Sigmod Record，1996，25(2)：195 - 204.

［18］　IBM International Technical Support Organization. Introduction to Storage Area Networks［M］. ［S. I.］：International Business Machines Corporation，2006.

［19］　赵涛. SAN 存储资源管理系统的研究备份恢复模块的设计与实现［D］. 西安：西北工业大学，2005.

［20］　ANDERSON M，MANSFIELD P. SCSI. Mid Level Multipath in Proceedings of the Linux Symposium［C］. Ottawa：［s. n.］，2003：97 - 102.

［21］　Incits. SCSI Standards Architecture［EB/OL］. ［2013 - 8 - 17］. http：//www. t10. org/scsi-3. htm.

［22］　SuperFC. 初探 FC：Fibre Channel［EB/OL］. ［2013 - 07 - 28］. http：//blog. csdn. net/ fcngchaokohe/ article/ details/ 7795708.

［23］　Wikipedia. File：Computer Memory Hierarchy［EB/OL］. (2013 - 5 - 10)［2013 - 7 - 10］. http：//en. Wikipedia. org/ wiki/File：Compute Memory Hierarchy. svg.

［24］　Memory Hierarchy. 计算机各级存储器速度对比［EB/OL］. ［2012 - 07 - 30］. http：// blog. csdn. net/ zlzlei/ article/ details/ 7790363.

［25］　Dell. iSCSI、FCoE 和 FC 的性能比较［EB/OL］. (2012 - 10 - 17)［2013 - 7 - 23］. http：// www. doit. com. cn/ article/2012 - 10 - 17/9864392. shtml.

［26］　维基百科. 小型计算机系统接口［EB/OL］. ［2013 - 07 - 19］. http：//baike. baidu. com/ view/ 611524. htm? fromId = 5739.

［27］　罗志伟，王晓琳，等. SCSI - 3 架构［EB/OL］. ［2010 - 11 - 01］. http：// training，watchstor. com/ training-129202. htm.

［28］　HERZ J P，THERENE C，SCHOENBAUM R J. Disk array controller and system with automated detection and control of both ATA and SCSI disk drives：U. S.，6965956［P］. 2005 - 11 - 15.

［29］　MAHESH V. Storage Area Networking［J］. Mobile Computing：A Book of Readings，2004：99.

［30］　NARVER A，FRANDZEL Y，CHAUDHARY A，et al. Storage security appliance with out-of-band management capabilities：U. S.，8387127［P］. 2013 - 2 - 26.

第二章　负载均衡的数据动态存储布局策略

云存储作为目前大数据资源存储以及管理的主流服务平台，应不断提升其存储性能以满足用户的高效存取要求。在云存储中，数据布局策略是影响其存储性能的一个关键因素，当用户将大批数据文件上传至云端时，合理的数据布局策略能够快速在集群中定位到合适的目标存储节点来对其进行存储，并能够使系统达到更好的负载均衡效果，从而提高云服务器的存储性能，进而推动大数据行业的快速发展。在传统云环境下的数据存储系统研究中，存储节点的负载状态评估存在严重的片面性和滞后性问题，使得其无法为数据存储布局工作提供准确的存储节点负载状态信息，从而容易导致系统的资源浪费。本章提出了一种准确的存储节点负载评估和预测的方法，以及一种基于负载预测的数据动态存储布局策略，不仅有效地解决了云环境下大数据在数据存储布局过程中的信息滞后性问题，还提高了混合存储系统整体负载均衡程度的指标。

2.1　存储节点动态负载预测

传统的分布式存储系统只以存储空间的使用情况这一指标来对存储节点的负载状态进行评估，这种评估方式存在着一定的片面性。本节通过分析存储型任务与计算型任务的不同，探究影响存储节点负载状态的主要因素和负载变化的特征，建立全面并且契合于存储节点负载状态的多指标评估方法，为分布式存储系统中节点的动态负载提供准确的负载历史序列，有效地提高了预测模型的精度并降低了时间复杂度。

2.1.1　负载状态影响因子

通常情况下，对节点的负载状态进行评估是为了描述和反映该节点在某时刻的真实工作状态，但一个节点的真实工作状态是通过它在该时刻的繁忙程度来具体决定的，也就是说节点在某一时刻的繁忙程度能够全面准确地反映该节点此时的负载状态。其中，节点在某时刻的繁忙程度一般包括很多影响因素，如 CPU 占用率、I/O 利用率、存储空间利用率、内存利用率、网络带宽占用情况和任务连接数等。在实际应用中，存储系统往往会根据工作内容中的具体要求，针对不同影响因素对节点负载状态的影响程度进行调整。节点负载状态的影响因子如图 2.1 所示。

1. 现有云环境下存储型负载评估的指标分析

在传统分布式存储系统中，往往都是以存储空间使用率这一单一指标来对存储节点的

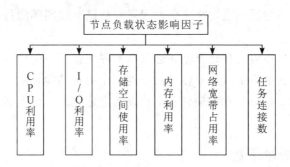

图 2.1　节点负载状态的影响因子

负载状态进行评估的，然后再依据此负载状态做出相应的决策判断。例如，目前云环境下主流的海量数据存储平台 HDFS 集群，在该集群中对存储节点的负载状态情况进行判断的唯一依据就是该存储节点在某一时刻的存储空间使用率。但事实上，在云环境下海量数据的实际存储往往都采用的是大规模分布式集群，其存储系统的环境是非常复杂并且实时变化的，每个存储节点最终所承受的真实负载状态无法通过任何单一的指标来进行准确衡量。因此，只采用单一指标对云环境下存储集群中的某一存储节点进行负载评估是非常片面的。

因此，研究人员对云环境下存储集群中的存储节点的负载状态进行评估时，应该采用如图 2.1 中所示的节点负载状态影响因子来对其进行负载状态评估。但采用此方法对存储节点的负载状态进行评估时，仍未考虑到系统的具体工作内容是偏重计算任务还是存储任务。综上所述，由于负载评估方法在每次进行负载评估时需要采集的影响因子信息太多，并且对于实时变化的负载计算来说，采集的频率会异常频繁，因此，采用该存储节点负载评估方法时，势必会带来整个存储系统资源的浪费，以及因为等待采集过多的负载影响指标而造成系统响应延迟等问题。

2. 构建云环境存储型负载评估的指标分析与选取

基于以上问题可知，在对节点进行负载评估时，其评估指标的选取应该根据系统具体的工作内容而进行深入的分析。因此，对某一时刻的存储节点进行负载状态评估时，其指标的选取既不能过于单一，也不能过于繁杂。只有通过对存储任务的主要特点进行大量的深入分析，从中选出重要的影响因素作为评估指标，以此来对存储节点某一时刻的负载状态进行综合评估，才能有效解决存储节点负载状态评估时存在的片面性问题，同时避免因为采集指标因素过多而引发的系统响应时间过长的问题。

在云环境下的数据存储系统中，最主要的任务就是海量数据文件的实际存储，因此在该系统中存在大量的存储型任务，而计算型的任务则相对较少。通过分析可知，存储型任务与计算型任务在运行过程中存在很大不同，主要表现在：存储型任务在整个运行过程中的 CPU 占用较少，主要存在着大量的数据文件 I/O 操作，通过进一步具体分析数据文件的 I/O 过程可以发现，数据文件在整个 I/O 操作过程中对节点实际的网络带宽大小依赖性比较强，即节点中数据文件的 I/O 快慢在很大程度上取决于其自身的网络带宽使用情况。此外，对于存储系统中的存储节点来说，其主要的工作任务就是对数据文件进行持久化的存储。就存储空间使用情况而言，这一指标因素对存储节点实际的负载状态评估影响是至关重要的。

综上所述，为了弥补传统存储节点在选取负载评估指标时的诸多不足，本章选取存储空间利用率、网络带宽占用率以及 I/O 占用率这三个对存储型负载状态影响相对较大的因素，对负载状态进行综合分析和准确评估，并以此来建立云环境下基于存储节点的负载计算数学方法。

2.1.2　负载评估数学函数

针对云环境下存储型负载的任务特点，本节选取存储空间利用率、网络带宽占用率以及 I/O 占用率这三个重要指标作为影响因素，来对云环境下的存储节点在某一时刻的负载状态进行综合评估，并对这三个影响因素给出具体的定义与分析。

定义 2.1　存储空间利用率

存储空间利用率是指云环境下存储节点 i 中已使用的存储容量占其总存储容量的比率，反映了该存储节点的存储空间使用情况，用 L_{storage_i} 表示。L_{storage_i} 是存储型负载状态的一个重要衡量因子，对存储节点的负载状态评估具有直接的影响作用，该值越大，表示云环境下存储节点 i 剩余的存储空间越少，此时能够承担的负载能力越弱，可以由式（2-1）表示。

$$L_{\text{storage}_i} = \frac{\text{SN}_{\text{use}_i}}{\text{SN}_{\text{total}_i}} \tag{2-1}$$

式（2-1）中，SN_{use_i} 为存储节点 i 的已用存储容量；$\text{SN}_{\text{total}_i}$ 为存储节点 i 的总存储容量，是存储节点 i 的初始固定值；上式中某时刻的具体数值可以通过具体的 Linux 命令：df-h 进行获取。

定义 2.2　网络带宽占用率

网络带宽占用率是指云环境下存储节点 i 中真实用来运行的网络带宽大小占其总网络带宽大小的比重，反映了该存储节点的网络带宽使用状况，可以用 L_{net_i} 表示。其中，L_{net_i} 的大小对存储型负载状态的评估也有着非常重要的影响作用，其值越大表明该存储节点 i 的工作状态越繁忙，因此，承受的负载也越重，其计算如式（2-2）所示。

$$L_{\text{net}_i} = \frac{\text{SD}_{\text{actual}_i}}{\text{SD}_{\text{total}_i}} = \frac{\text{SD}_{\text{actual}_i}}{N_i \times (T_2 - T_1)} \tag{2-2}$$

式（2-2）中，$\text{SD}_{\text{actual}_i}$ 为存储节点 i 中实际的数据流量，某一时刻其具体数值大小可以通过相关的工具来获取；$\text{SD}_{\text{total}_i}$ 为节点总的数据流量，该值可以通过存储节点 i 的网络带宽 N_i 与时间差的乘积计算得到。

定义 2.3　I/O 占用率

I/O 占用率是指一段时间内云环境下存储节点 i 服务器实际处理的数据量与其能处理的数据量的最大值的比值，反映了该存储节点的 I/O 情况，可以用 $L_{\text{I/O}_i}$ 表示。其值越大，表明存储节点 i 服务器此时的负载状态越重，计算如式（2-3）所示。

$$L_{\text{I/O}_i} = \frac{\text{SM}_{\text{actual}_i}}{\text{SM}_{\text{max}_i}} \tag{2-3}$$

式(2-3)中，SM_{actual_i}、SM_{max_i} 分别为存储节点 i 中实际 I/O 所占用的数据量与其总线上可以最大负荷的数据量。

针对所选取及定义的存储型负载评估指标影响因素，可以建立一个准确的云环境下的存储节点负载评估函数。

1. 建立云环境下存储节点的负载评估函数

采用线性加权法来对云环境下数据存储系统中存储节点的负载值建立数学计算函数。Watts 和 Taylor 等人的研究已经证明了使用线性加权法建立主机负载值的计算函数，并对主机的负载值进行计算是可行且高效的。这个思路在之后的负载相关研究中也一直被沿用，并取得了很多的成果，因此，采用线性加权法来建立云环境下存储节点的负载评估方法具有非常高的适用性。

采用线性加权法建立负载状态评估方法的原理是：参与评估时的不同指标对其总目标影响的重要程度不同。因此，可以根据各个指标对总目标重要程度的不同，为其赋予不同大小的权重系数，最后将所有被赋予权重系数的指标相加，其结果即为最终的总目标值。

假设云环境下分布式存储集群中存储节点集合 $S=\{S_1, S_2, \cdots, S_n\}$。其中 S_i 表示集群中第 i 个存储节点，将存储空间利用率 $L_{storage}$、网络带宽占用率 L_{net} 以及 I/O 占用率 L_{I/O_i} 这三个重要指标影响因素进行合成，则集群中存储节点 i 在某时刻的综合负载值计算公式如式(2-4)所示。

$$L_i = \omega_1 L_{storage_i} + \omega_2 L_{net_i} + \omega_3 L_{I/O_i} \qquad (2-4)$$

式中，$\omega_1 \sim \omega_3$ 为各指标影响因素对其负载状态影响的权重系数，其取值的不同将会对负载值的计算有很大的影响，但是 ω_1 满足 $\omega_1 + \omega_2 + \omega_3 = 1$ 且 $\omega_1 > 0$。

2. 求解各个指标权重系数的具体数值

对于式(2-4)中 $\omega_1 \sim \omega_3$ 具体数值的确定，现有大多数研究是采用主观决策和先前经验来对其进行赋值，显而易见，这种方法的主观性强、可靠性低，因此并不合理。而采用基于多属性决策理论的层次分析法——AHP(Analytic Hierarchy Process)来对各个指标权重系数的具体数值进行计算则更为可靠。AHP 方法的原理是将各种复杂问题中的影响指标或因素变为有序、互相关联、条理化的层次元素，通过将客观事实与主观判断相结合，对两两指标相对于总目标的重要程度作定量描述，再通过一系列的数学方法来对其进行计算，最终得到各权重系数的值。

AHP 方法适用于解决任何复杂的权重衡量问题，因此，对负载评估函数中的权重系数计算问题同样也适用。针对负载指标的评估问题，采用先分后总的解决思想。首先，建立所有指标的层次结构模型，构造对应的判断矩阵；然后，通过线性代数中关于特征值的计算方法得到各指标的重要程度顺序和相对权重系数的具体数值；最后，对相对权重系数进行一致性检验，得到最终的权重系数度量值。

（1）针对存储空间利用率、网络带宽占有率和 I/O 占用率三个指标建立层次结构模型 A。

$$A = \begin{bmatrix} a_{11} & a_{12} & a_{13} \\ a_{21} & a_{22} & a_{23} \\ a_{31} & a_{32} & a_{33} \end{bmatrix}$$

(2) 根据 AHP 方法中的标度表，构造相应的判断矩阵。

表 2.1　AHP 标度表

标　度　值	标　度　含　义
1	两个指标作比较，同等重要
3	两个指标作比较，前者略微重要于后者
5	两个指标作比较，前者明显重要于后者
7	两个指标作比较，前者强烈重要于后者
9	两个指标作比较，前者极其重要于后者
2、4、6、8	为上述指标重要性的中间程度
倒数	如果前者的重要性为 a，则后者比前者的重要性为 $1/a$

首先根据标度表内容和负载评估选取的三个指标中两两指标之间存在的关联性，得出判断矩阵 $\boldsymbol{A}$。

$$\boldsymbol{A} = \begin{bmatrix} 1 & 3 & 5 \\ 1/3 & 1 & 3 \\ 1/5 & 1/3 & 1 \end{bmatrix}$$

(3) 首先对步骤(2)中得到的判断矩阵 $\boldsymbol{A}$ 按列再进行归一化处理，得到新的计算结果 $\boldsymbol{A}$。

$$\boldsymbol{A} = \begin{bmatrix} 0.65 & 0.69 & 0.56 \\ 0.22 & 0.23 & 0.33 \\ 0.13 & 0.08 & 0.11 \end{bmatrix}$$

其次，将归一化处理后的 $\boldsymbol{A}$ 矩阵中的每一行都分别相加，得到一个特征向量 $\boldsymbol{B}$。

$$\boldsymbol{B} = (1.90 \quad 0.78 \quad 0.32)^{\mathrm{T}}$$

然后，再对这个 $\boldsymbol{B}$ 向量继续作归一化处理，即可得到存储空间利用率、网络带宽占用率以及 I/O 占用率三个指标的相对权重向量 $\omega' = (0.63, 0.26, 0.11)^{\mathrm{T}}$。最后，根据式(2-5)的最大特征根计算公式求解。

$$\lambda_{\max} = \sum_{i=1}^{m} \frac{(A\omega')_i}{m\omega'_i} \tag{2-5}$$

得到 $\lambda_{\max} = 3.03$。式中，ω'_i 指向量 ω' 的第 i 个元素，$(A\omega')_i$ 指 $A\omega'$ 的第 i 个元素，m 指 ω' 中的元素个数，即 $m=3$。

(4) 对于步骤(3)得到的三个指标的相对权重向量 ω' 作一致性检验，其中一致性检验指标 CI 以及一致性比例 CR 的求解方法分别如式(2-6)、式(2-7)所示。

$$\mathrm{CI} = \frac{\lambda_{\max} - m}{m - 1} \tag{2-6}$$

$$CR = \frac{CI}{RI} \tag{2-7}$$

标度与一次性检验指标 RI 对照表如表 2.2 所示。

表 2.2　标度与一次性检验指标 RI 对照表

标度	1	2	3	4	5	6	7
RI	0	0	0.58	0.90	1.12	1.26	1.26

由表 2.2 可知，从指标判断标准矩阵为 3 阶，因此，其 RI 值应选取 0.58。其次，通过式(2-6)和式(2-7)可以计算得到 CI=0.015<0.1 以及 CR=0.026<0.1。因此，可以证明第一步中得到的判断矩阵 **A** 符合一致性的要求，并且在步骤(3)中计算得到的其存储空间利用率、网络带宽占用率以及 I/O 占用率三个指标的相对权重向量 ω' 也满足条件。通过以上分析及计算可知，式(2-4)中的 $\omega_1=0.63$，$\omega_2=0.26$，$\omega_3=0.11$。

综上所述，得出在云环境下数据存储系统中存储节点 i 的负载评估数学计算如式(2-8)所示。

$$L_i = 0.63 L_{\text{storage}_i} + 0.26 L_{\text{net}_i} + 0.11 L_{\text{I/O}_i} \tag{2-8}$$

2.1.3　负载变化特征分析

通过分析大量云环境下存储节点的负载历史值可以发现，其负载的变化趋势总体上存在以下两个主要特征：

（1）负载的变化虽然存在着一定的随机性变动特点，但其整体的变化趋势还是比较集中的。一般在较短的时间区间内，负载的变化可能会存在一些小范围较强的上升或下降波动趋势，但当所选时间区间比较长时，负载整体的变化往往也相对比较集中，并且随着时间的慢慢推移，其负载的变化趋势也呈现出了一定的规律性。

（2）负载的变化情况与时间有着极强的关联性。负载序列中的历史负载值将会对其未来某一时刻的负载值大小有非常大的影响，因此，可以采用云环境下该存储节点的历史负载信息来对其未来某一时刻的负载状态进行时序性预测，这种方案是可行且合理的。

总的来说，云环境下存储节点的负载状态整体变化过程具有非常强的规律以及可遵循的特点。因此，通过对负载历史序列中的历史负载值做一些相关的分析以及处理，再采用一种合适的时序性预测算法，就能够对该存储节点未来某一时刻的具体负载值作出比较精准的预测，从而有效解决云环境下数据存储布局工作过程中负载信息的滞后性问题。

2.1.4　基于指数平滑法的节点负载预测

指数平滑法是一种基于时序性的高效预测算法，非常适用于中短期的趋势预测。其原理是收集预测对象的所有历史数据序列，并根据这些数据对最终预测效果的影响程度不同，为其赋予不同大小的权重系数来计算指数平滑值，最后再通过一定的时间序列模型对该对象下一周期的结果进行预测。

指数平滑法主要包含两个重要的特征：一是在预测模型中需要用到预测对象所有的历

史数据和相关信息；另一个显著的特征是该预测方法按照"厚近薄远"的基本原则来对所有的历史数据进行加权以及修正。也就是说，距离当前时刻越远的历史序列值，由于其对预测结果的影响越小，为其赋予较小的权重；反之，距离当前时刻比较近的历史序列值，其对预测效果的影响较大，则为其赋予较大的权重，这样不仅能够修正历史数据对预测结果的影响，也能够减弱某些异常历史数据对最终预测效果的不利作用，从而提升整体预测精度。由于指数平滑法具有简单易行、性能优良等显著特点，因此，目前该算法已经成为研究者使用频率非常高的经典预测与控制算法。

根据平滑次数的不同，该预测算法共分为三种。其中，一次指数平滑算法主要适用于一些具有稳定变化特征的时间序列预测；二次指数平滑算法通过引入新的参数，最终适用于对具有短期趋势变化的时间序列进行预测，并且能够达到更好的预测效果；三次指数平滑算法主要适用于一些非线性变化的时间序列预测，预测效果是最好的，但其算法的实现复杂度却比较高，它们的趋势变化如表 2.3 所示。

表 2.3　三种指数平滑法趋势变化

算法	一次指数平滑法	二次指数平滑法	三次指数平滑法
趋势变化	没有趋势和季节性	有趋势但没季节性	含有趋势和季节性

根据云环境下存储节点负载特性可知，其负载的整体变化趋势比较集中，但在短时间内会有小范围的上升或下降波动情况，并且负载的变化也不具备季节性变化的特点，因此，云环境下某存储节点的负载未来变化趋势非常适宜采用二次指数平滑算法来进行模型动态优化，既能降低预测算法实现的复杂度，又能满足负载动态变化情况下对预测结果精度的要求。

对呈线性变化趋势的时间序列或观测值进行一次指数平滑后，结果会产生明显偏差和滞后，二次指数平滑法则是在此基础上对其进行修正，最后建立直线型趋势预测模型。

假设云环境下某存储节点在 t 时刻的负载时间序列为 $\{L_t\}(t=1,2,\cdots)$，则其二次指数平滑模型如式（2-9）所示。

$$\begin{cases} S_t^{(1)} = \alpha L_t + (1-\alpha)S_{t-1}^{(1)} \\ S_t^{(2)} = \alpha S_t^{(1)} + (1-\alpha)S_{t-1}^{(2)} \end{cases} \tag{2-9}$$

式中，L_t 为存储节点在 t 时刻的负载值；α 是静态平滑参数，$\alpha \in (0,1)$；$S_t^{(1)}$ 是存储节点在 t 时刻的一次指数平滑值；$S_t^{(2)}$ 是存储节点在 t 时刻的二次指数平滑值；t 为时间变量。其二次指数负载预测模型如式（2-10）所示。

$$\begin{cases} \hat{L}_{t+T} = \alpha_t + b_t T \\ \alpha_t = (S_t^{(1)} - S_t^{(2)}) + S_t^{(1)} = 2S_t^{(1)} - S_t^{(2)} \\ b_t = \dfrac{\alpha}{1-\partial}(S_t^{(1)} - S_t^{(2)}) \end{cases} \tag{2-10}$$

式（2-10）中，α_t 为线性预测的截距，表示 t 时刻的平滑值；b_t 为线性预测的斜率，表示 t 时刻的平滑趋势；$\hat{L}_{t+T}$ 为 $t+T$ 时刻存储节点的负载预测值；T 为 t 到预测时刻的间隔期数。

基于动态优化的二次指数平滑负载预测模型，是对上述二次指数平滑模型中的式（2-9）进行逐次展开，如式（2-11）所示。

$$\begin{cases} S_t^{(1)} = \sum_{i=1}^{t} \alpha(1-\alpha)^{t-i} L_i + (1-\alpha)^t S_0^{(1)} \\ S_t^{(2)} = \sum_{i=1}^{t} \alpha(1-\alpha)^{t-i} S_i^{(1)} + (1-\alpha)^t S^{(2)} \end{cases} \tag{2-11}$$

其中，$S_0^{(1)}$、$S_0^{(2)}$ 为平滑初值。当 $\alpha \in (0,1)$，$t \to \infty$ 时，$(1-\alpha)^t \to 0$。可知，由于负载序列是随着时间推进而无限增长的确定时间序列，其平滑值本质上是 L_i 的加权平均值，权系数呈几何级数衰减，距离当前 t 时刻非常远的历史负载值对于预测效果的影响可以忽略不计。对比以上预测模型可以发现，在进行负载预测时，会用到所有的负载历史值并对其进行计算处理，但随着时间的推移，这不仅会增加预测算法的实现复杂度，也会增加主控节点的存储开销。进一步分析可以得到，当负载时间序列足够长时，初始值 S_0 对预测效果的影响是非常小的，而对预测效果影响最大的是平滑系数 α。在传统的研究中，α 是通过人为试算或经验判断而选取的静态值，计算虽然简单，但预测模型无法在时间序列发生变化时动态地做出反应，因此无法得到最佳的预测效果。

根据以上分析可知，传统二次指数平滑负载预测模型存在一些不足之处，接下来将主要针对以下两点不足来对其进行优化。

（1）平滑系数 α 对最终的负载预测结果起着关键的影响作用，但在传统的二次指数平滑负载预测模型中，其平滑系数 α 存在严重的静态性，容易导致最终的预测结果偏差较大。因此，在优化的二次指数平滑负载预测模型中，将对其动态性不足进行优化。此模型将引入一个动态平滑参数，该参数能够随着时间的推移和数据的更新不断地动态调整，从而使得对实时动态变化的负载进行预测时，其最终的预测效果更加精准。

（2）当负载历史序列过长时，采用传统的二次指数平滑负载预测模型进行负载预测时，不仅会加重主控节点的存储负担，还容易造成预测算法的计算复杂度高而带来的等待时间过长的问题。因此，在接下来的动态优化预测模型中将会舍弃掉距离当前时刻较远的负载历史序列，最终只保留 $t - t_0$ 之后的负载时间序列，以此来降低预测算法的实现复杂度以及主控节点的存储开销，使负载预测模型始终处于预测效果优化的状态。

对式（2-11）中的两个公式各项系数之和进行归一化处理，并将其结果赋值给 v_t，可以得到式（2-12）。

$$v_t = \frac{\alpha}{1 - (1-\alpha)^t} \tag{2-12}$$

分析式（2-12）可知，v_t 与时间 t 之间存在着一定的函数关系。当 $t > 1$ 时，$v_t \in (0,1)$，$\lim\limits_{t \to \infty} v_t = \alpha$。可以发现，$v_t$ 能够满足优化后负载预测模型中的动态平滑参数的所有条件，因此，可以将 v_t 作为动态优化负载预测模型中的动态平滑参数。基于此提出动态优化后的二次指数平滑负载预测模型如式（2-13）所示。

$$\begin{cases} S_t^{(1)} = \sum_{i=t+1-t_0}^{t} v_t(1-v_t)^{t-i} L_i + (1-v_t)^t S_0^{(1)} \\ S_T^{(2)} = \sum_{i=t+1-t_0}^{t} v_t(1-v_t)^{t-i} S_i^{(1)} + (1-v_t)^t S_0^{(2)} \end{cases} \tag{2-13}$$

式中，v_t 为动态平滑参数；t_0 为保留的负载时间序列$\{L_t\}$的长度。

动态优化后的二次指数负载预测模型如式（2 - 14）所示。

$$\begin{cases} \hat{L}_{t+T} = \alpha_t + b_t^T \\ \alpha_t = (S_t^{(1)} - S_t^{(2)}) + S_t^{(1)} + 2S_t^{(1)} - S_t^{(2)} \\ b_t = \dfrac{v_t}{1 - v_t}(S_t^{(1)} - S_t^{(2)}) \end{cases} \quad (2-14)$$

分析以上动态优化后的二次指数负载预测模型可知，该预测模型不仅对预测结果影响较远的负载历史序列进行了舍弃，只保留了 t_0 长度的负载历史序列，同时将传统二次指数平滑负载预测模型中的静态参数 α 设置成了动态变化的平滑参数 v_t，使其能够随着负载的变化而不断地做出优化调整。因此，动态优化后的预测模型不仅能够对实时变化的负载序列做出更加精准的动态预测，并且能够在达到更好预测效果的同时，降低预测算法的计算复杂度。

考虑到初始值对负载预测效果的影响非常小，为了将预测算法的复杂度降至最低，因此，对其使用静态值。

$$\begin{cases} S_0^{(1)} = \dfrac{1}{t_0}\sum_{i=1}^{t_0} L_i \\ S_0^{(2)} = \dfrac{1}{t_0}\sum_{i=1}^{t_0} S_i^{(1)} \end{cases} \quad (2-15)$$

采用预测误差平方和 SSE 最小为目标的评价优化模型，如式（2 - 16）所示。

$$\begin{aligned} \min\text{SSE} &= \sum_{i=t+1-t_0} e_i^2 = \sum_{i=t+1-t_0} (L_i - \hat{L}_i)^2 \\ &= \sum_{i=t+1-t_0}^{t} \left[L_i - \sum_{j=1}^{i} \alpha(1-\alpha)^{i-j}L_j - (1-\alpha)^{i-1}S_0^{(1)} \right]^2 \end{aligned} \quad (2-16)$$

通过对式（2 - 16）非线性评价优化模型进行求解即可得到最优的平滑参数 α，进而能够计算出相应的动态平滑参数 v_t，最终使得云环境下实时动态变化的存储节点负载状态预测结果更加准确。

用执行速度快、计算复杂度低的最速下降算法来求解最优的 α 值，具体的求解过程如下：

（1）分别给定初值 α_0 和允许误差 $X > 0$；

（2）计算 $\text{SSE}'(\alpha_0)$，如果 $\| \text{SSE}'(\alpha_0) \| \leqslant X$，则 α_0 就是最优平滑参数，否则进行一维搜索，利用黄金分割法来计算最优步长 λ_{k-1}，计算 $\alpha_k = \alpha_{k-1} - \lambda_{k-1}\text{SSE}'(\alpha_{k-1})(k \geqslant 1)$，直至满足近似最优解条件，得到 α_k；

（3）最后将 α_k 代入式（2 - 12）进一步求得动态平滑参数 v_t，并使用动态优化后的二次指数平滑预测模型进行负载预测。

2.2　基于负载预测的数据布局

为了提高预测算法的精准度并将负载预测应用于数据布局策略中，本节通过设定集群整体状态的动态阈值，对存储节点的负载状态进行动态划分，然后采用基于时间区间均衡的数据动态存储布局算法快速将待存储的数据文件存放至低负载状态集合中的存储节点中,最终有效解决云环境下海量数据在数据存储布局过程中的信息滞后性问题,从而提高系统整体负载均衡程度的目标。采用负载预测模型对云环境下存储节点的负载状态进行动态预测,能有效地解决传统存储型负载状态在衡量中的滞后性问题,并根据得到的负载预测结果对集群的整体状态进行评估。

2.2.1 动态阈值计算模型

对于动态阈值计算模型的构建,本节借鉴了云环境下存储节点的负载评估模型,同样采用线性加权法来建立其数学计算模型,并以层次分析法具体求解其各个指标权重系数的值。其中,threshold 的动态数学计算模型主要包含了三个指标影响因素,分别是集群的繁忙程度、响应效率以及负载均衡度等整体状态信息。通过分析可知,该动态阈值计算模型不仅能够充分地考虑云环境下存储集群的整体状态情况,还能随着集群环境状态的改变而动态地进行调整,从而有效弥补传统静态阈值的不足。

综上所述,通过采用线性加权法构建动态阈值计算模型如式(2-17)所示。

$$threshold = u_1\alpha + u_2\beta + u_3\gamma \tag{2-17}$$

式中,α 为云环境下存储集群的繁忙程度;β 为云环境下存储集群的响应效率;γ 为云环境下存储集群的负载均衡度;u_i 分别为各个指标的权重系数,$u_i > 0$ 且 $u_1 + u_2 + u_3 = 1$。

通过层次分析法 AHP 对以上动态阈值模型中的所有指标影响因素的权重系数值进行具体求解,最终得到动态阈值的具体计算模型如式(2-18)所示。

$$threshold = 0.63\alpha + 0.26\beta + 0.11\gamma \tag{2-18}$$

由于 threshold 的取值只能在 0~100% 之间,所以当调用程序并最终通过以上动态阈值模型计算得到的动态阈值 threshold < 0 时,程序会自动将其替换为云环境下存储系统的一般默认值 10%;反之,当计算得到的 threshold > 100% 时,程序也会自动给其替换为最大值 100%。

2.2.2 存储节点集合划分与选择

本节对云环境下集群中所有存储节点的负载状态进行了划分,具体的划分方案是:首先根据存储节点的负载预测结果来计算集群中所有存储节点的平均负载值,其次根据集群整体状态的动态阈值将集群中所有的存储节点划分为三种不同负载状态的集合,分别为高负载状态集合、中负载状态集合和低负载状态集合。具体划分的规则如表 2.4 所示。

表 2.4 云环境下存储节点集合划分

集 合	划分条件
高负载状态集合	$\hat{L}_{avg} + threshold < \hat{L}_i$
中负载状态集合	$\hat{L}_{avg} - threshold < \hat{L}_i < \hat{L}_{avg} + threshold$
低负载状态集合	$\hat{L}_i < \hat{L}_{avg} - threshold$

1. 高负载状态集合

对云环境下存储集群中第 i 个存储节点下一时刻的负载值进行预测后，当存储节点 i 的负载预测值最终高于下一时刻集群中的平均负载值与设定的动态阈值之和时，说明该存储节点 i 的负载状态相对于集群的整体负载状态过高。因此，将其划分至高负载状态集合，如式（2-19）所示。

$$\hat{L}_{avg} + \text{threshold} < \hat{L}_i \qquad (2-19)$$

2. 中负载状态集合

对云环境下存储集群中第 i 个存储节点下一时刻的负载值进行预测后，当存储节点 i 的负载预测值高于下一时刻集群中的平均负载值与阈值之差，但却低于两者之和时，则说明该存储节点 i 的负载状态相对于集群整体负载状态适中。因此，将其划分为中负载状态集合，如式（2-20）所示。

$$\hat{L}_{avg} - \text{threshold} < \hat{L}_i < \hat{L}_{avg} + \text{threshold} \qquad (2-20)$$

3. 低负载状态集合

对云环境下存储集群中第 i 个存储节点下一时刻的负载值进行预测后，当存储节点 i 的负载预测值低于下一时刻集群中的平均负载值与阈值之差时，则说明该存储节点 i 的负载状态相对于集群的整体负载状态偏低。因此，将其划分为低负载状态集合，如式（2-21）所示。

$$\hat{L}_i < \hat{L}_{avg} - \text{threshold} \qquad (2-21)$$

为了避免存储节点负载状态划分时的滞后性缺陷，在对存储节点进行划分的计算过程中，所有的负载值都采用的是预测后的负载值。下面分别对三种集合中的负载状态进行分析：

（1）高负载状态集合中的存储节点相对于集群整体状态都已经处于超负荷的负载状态，因此，并不适合再接收新的存储任务，否则可能会因为该集合中的存储节点负载过重，从而导致系统整体的响应时间延迟，甚至可能还会导致系统瘫痪，使其无法正常工作。

（2）中负载状态集合中的存储节点相对于集群整体状态是处于正常负载和运行的状态，因此，对于该集合中的存储节点，为了防止待存储的数据文件过大产生使某些存储节点负载过高，也不适合再存储新的数据文件，只要维持该集合中所有存储节点的正常工作就行。

（3）低负载状态集合中的存储节点相对于集群的整体状态都处于相对空闲的运行状态，没有达到充分利用各个存储节点性能的目的，同时也会带来整个系统的资源浪费，因此，对于新到达的存储任务，应该将该集合作为目标存储节点的集合，并且将其存放在该集合的存储节点中。

综上分析，对于新到达的存储任务，只在低负载状态集合中选择合适的目标存储节点进行存放,由于该方案能有效缩小 NameNode 节点最终为待存储的数据文件选择目标存储节点时的可选范围,从而降低了 NameNode 节点在实现数据存储布局算法过程中的计算复杂度,提高了其选择目标存储节点时的计算效率,同时该方案也能够提高系统整体的负载均衡度。具体的目标存储节点集合选择方案流程如下:

Step 1:计算云环境下存储节点下一时刻的负载预测值 $\hat{L}_i$,以及集群中所有存储节点的平均负载值 $\hat{L}_{avg}$;

Step 2:根据评估公式分别计算集群的繁忙程度 α、集群的响应效率 β 以及集群的负载均衡度 γ 的具体数值;

Step 3:将 Step 2 中得到的结果代入动态阈值模型式(2-17)中,来计算动态阈值 threshold;

Step 4:在 Step 1 得到的平均负载 $\hat{L}_{avg}$ 基础上,并设定 Step 3 中得到的动态阈值 threshold,根据划分依据对集群中存储节点的负载状态进行动态集合划分;

Step 5:当待存储的数据文件到达时,选择低负载状态的存储节点集合作为其目标存储节点集合。最终,数据存储布局算法只针对该集合中的存储节点进行计算,并从中选取合适的目标存储节点。

2.2.3 基于负载预测的数据动态存储布局策略

本节通过深入分析存储型负载影响指标,建立云环境下准确的存储节点负载评估方法,然后在对其负载状态进行精准预测的基础上,提出了基于负载预测的数据动态存储布局策略。该策略的总体流程可以分为三步:

(1)建立考虑集群整体状态的动态阈值模型。首先,通过分析已有 HDFS 中静态阈值存在的不足,设计考虑集群整体状态的动态阈值计算模型。该阈值是根据得到的负载预测结果来对云环境下存储集群的繁忙程度、响应效率以及负载均衡度等整体状态信息进行综合评估,通过该模型计算得到的动态阈值不仅能够有效弥补传统静态阈值的不足,而且能够随着集群整体状态的改变而动态调整。

(2)根据负载预测结果对所有存储节点进行集合划分与选择,得到负载预测结果,再设定步骤(1)中获得的动态阈值,将集群中所有的存储节点划分为三种不同负载状态的集合。然后,对每种集合中的存储节点状态进行分析,并选取待存储数据文件的目标存储节点集合。该方案不仅能够有效提高云环境下存储系统的负载均衡度,还能通过缩小接收新数据文件存储任务的目标存储节点范围,降低数据存储布局算法的计算时间复杂度。

(3)采用基于时间区间均衡的数据动态存储布局算法,该算法在低负载状态集合中能快速合理地为待存储的数据文件定位目标存储节点,并对其进行实际存放。该布局算法利用数据文件的已创建时间以及各个存储节点在各个时间区间段内的实际存储状态来为待存储的数据文件定位合理的目标存储节点并对其存放。该算法具有实现简单,以及能够提高各个存储节点间测量一致性的优势。

基于负载预测的数据动态存储布局策略总体流程如图 2.2 所示。

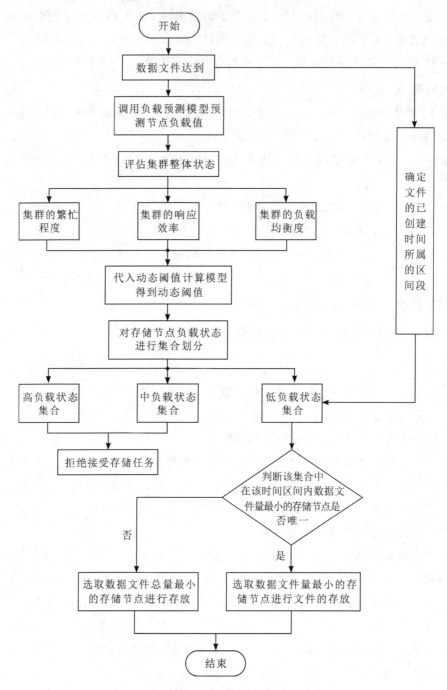

图 2.2　基于负载预测的数据动态存储布局策略总体流程

2.2.4　基于时间区间存储均衡的数据动态存储布局算法

基于节点存储因子的目标存储选择方案就是主控节点依据节点存储因子，动态地获取云环境下存储集群中所有存储节点所存储数据文件的具体情况，再依据待存储数据文件的已创建时间来确定其所属的具体时间轴区间，并在低负载状态集合中的存储节点间为待存储的数据文件选择合理的目标存储节点来存放。该方案能够在保持集群中每个存储节点所存储的数据文件总量基本一致的同时，使各个相同时间段内存储的数据文件量也保持基本相同。具体的目标存储节点选择过程如下：

Step 1：主控节点获取待存储数据文件的创建时间；

Step 2：计算待存储数据文件的已创建时间，即系统中的当前时间与待存储数据文件的创建时间之差，单位为天；

Step 3：确定待存储数据文件已创建时间所属的时间轴区间；

Step 4：根据存储因子对低负载状态集合中各存储节点在该时间区间中存储的数据文件量进行比较，选择数据文件量最小的存储节点作为目标存储节点。如果在低负载状态集合中该时间区间内数据文件量最小的存储节点不是唯一的，那么会再次对这几个存储节点中存储的数据文件总量进行比较，最后选择数据文件总量最少的存储节点作为最终目标存储节点；

Step 5：在 Step 4 选择的目标存储节点上完成实际的数据文件存储任务。

云环境下分布式存储集群中数据文件动态存储布局算法的目标是：尽可能地使集群中每个存储节点所存储的数据文件总量基本一致，同时使各个存储节点在相同的时间段区间内所存储的数据文件量也基本相同。也就是说，最终能够让云环境下存储系统达到更高的存储负载均衡和访问负载均衡度，从而提高整个系统的存储性能。下面举例说明该算法的实现目标。

云环境下分布式存储集群的示例如图 2.3 所示。

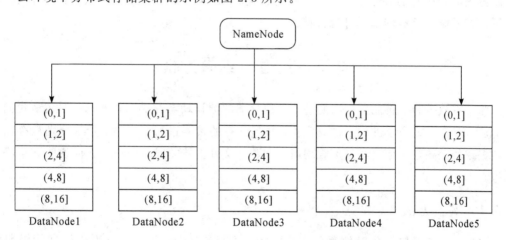

图 2.3　云环境下分布式存储集群的示例

首先，假设该存储集群中共有 5 个存储节点，并且这 5 个存储节点已经按照指数函数方法将时间轴划分为 5 个时间段区间，那么每个存储节点存储的数据文件都将按照已经创建的时间被划分为(0，1]天、(1，2]天、(2，4]天、(4，8]天和(8，16]天等 5 个类别。假设目前存储系统中有 25 个大小都为 1 MB 的数据文件需要存储，其中，1～5 号数据文件已创建时间为 1 天，6～9 号数据文件已创建时间为 2 天，10～12 号数据文件已创建时间为 3

天，14～19 号数据文件已创建时间为 4 天，20～23 号数据文件已创建时间为 5 天，24～26
号数据文件已创建时间为 6 天，27～29 号数据文件已创建时间为 7 天，20 号数据文件已创
建时间为 8 天，21～25 号数据文件已创建时间为 9 天。数据文件在各个存储节点的分布状
态如图 2.4 所示。

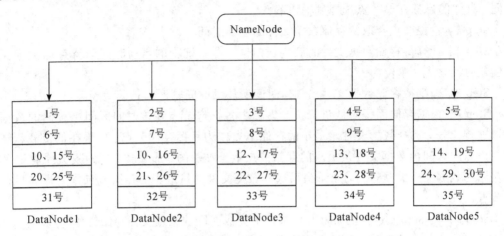

图 2.4　各个存储节点数据文件分布示例

根据图 2.4 可以看出，采用该数据存储布局算法完成数据文件的存储任务后，分布式
存储集群中每一个存储节点所存储的数据文件总量都为 7 MB，并且在不同的存储节点中
各个相同的时间段区间内所存储的数据文件数量也基本相同，最终的数据文件分布状态能
够使得集群中所有的存储节点中都存储有创建时间早、晚的数据文件，从而有效提高云环
境下存储系统的负载均衡及存储性能。

2.3　实验与结果分析

为了有效分析、验证所提出的基于负载预测的数据动态存储布局策略的性能，我们基
于 Hadoop 分布式平台进行了仿真实验，并与已有的策略进行了对比，最后分别从存储节
点数据量的一致性、存储节点负载均衡度和数据文件上传完成时间三个方面说明该策略的
优势。

2.3.1　实验方法

（1）云环境下初始化存储系统，设置集群中所有 DataNode 节点采集信息的周期值
$T(T=60 \text{ s})$，并由 DataNode 节点主动且周期性地对其自身负载指标影响因素等信息进行
采集，其中需要采集的信息包括存储空间利用率 L_{storage_1}、网络带宽占用率 L_{net_1} 以及 I/O 占
用率 $L_{\text{I/O}_1}$；

（2）DataNode 节点通过式（2-8）的负载评估数学函数来计算自身的负载值 L_i，并将
得到的计算结果反馈给 DataNode 节点；

（3）DataNode 节点收到该反馈信息后，找到元数据中存储节点 i 的负载时间序列，将

序列中最早的历史负载值舍弃，并把 L_i 加入到负载时间序列末尾，最终只保留 t_0 长度的负载历史序列作为负载预测模型中新的历史时间序列，并通过式(2-15)分别计算其平滑初值 $S_0^{(1)}$、$S_0^{(2)}$；

(4) 将平滑初值 $S_0^{(1)}$、$S_0^{(2)}$ 和负载时间序列 (L_t) 代入式(2-15)中，采用最速下降法计算得到最优的平滑参数 α_k，最后将 α_k 代入式(2-12)中，求得动态平滑参数 v_t；

(5) 将负载时间序列 (L_t)、平滑初值 $S_0^{(1)}$、$S_0^{(2)}$ 以及动态平滑参数 v_t 代入式(2-14)中，对存储节点 i 下一时刻的负载值进行动态预测，最终得到准确的负载预测值。

2.3.2　实验环境

Hadoop 是目前云环境下主流的数据存储平台，它为云环境下的数据存储提供了一个通用的分布式存储架构。本实验采用 VMware Workstation 组建包含 12 个节点的主从(Master/Slave)体系架构 Hadoop 集群环境，其中有 7 个节点分布于 A 硬盘上，I/O 速率为 480 MB/s，剩余的节点分布于 B 硬盘上，I/O 速率为 510 MB/s。集群中包括 1 个负责监控和任务调度的控制节点(NameNode)和 12 个执行实际存储任务的存储节点(DataNode)。操作系统选用 Ubantu 12.04，编程语言采用 Java 1.7.0。

Hadoop 集群配置均为 CPU：Intel core i5-4200M，2.58GHz；内存：4 GB；硬盘：8 GB；在仿真实验中，采集节点信息的周期为 60 s。

2.3.3　实验结果分析

对负载预测的数据动态存储布局策略的验证，是基于目前云环境下主流的 Hadoop 分布式集群来进行抽象仿真实验，主要通过对存储节点的负载进行准确评估以及精准预测，并根据负载预测结果对集群整体状态进行评估。然后设定动态阈值来对集群所有存储节点进行集合划分。最后采用基于时间区间均衡的数据动态存储布局算法，在低负载状态集合中选择目标存储节点来对数据文件进行实际存放，以此来保证各个存储节点间的负载均衡。为了验证本策略的高效性以及优越性，本节分别从存储节点数据量的一致性、存储节点负载均衡度和数据文件上传完成时间等方面设计具体的仿真实验来进行验证。

1. 存储节点数据量一致性对比

为了更好地验证负载预测的数据动态存储布局策略是否能使集群中每个存储节点存储的数据文件量具有一致性，本实验采用数据文件访问负载生成器生成一组数据文件，其中每条数据文件的大小均为 1 MB，总共有 10 000 条，作为本次实验待存储的数据文件。实验分别采用 Random 布局策略、SFLS 静态布局策略和本章提出的动态布局策略将上述生成的数据文件全部上传存储至 Hadoop 集群中，并且待所有存储任务结束后，统计每个存储节点最终所存储的数据文件量，最后对实验结果进行分析。其中，在动态布局策略的仿真实验过程中，将时间轴划分为 8 个时间区段来对存储节点中的数据文件进行实际存放。

实验数据结果如表 2.5 所示，从表中可以明显地看出，采用 Random 布局策略进行数据文件存储时，各个 DataNode 节点中分布的数据文件量差别比较大，其中数据文件量分布最多的达到 1615 MB，而分布最少的只有 255 MB，两者之间相差达 1360 MB，因此其存储节点数据文件量一致性比较差；采用 SFLS 静态布局策略，可以看出各个 DataNode 节点中分布的数据文件量差别相对较小，其中存储节点分布最多的数据文件量为 1012 MB，而最少的为 699 MB，两者相差 313 MB，相对于 Random 布局策略来说，SFLS 静态布局策略在存储节点数据文件量一致性方面性能稍好；而采用动态布局策略可明显地发现各个 DataNode 节点中数据文件量分布比较均匀，文件总量大小都控制在 822 MB 左右，波动范围也不超过 3 MB。因此，通过对比以上三种策略发现，动态布局策略在保证每个存储节点所存储的数据量一致性方面中的效果相对是最好的。

表 2.5　　不同布局策略下 DataNode 节点数据量

DataNode 节点数据量/MB											
策略	Node1	Node2	Node3	Node4	Nod e5	Node6	Node7	Node8	Node9	Node10	Node11	Node12
Random	1615	922	502	656	1102	412	1267	648	1165	885	568	255
SFLS	800	956	722	812	1012	727	799	815	962	699	756	929
本实验	822	822	822	824	822	822	822	822	825	822	824	825

分析形成以上实验结果的原因是，Random 布局策略在为数据文件选择目标存储节点时具有较强的随机性，完全没有考虑到存储节点目前的存储状态，所以在保证数据量一致性中的效果最差；SFLS 静态布局策略在进行数据文件布局时，能够将不同热度值的数据文件划分区域存储，然而由于数据文件的热度值一般是未知的，所以其在存储节点数据量一致性方面虽然效果优于 Random 布局策略，但仍然没有达到完全满意的效果；在动态布局策略中，由于在对数据文件进行分配时，充分考虑到了每个存储节点中在不同时间区间段内所存储的数据文件量，然后在实际存储时选择待存储的数据文件所属时间区间段内计数最少的存储节点作为其目标存储节点，因此它在保证每个存储节点中所存储的数据量一致性方面效果最优。

2. 存储节点负载均衡度分析

为了验证提出的动态布局策略在进行数据文件存储时，集群的整体负载均衡度具有更好的效果，本章在 Hadoop 分布式集群中模拟大量数据文件的存储场景，并分别采用 Random 布局策略、SFLS 静态布局策略以及动态布局策略进行仿真实验，计算随着时间的变化集群中所有 DataNode 节点间的负载均衡度。

负载均衡度是用来对 Hadoop 分布式集群中所有 DataNode 节点间负载状态的均衡程度来进行评价的一个重要指标，它是通过在 t 时刻集群中所有的 DataNode 负载值的均方差来进行计算的。其中，设 t 时刻，DataNode 节点 i 的负载值用 L_i 来表示，则整个 Hadoop 分布式集群的平均负载 $\overline{L}$ 可以通过式(2-22)来进行计算。

$$\overline{L} = \frac{1}{n}\sum_{i=1}^{n}L_i \tag{2-22}$$

因此，在 t 时刻，集群的负载均衡度计算公式如式（2-23）所示。

$$DL = \sqrt{\frac{1}{n}\sum_{i=1}^{n}(L_i - \overline{L})^2} \qquad (2-23)$$

如图 2.4 所示，随着存储任务开始执行，DataNode 节点的负载会越来越重，Hadoop 集群中慢慢出现负载不均的现象。由于 Random 布局策略在数据文件存储分配时完全随机，因此在存储分配任务没有完成并且未执行 Balancer 程序之前，其集群负载不均衡度最为严重；SFLS 静态布局策略在进行数据文件分布时能综合考虑到其大小和热度等信息，但只能按照已经事先安排好的存储方式来进行数据文件的存储，无法随着集群环境的改变而做出动态调整，因此集群的负载不均衡度也较为严重。但与 Random 布局策略相比较，其在提高集群负载均衡度方面的性能会相对优越些；动态布局策略则通过对 DataNode 节点的负载值进行准确计算并精准预测，然后再按照数据文件的已创建时间最终将其存储至集群中的低负载状态的存储节点，整个过程中都是依据 DataNode 节点的负载状态来对数据文件进行分配和实际存储的，因此，本策略具有最佳的负载均衡效果。

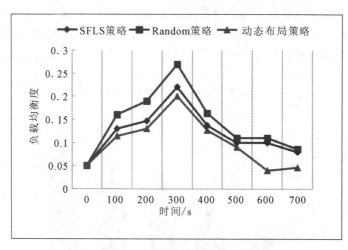

图 2.5　负载均衡度比较

由图 2.5 还可以发现，当集群已经处于负载均衡状态时，三种策略的负载均衡度也不尽相同，动态布局策略明显低于其他两个策略。究其原因是，在 Hadoop 分布式平台中，Balancer 程序会在集群发生负载不均情况时，通过数据迁移方式来改变各 DataNode 节点的负载状态，从而来使集群达到负载均衡状态。当完成数据文件的存储任务后，Hadoop 运行其内部的负载均衡程序 Balancer，而 Balancer 程序对集群负载是否均衡的判断是通过设置固定阈值的方式，Hadoop 中采用的是默认静态阈值 10%。也就是说，只要当集群中所有的 DataNode 节点的负载值达到阈值 10% 的要求范围，Balancer 程序就会认为系统已经处于负载均衡状态，不会再对其进行负载迁移操作。而动态布局策略的阈值是通过负载预测值实时评估系统的整体状态动态得到的，因此不受传统固定阈值 10% 的限制，从而能够使 Hadoop 集群达到更佳的负载均衡效果。

3. 数据文件上传完成时间比较

为了进一步验证动态布局策略在数据文件写入时的性能，需要比较其数据文件上传完成时间。实验采用数据文件访问负载生成器共生成 5 组数据文件，其大小分别是 2 GB、4 GB、8 GB、16 GB、32 GB。本实验分别采用 Random 布局策略、SFLS 静态布局策略和动态布局策略依次将这些实验数据上传存储至 Hadoop 集群中，最后比较在三种数据文件布局策略下，集群完成数据文件的上传存储任务所花费时间，并对实验结果进行分析。

如图 2.6 所示，上传任务完成时间与测试数据文件大小成正比，随着数据文件大小的增加，其完成上传任务的时间开销也相应增加。当测试数据文件大小为 2 GB 时，Random 布局策略用时 62.22 s，SFLS 静态布局策略用时 90.65 s，动态布局策略用时 57.26 s。由此可见，动态布局策略与 Random 布局策略相比，其数据文件的上传完成时间开销差异虽不显著，但与 SFLS 静态布局策略相比，耗时却明显有所减少，说明动态布局策略在提高系统负载程度的同时，也可兼顾数据文件的存储耗时。究其原因是在进行算法设计时，其目标都是在提高集群负载均衡的同时，尽量降低其算法实现的复杂度。因此，相比于 SFLS 静态布局策略，动态布局策略能有效减少数据文件上传的完成时间，而 Random 布局策略由于采用随机存储的方式，算法实现则相对非常简单，因此数据文件写入耗费时间本身就短。但由于随机性地存放数据文件会导致集群负载不均程度愈加严重，最终还是会影响到系统的整体存储性能。因此，动态存储布局策略在提高系统负载均衡度的同时，还有效兼顾了系统的存储效率，具有更好的整体存储性能。

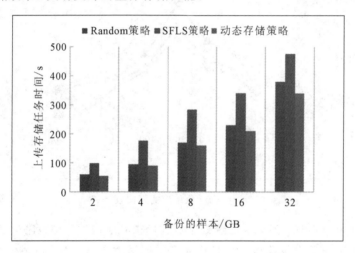

图 2.6　存储任务完成时间对比

本 章 小 结

为了提高云环境下大规模数据的存储效率，满足用户对系统的存储性能需求，本章在已有研究的基础上，将负载预测技术应用到数据存储布局中，提出了一种基于负载预测的数据动态存储布局策略，取得的成果总结如下：

（1）为了解决传统云存储系统研究中负载状态评估存在的片面性问题，建立全面并且契合于存储节点的负载评估方法。

（2）针对在传统云存储系统研究中，存储节点的负载状态评估不仅具有片面性问题，还存在严重的滞后性不足等问题，本章构建了一个高精度、低时间复杂度的负载预测模型，通过分析负载变化的特性，对二次指数平滑预测模型中的静态平滑参数进行了动态优化，并以此对存储节点下一时刻的负载值进行准确的动态预测。

（3）为了提高云环境下数据的存储效率，本章提出了一种基于负载预测的数据动态存储布局策略，不仅有效地降低了数据布局算法在计算过程中的时间复杂度，同时还提高了集群的负载均衡度。

参 考 文 献

[1]　PRASHANT S, KAMALAKAR K. A multi-agent simulation framework on small Hadoop cluster [J]. Engineering Applications of Artificial Intelligence，2011，24(7).

[2]　王莎莎. 云环境下基于负载预测的数据动态存储布局策略研究[D]. 西安：西安建筑科技大学，2019.

[3]　孙浩. 异构分布式存储系统数据布局策略和性能研究[D].北京：北京工业大学，2017.

[4]　DHRUBA B, JONATHAN G, JOYDEEP S S, et al. Apache hadoop goes realtime at Facebook[P]. Management of data，2011.

[5]　张志远，火一莽，万月亮，等.储存系统数据布局算法进展分析[J].信息网络安全，2013(05)：73 - 78.

[6]　LEE L, SCHEUERMANN P, VINGRALEK R. File assignment in parallel I/O systems with minimal variance of service time[J]. IEEE Transactions on Computers，2000，49(2)：127 - 140.

[7]　龙赛琴，赵跃龙，谢晓玲，等.面向大规模存储系统的静态文件布局策略[J].华南理工大学学报(自然科学版)，2013，41(01)：70 - 76.

[8]　XIE Tao, SUN Yao. A file assignment strategy independent of workload characteristic assumptions [J]. ACM Transactions on Storage (TOS)，2009，5(3).

[9]　王润平，陈旺虎，段菊.一种科学工作流的云数据布局与任务调度策略[J].计算机仿真，2015，32 (03)：421 - 425＋437.

[10]　岳银亮. 存储系统低能耗数据布局技术研究[D].武汉：华中科技大学，2010.

[11]　陈涛，肖侬，刘芳，等.基于聚类和一致 Hash 的数据布局算法[J].软件学报，2010，21(12)：3175 - 3185.

[12]　刘靖宇，郑军，李元章，等.混合 S-RAID：一种适于连续数据存储的节能数据布局[J].计算机研究与发展，2013，50(01)：37 - 48.

[13]　LU T, CHEN M H, ANDREW L L. Simple and effective dynamic provisioning for power-proportional data centers[J]. IEEE Transaction on Parallel and Distributed System，2013，24(6)：1161 - 1171.

[14]　廖彬，张陶，于炯，等.适应节能与异构环境的 MapReduce 数据布局策略[J].中山大学学报(自然科学版)，2015，54(06)：55 - 66.

[15]　LIU J, PACTITTI E, VALDURIEZ P, et al. A survey of data-intensive scientific workflow management[J]. Journal of Grid Computing，2015，13(4)：457 - 493.

[16]　吴超.面向云存储系统的云数据放置方法研究[D].南京：南京邮电大学，2018.

[17]　林穗，朱岩，杨有科. Hadoop 云存储策略的研究与优化[J].现代计算机(专业版)，2016(02)：33 - 37.

[18]　DEAN J, GHEMAWAT S. MapReduce：simplified data processing on large clusters [J]. Communications of the ACM，2008，51(1)：107 - 113.

[19]　CHEN K, ZHENG W M. Cloud computing：system instances and current research [J]. Journal of software，2009，20(5)：1337 - 1348.

[20]　田文洪，李国忠，陈瑜，等.一种兼顾负载均衡的 Hadoop 集群动态节能方法[J].清华大学学报(自

然科学版),2016,56(11):1226-1231.

[21] 周渭博,钟勇,李振东.基于存储熵的存储负载均衡算法[J].计算机应用,2017,37(08):2209 -2213.

[22] 康承昆,刘晓洁.一种基于多衡量指标的 HDFS 负载均衡算法[J].四川大学学报(自然科学版), 2014,51(06):1163-1169.

[23] WATTS J,TAYLOR S. A practical approach to dynamic load balancing [J]. Parallel and Distributed Systems,1998,9(3):235.

[24] 陈德军,高晓军,王义.基于 AHP 的云存储负载均衡研究[J].计算机工程与应用,2015,51(07): 56-60.

[25] 沙毅,张立立,朱丽春.基于指数平滑预测的 Ad Hoc 网络路由协议[J].小型微型计算机系统, 2012,33(3):462-465.

[26] GIACOMO S,ANDREA S. Comparing aggregate and disaggregate forecasts of first order moving average models [J]. Statistical Papers,2012,53(2):255-263.

[27] 陈武,张山江,侯春华,等.二次指数平滑预测模型回归系数计算方法探讨[J].统计与决策,2016 (19):11-12.

[28] 于磊春,陈健美,刘响,等.基于预测模型的 HDFS 集群负载均衡优化与研究[J].计算机应用与软 件,2018,35(05):149-156+201.

第三章　I/O 并发的混合存储布局优化模型

近年来，随着数据规模的急速膨胀，用户在提出更大规模存储空间需求的同时，对存储系统的功能也提出了更高的要求，高访问速率、高可靠性的存储系统是目前工业界所追求的。传统的存储系统采用集中式的数据布局，当多个用户对同一个数据进行访问时，访问节点和存储系统之间将产生数据传输瓶颈。虽然直连式存储（Direct-Attached Storage，DAS）、网络接入存储（Network-Attached Storage，NAS）、存储区域网络（Storage Area Network，SAN）等在一定程度上缓解了该问题，但是在扩展性、并发性和网络负载方面又出现了新的缺陷，无法满足用户对大容量存储系统数据存储的需求。为了解决数据存储的需求问题，一方面在排序分区（Sort Partition，SP）和静态循环（Static Round-Robin，SOR）策略的基础上进行改进，根据系统平均负载情况将数据节点进行分类，提出将数据按服务时间降序排序，在小于平均负载的节点上采用 Greedy 方式存放数据直到节点的负载大于平均负载，采用轮询方式将剩余数据存放到所有节点上，并根据数据的热度情况选择存储的磁盘，避免将大的数据存放在固态硬盘 SSD 中降低磁盘寿命；另一方面使用遗传算法优化系统性能，从系统负载和请求响应两方面构造适应度函数，针对遗传算法中收敛速度过慢和局部最优问题进行分析，对初始种群进行约束避免了无效个体的产生，采用自适应的交叉变异算子来进行遗传操作，通过改进选择算法来提高种群质量，保证优良个体可以遗传到下一代，使得种群更具多样性。

3.1　负载均衡的 SOR 数据布局策略改进方法

为了更好地将用户发来的请求数据合理地放置到存储系统中，保证系统在保持负载均衡的同时快速响应用户请求，本节通过分析数据自身特性和系统负载两方面，对已有的 SOR 数据布局策略进行改进，主要包含以下几点：

（1）根据现有的数据布局策略中存在的缺陷进行分析和改进。

（2）基于系统节点负载情况来改进数据布局策略。

（3）利用混合存储系统的存储介质来存储数据，对数据进行分类存储，最小化系统响应时间。

（4）将改进策略与原策略进行性能比较。

3.1.1　SOR 策略改进模型

Greedy 算法源于均衡多处理器负载的最长处理时间算法（Longest Processing Time，LPT），它通过平衡系统节点负载来最小化磁盘使用率。SP 和 SOR 策略是静态布局算法，

SP策略通过最小化磁盘上数据的服务时间来提高系统性能，采用Greedy算法将服务时间接近的数据分配到同一磁盘上，对大小数据进行分类存储，热点数据的集中存放容易造成磁盘访问过热。SOR策略克服了SP策略算法中数据集中存放而造成的磁盘访问过热问题，它通过轮询方式对数据进行分配，而没有对大小数据进行分离。本节从数据特征和系统性能两方面对SOR策略进行改进，在对大小数据文件进行分离的同时避免热点文件的集中存放，保证系统负载均衡。

对SOR策略改进的模型如图3.1所示，即将数据存储在不同的数据节点上，当多个用户对数据进行访问时，数据布局将会成为影响系统处理效率的主要因素，同时其他因素也将对系统性能造成影响，例如负载均衡、数据响应时间等。

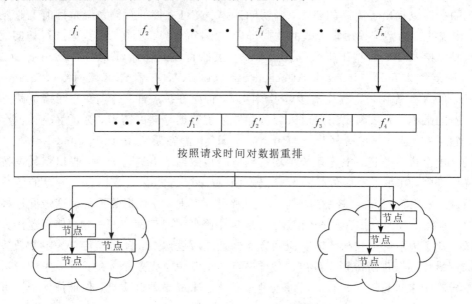

图 3.1　数据布局改进模型

首先，获取数据存储节点的负载情况并根据平均负载把节点划分成两组，将数据按照请求服务时间进行降序排列；然后采用Greedy方式将数据放置到小于平均负载的磁盘上，直到磁盘负载大于平均负载，放满之后，采用轮询的方式将剩余数据存放到所有节点上；最后根据数据热度情况选择存放的磁盘介质。这种处理方式在一定程度上避免了数据的集中存放，另一方面考虑数据节点的存储特性对数据进行分类存储，提高了磁盘利用率，更好地实现系统负载均衡。

在大数据环境下，假设有 m 个独立异构的数据节点 $d_1, d_2, \cdots, d_m$，用来存储 n 个不同的数据文件 $f_1, f_2, \cdots, f_n$，用户访问数据时需要对存放该数据的磁盘进行一次扫描，然而与数据的传输时间相比，磁盘的寻道时间可以忽略不计，因此数据的响应时间主要取决于传输时间，数据的传输时间与数据大小以及磁盘的传输速率有关。在混合存储系统中，设数据节点集合为 $d_i = \{ac_j, c_j, l_j\}$，其中 ac_j 为节点 j 的可用容量，c_j 为节点 j 的存储容量，l_j 为节点 j 的负载。需要存储的数据文件集合为 $f_i = \{t_i, s_i\}$，其中 t_i 为第 i 个数据的响应时间，s_i 为第 i 个数据文件的大小。

数据 i 在节点 j 的负载 l_{ij} 描述为磁盘传输速率和服务时间的乘积 $l_{ij} = v_j \times t_i$；系统总

的服务时间为 $t = \sum_{i=1}^{n} t_i$；设 $A_{n \times m}$ 为决策矩阵，且 $i = 1, 2, \cdots, n$；$j = 1, 2, \cdots, m$，其中 a_{ij} 表示第 i 个数据在节点 j 上，当数据 i 存放在节点 j 上时，$a_{ij} = 1$，反之 $a_{ij} = 0$。而数据节点 dn_j 的负载 $l_j = \sum_{i=1}^{n} l_{ij} \times a_{ij}$，系统的平均负载为 $\bar{l} = \frac{1}{m} \times \sum_{j=1}^{m} l_j$。

数据节点采用固态硬盘 SSD 和机械硬盘 HDD 同层架构的混合存储，因此当数据分配到节点上时，根据性价比 ratio 来判断存放在哪个磁盘上，具体计算如式（3-1）所示。

$$\text{ratio}_j = \frac{\text{ac}_{jssd}}{\text{ac}_j} \times l_j \qquad (3-1)$$

其中 ac_{jssd} 为磁盘 SSD 的可用容量，如果数据负载 l_{ij} 比 ratio_j 小，则将数据存储在 HDD 上，反之则存储在 SSD 中。改进数据布局算法的伪代码如算法 3.1 所示。

算法 3.1 改进数据布局算法

输入：数据节点集合 $D = \{d_1, d_2, \cdots, d_m\}$；
　　　数据集合 $F = \{f_1, f_2, \cdots, f_n\}$
输出：数据分配到磁盘的矩阵 $A_{n \times m}$

（1）计算数据节点的平均负载 $\bar{l}$；

（2）根据平均负载将数据节点进行分组（设 k 个节点负载小于 $\bar{l}$）；

（3）初始化决策变量 a_{ij}；

（4）将数据按服务时间大小排序为链表 L；

（5）采用 Greedy 方式将数据尽量分配到小于平均负载的节点上，剩余数据采用轮询的方式分配到所有节点上；

（6）根据热度选择存放数据的磁盘。

```
for j = 1 to n do
  for i = 1 to n do
    a_ij = 0
  end for
end for
i = 1        //数据
j = 1        //数据节点
for j = 1 to k do
  while l_j + l_ij ≤ l̄ do        //判断是否超过平均负载
    a_ij = 1
    l_j = l_j + l_ij
    ac_j = ac_j - s_i
    if l_ij < ratio_j && s_i < ac_ssd/ * 判断数据分配到哪个节点 j 的哪个磁盘上 */
      f_i append to dn_j - SSD
    else
      f_i append to dn_j - HDD
    end if
    i++
```

```
    end while
    end for
    //对剩余数据采用轮询的方式存放到所有数据节点上
    for j = 1 to m do
    if i<=n
        a_ij = 1
        l_j = l_j + l_ij
        ac_j = ac_j - s_i
            if l_ij < ratio_j && s_i < ac_ssd
            f_i append to dn_j - SSD
            else
            f_i append to dn_j - HDD
        end if
        i++
    else break
    end if
        if j == m
        j = 0;
        end if
    end for
```

本模型改进策略的优点如下：

（1）存放数据时，确保数据节点负载保持均衡，根据数据的服务时间进行降序排序，优先将数据放置到小于平均负载的节点上，降低了数据节点之间的负载差距。

（2）放置数据时，通过轮询的方式避免了服务时间短的数据集中放置造成单个节点访问过热的现象，提高了磁盘利用率。

（3）根据数据文件的热度情况选择存入的磁盘，分离了大小数据，充分利用存储介质各自的优势来进行动态存储，保证了数据存储效率。

3.1.2　数据指派模型构建

混合存储系统利用管理节点将数据合理分配到数据节点上，因此，管理节点的数据布局决定了系统存储的性能。数据布局问题也被称为数据指派问题，客户端将对存储在节点上的数据进行访问，因此，数据布局策略在很大程度上影响着系统的响应时间以及负载。

设计布局策略首先要构建数据指派模型，即建立数据和存储节点集合之间的映射关系。

（1）存储节点集合。混合存储系统中的异构存储节点集合如式（3-2）所示。

$$DN = \bigcup_{j=1,2,\cdots,m}\{dn_j, ac_j, c_j, lb_j, tv_j\} \tag{3-2}$$

其中，m 为节点个数，dn_j 为第 j 个节点，ac_j 为第 j 个节点的可用容量，c_j 为第 j 个节点的存储容量。lb_j 为节点 j 的负载，tv_j 为第 j 个节点的传输速率。

（2）数据集合。数据集合如式（3-3）所示。

$$F = \bigcup_{i=1,2,\cdots,n}\{f_i, t_i, s_i\} \tag{3-3}$$

其中，n 为存储的数据个数，f_i 为第 i 个数据，t_i 为第 i 个数据的服务时间，s_i 为第 i 个数据文件的大小。

（3）数据与存储节点的映射关系。数据是否存储在节点上可以采用决策函数 $\phi(i, j)$ 来判断，如果数据 f_i 存储在节点 dn_j 上，则 $\phi(i, j) = 1$，反之为 0。由于数据只存储在单节点上，因此，$\sum_{j=1}^{m} \phi(i, j) = 1$。

（4）数据节点负载。设混合存储系统的平均负载如式（3-4）所示。

$$\overline{lb} = \frac{\sum_{j=1}^{m} lb_j}{m} \tag{3-4}$$

混合存储系统中数据节点间的负载情况用标准差来判断，用 LB 表示，LB 的值越小，存储系统节点间负载越均衡，可用式（3-5）表示。

$$LB = \sqrt{\frac{\sum_{j=1}^{m} (lb_j - \overline{lb})^2}{m-1}} \tag{3-5}$$

（5）请求集合。从客户端获得的 I/O 请求集合如式（3-6）所示。

$$R = \bigcup_{k=1, 2, \cdots, l} \{r_k, rf_k, rdn_k, rt_k\} \tag{3-6}$$

其中，l 为请求个数，r_k 为第 k 个请求，rf_k 为请求所访问的数据，rdn_k 为数据存放的节点，rt_k 为请求响应时间。其中 rf_k 和 rdn_k 之间的关系为 $\phi(rf_k, rdn_k) = l$。系统请求的平均响应时间如式（3-7）所示。

$$\overline{rt} = \frac{\sum_{k=1}^{l} rt_k}{l} \tag{3-7}$$

数据请求的响应时间包括等待时间和服务时间，其中服务时间为 t_i，等待时间为节点上正在等待处理的所有请求的服务时间。假设该节点上有请求集合 Q 等待处理，那么等待时间如式（3-8）所示。

$$wt_k = rest(t) + \sum_{wr_i \in Q} t_{wr_i} \tag{3-8}$$

式中，$rest(t)$ 为当前节点正在处理的剩余时间，wr_i 为等待处理的请求。

由于采用分布式文件管理系统（Hadoop Distributed File System，HDFS）作为数据底层存储，遵循着"一次写入，多次读取"的访问模式，因此，下一节的实验将重点考虑系统请求的处理速度和负载均衡两方面对性能的影响。

3.1.3　SP、SOR 和改进策略对比实验

本实验通过请求数据量和数据节点数两方面对 SP、SOR 和改进策略进行对比，分别从系统响应时间和负载情况对三种策略进行比较。每次实验对同一组数据进行 5 次重复实验，尽可能排除由于运行异常对响应时间的影响，最后以平均值来反映不同因素对系统性能的影响。

如表 3.1 所示，实验通过请求数据量来表示三种策略在多个请求下对数据处理的质量，通过数据节点数来观察系统负载均衡情况，在每个请求中，请求数据大小服从 100～500 MB 的随机分布。

表 3.1　实验参数设置

实验参数	数　　值
请求数据量	10，30，50，100，200
数据节点数	4，8，12，16，20
请求数据大小	100～500 MB

1. 请求数据量的影响

本次实验通过改变请求数据量来观察不同布局策略下的性能，通过系统响应时间和数据节点的负载来分析三种策略对系统性能的影响。为了避免其他因素对实验结果的影响，实验中设置数据节点数为 8，请求数据大小服从 100～500 MB 的随机分布。实验结果如图 3.2 和图 3.3 所示。

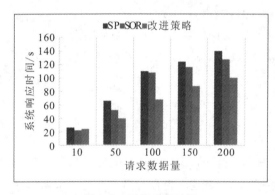
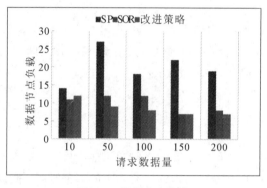

图 3.2　系统响应时间　　　　　　　　　图 3.3　数据节点负载

从实验结果可以看出，随着请求数据量的增多，系统响应时间也逐渐变长。图 3.2 中，随着请求数量的增加，SP 策略和 SOR 策略所需要的系统响应时间变长，响应时间增长幅度高于改进策略，改进策略下系统能够较好地处理大量的数据，因此在系统处理请求响应方面，改进策略略优于其他两种策略。

图 3.3 中，随着请求数据量的增多，三种策略下系统的数据节点负载变化也不同，SP 策略由于数据的集中存放造成节点负载很大，与 SOR 策略相比，改进策略数据节点的负载变化相差不多。

综上可以看出，改进策略在请求数据量较大的情况下对系统响应时间和数据节点负载两方面都有很好的效果。

2. 数据节点数的影响

本次实验通过设置不同的数据节点数来比较三种策略对系统性能的影响，请求数据大小服从 100～500 MB 随机分布。

从图 3.4 的实验结果可以看出，随着数据节点数的增多，系统响应时间明显降低。因为随着数据节点数的增多，每个节点处理的数据量减少，所以系统处理性能提升。其中，SP 策略和 SOR 策略处理时间的降低幅度较大，当节点数增多时，这两种策略对于系统性能的提升较为明显，而改进策略在系统响应时间方面的表现比另外两个策略要好。

图 3.5 显示了三种策略在系统负载方面的变化，随着数据节点数的增加，SP 策略对于系统负载没有较大的优化，SOR 策略和改进策略则呈现明显的下降趋势。改进策略相较于 SOR 策略在负载均衡方面要更好一些。

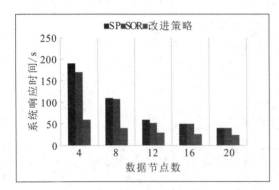
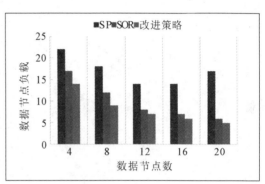

图 3.4　系统响应时间变化　　　　　　　　图 3.5　数据节点负载变化

从上述分析结果可以看出，随着数据节点数的增多，SP 策略在负载方面表现比较差，改进策略在数据节点数不同的系统中的表现都比其他两种策略要好。

3.2　基于遗传算法的数据布局优化

在 3.1 节提出的数据布局策略中，考虑到数据节点存储问题和数据自身特性，采用轮询的方式存储数据，并且根据数据热度来选择存储磁盘，在保证系统负载均衡的同时避免了热点数据集中存放而造成的磁盘过热现象。然而，3.1 节中只考虑了单一数据的问题，而数据副本的放置问题在一定程度上对于提升数据访问性能、降低访问延迟和提高数据可用性也有着重要的作用，因此，为了实现系统快速响应用户请求并且保证系统负载均衡，可以将其描述为多目标优化问题。通过对系统响应时间和负载均衡这两个目标进行优化来寻找全局最优解，并且在优化过程中考虑数据副本的放置，使布局策略获得一定的冗余度和容错性。

3.2.1　传统遗传算法优化

在传统的遗传算法中，随机生成的初始种群有可能会产生很多无效个体，而交叉和变异率在算法中保持不变，容易出现局部最优解的问题。而遗传算法的性能大部分取决于初始种群和交叉变异率。因此，在传统遗传算法的基础上对初始种群进行约束，避免无效个体的产生，然后根据种群和个体的适应度来动态地对参数进行调整，在保证物种多样性的同时也对优秀个体进行保存，从而获得全局最优解。改进遗传算法的算法流程如图 3.6 所示。

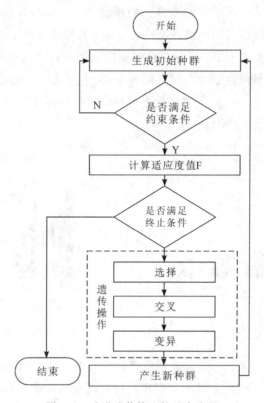

图 3.6 改进遗传算法的基本流程

1. 算法的基本步骤

（1）设定进化参数。首先对群体大小 N、终止进化代数 G 等参数进行设置。

（2）初始化群体。随机生成 N 个个体，判断初始种群中的个体是否有效，组成初始种群 $g_0 = \{g_1^0, g_2^0, \cdots, g_t^0\}$，此时 $t=1$。

（3）计算个体适应度值 F。利用适应度公式计算群体中个体的适应度值 F。

（4）选择操作。采用最优保存方法将种群中的优秀个体保存下来，生成新的种群。

（5）交叉、变异操作。在种群中通过随机选择个体来进行交叉操作，产生新的组合，代替种群中原选定个体，然后根据变异率对个体进行变异操作，在避免种群过度早熟的同时维持种群的多样性，通过改变个体中的某个数值来产生新的个体，形成 $t+1$ 代种群 g_{t+1}。

（6）终止条件。当种群个体达到适应度要求或进化代数 G 时终止算法。

（7）输出最优个体。当前种群中适应度最高的个体即为最终结果。

2. 个体表示

在改进遗传算法中，设置个体为一个数据放置方法。其中二进制矩阵表示个体，0 表示节点没有被分配数据，1 表示数据存储在节点上。表 3.2 描述了一个将 n 个数据存储在 m 个节点的个体实例。

表 3.2　二进制矩阵表示个体

	dn_1	...	dn_m
f_1	1	...	0
...		...	
f_n	0	...	1

当个体满足以下两个条件时该个体有效:

(1) 每个数据 i 及其副本被指派到系统中的数据节点 j 上,如式(3-9)所示。

$$\forall i, \sum_{j=1}^{m} \phi(i, j) > 0 \tag{3-9}$$

(2) 每个存放在数据节点 j 上的数据大小小于该节点的可用容量,如式(3-10)所示。

$$\forall j, \sum_{i=1}^{m} a_{ij} \cdot S_i < c_j \tag{3-10}$$

3. 适应度函数公式

适应度函数是判断遗传个体优劣的一个指标。个体的适应度值反映了个体的适应能力,适应度函数最终将影响到种群的进化。根据遗传算法优化策略,适应度函数评价标准包括系统对于请求的响应时间和节点负载情况,因此,改进的遗传算法将目标优化函数的倒数作为适应度函数。

设 g 表示种群中的一个个体,在改进遗传算法中解决的问题如式(3-11)所示。

$$\begin{cases} \text{s. t. } \sum_{i=1}^{n} \phi(i, j) \times s_i \leqslant ac_j \\ \min X\{AST(g), LB(g)\} \end{cases} \tag{3-11}$$

目标优化函数如式(3-12)所示。

$$TOF(g) = \varphi_1 \times AST(g) + \varphi_2 \times LB(g) \tag{3-12}$$

其中,φ_1 和 φ_2 为函数 $AST(g)$ 和 $LB(g)$ 的系数,$\varphi_1 < 0$,$\varphi_2 < 2$ 并且 $\varphi_1 + \varphi_2 = 1$。$\varphi_1$ 和 φ_2 可根据用户需求调节数值,以提高整个算法的灵活性。

本实验中,适应度函数 $F(g)$ 为目标优化函数 $TOF(g)$ 的倒数,即 $F(g) = \dfrac{1}{TOF(g)}$,因此 $TOF(g)$ 的值越小,$F(g)$ 越大,个体的适应度就越好。

4. 选择操作

选择操作是一种自然选择,体现"优胜劣汰"的思想,主要依赖于个体适应度值。在选择操作中,可以根据适应度值来判断该个体能够遗传到下一代的概率。在遗传算法中,通常使用的选择算子有赌轮选择(Roulette Wheel Selection)和联赛选择(Tournament Selection)。为了保证种群适应度高的个体能够以较大概率保存下来,采用适应度比例和最优保存策略相结合的选择机制,将当代群体中适应度最佳的个体直接复制到下一代中,在个体不被破坏的情况下提高了群体的适应度值。

在选择操作中,对个体按照适应度大小进行排列,将适应度值最高的个体直接复制到下一代中,然后采用赌轮选择法来选择剩余的 $n-1$ 个个体。首先计算出每代群体中所有

个体的适应度值 p_i 并从高到低进行排列，然后求出该代种群的适应度 p_t，根据公式 $p_0 = \frac{p_i}{p_t}$ 确定每个个体的选择概率，最后根据 0～1 之间的随机数确定个体被选中的次数，从而产生新的种群。

3.2.2　自适应的交叉变异算子

在遗传算法中，交叉和变异算子是影响遗传算法性能的主要因素，对算法的收敛性存在一定影响。传统的遗传算法中采用固定的交叉和变异算子，但是在面对复杂的、含有多个变量的优化问题时，这种算子效率不高，有很大的可能性会造成算法局部收敛。基于上述问题，改进的遗传算法选择自适应的交叉变异算子，根据种群个体适应度来动态地调整 p_c（交叉算子）和 p_m（变异算子），避免种群陷入局部最优解。

1. 交叉算子

遗传算法中交叉操作是通过将两两配对的个体交换部分基因从而产生新个体的过程。常见的交叉方法有单点交叉、双点交叉和均匀交叉。

单点交叉：在个体编码中设置一个随机交叉点，交换两个个体的部分基因，如图 3.7 所示。

图 3.7　单点交叉

双点交叉：在个体编码中随机设置两个交叉点，交换两点之间的基因，如图 3.8 所示。

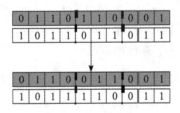

图 3.8　双点交叉

均匀交叉：对个体编码中的每个基因以相同的交叉概率进行交换，形成两个新的个体，如图 3.9 所示。

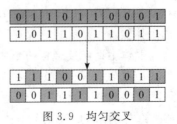

图 3.9　均匀交叉

　　传统的遗传算法都是选取一种交叉方式来形成新个体，但单一的交叉方式无法体现出物种多样性的特点。目前，很多研究人员通过自适应的交叉算子来改变交叉的概率，为了实现物种多样性，并且保持遗传个体的优良特性，可采用随机算法来选择个体之间的交叉方式，通过等概率地选择交叉方式避免了单一交叉而造成物种的单一性。

2. 变异算子

　　改进的遗传算法采用单点变异来随机选择个体中的基因位置以完成变异操作，通过变异产生的新个体可以提高种群多样性。在种群中随机选取个体，根据适应度求得的 p_m 改变个体中的某个基因，在遗传算法中发生变异的概率通常在 $0.001\sim0.1$ 之间。

　　为了平衡快速收敛和个体多样性对算法的影响，在自适应遗传算子中，当个体适应度小于平均适应度时，个体质量较低，可通过增大算子的值来提高个体质量；当个体较为分散时，可降低交叉和变异率来保存优秀个体。同时，对于适应度较高的个体，通过降低交叉变异率使其个体基因能够保留下来，而对于适应度低的个体，则通过增大其交叉变异率在加快算法收敛的同时将其以较大概率淘汰掉，交叉算子和变异算子的计算如式(3-13)和式(3-14)所示。

$$p_c = \begin{cases} p_{c1} - \dfrac{(p_{c1}-p_{c2})(F_c-F_{avg})}{F_{max}-F_{avg}} & F_c \geqslant F_{avg} \\ p_{c1} & F_c < F_{avg} \end{cases} \qquad (3-13)$$

$$p_m = \begin{cases} p_{m1} \dfrac{(p_{m1}-p_{m2})(F_{max}-F_m)}{F_{max}-F_{avg}} & F_m \geqslant F_{avg} \\ p_{m1} & F_m < F_{avg} \end{cases} \qquad (3-14)$$

其中，$p_{c1}=0.9$，$p_{c2}=0.6$，$p_{m1}=0.1$，$p_{m2}=0.001$。F_c 为交叉过程中适应度值较大的个体，F_{max} 表示父代中适应度值最大的个体，F_{avg} 为父代的平均适应度值，F_m 是进行变异操作的个体的适应度值。在该公式中，适应度与交叉算子、变异算子之间的对应关系如图 3.10 所示。

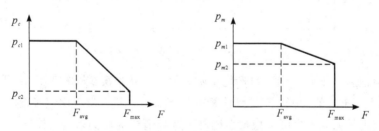

图 3.10　自适应算子函数图

　　通过该函数图可以看出，当个体的适应度值小于 F_{avg} 时，个体性能较低，交叉和变异率较大；当个体适应度值大于 F_{avg} 时，交叉和变异率则呈现降低状态。因此，个体适应度越接近 F_{max}，交叉和变异的概率就越低，就越容易将优秀个体保留下来，这样在后期，种群中个体的基本表现性能都比较优秀，不会破坏种群的优良结构，也不会陷入局部最优解的问题中。因此，自适应的交叉变异算子在保证种群多样性的同时通过快速收敛有效地提高了算法的优化能力。

　　为了能够保留父代个体中的优秀基因，对选择操作进行改进，通过合并父代和子代种群，根据适应度值对该种群进行排序，将种群中重复的个体删除后，选择前 N 个适应度值高的个体组成新的子代，如果删除重复个体之后种群数量小于 N，则对种群中适应度最优的个体进行复制，使其达到种群数量。这种选择方法不仅合理地保留了优秀个体基因，同时增强了算法的寻优能力。

3.3　实验与结果分析

3.3.1　实验参数

本实验主要通过遗传代数、种群规模和目标优化函数三方面对改进算法的影响进行分析，寻找最好的参数配置，避免因为参数设置不当而造成系统空间的浪费。

1. 目标优化函数（TOF）的参数对算法的影响

首先需要对多目标优化函数中的两个参数 φ_1、φ_2 进行确定。本实验设置种群大小为 50，遗传代数为 1000，观察 φ_1、φ_2 参数比例对系统性能的影响，每组实验取 5 次平均值，如图 3.11 所示。

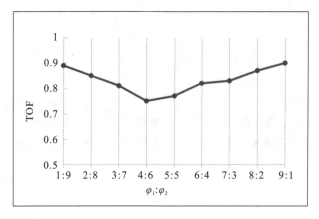

图 3.11　参数比例对目标优化函数的影响

本次实验描述了不同比例下目标优化函数值的变化情况，从图 3.11 中可以看出，当 φ_1：$\varphi_2 = 4$：6 时，TOF 值最低，系统性能提升情况最好，并且与该值接近的几个比例对系统性能的表现也较好，用户可以根据系统需求选择适合的比例来进行设置。

2. 种群规模

在遗传算法中，种群规模对于遗传算法全局搜索和快速收敛有一定的影响，当种群规模增加时，个体多样性也提高，使得全局搜索能力增强，收敛速度也加快。种群规模小容易造成初始种群覆盖空间的不确定性，使得种群在有限的遗传代数中无法获得全局最优解，使算法过早收敛；种群规模过大则会造成数据运行的时间变长，增加算法空间的浪费，导致系统性能降低等问题。因此，种群规模的设置在一定程度上对遗传算法获得全局最优解也有影响。

本实验通过设置不同的种群规模来观察改进算法获取最优解时经过的最少遗传代数。

在图 3.12 中，随着种群规模的增加，遗传算法获得最优解所需要的遗传代数也在逐渐减少，当种群规模超过 30 之后，获得最优解的遗传代数下降幅度不大，但是当种群规模超过 50 时，运算过程中将需要更多的空间和时间。

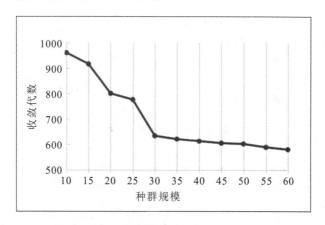

图 3.12　种群规模对算法收敛的影响

3. 遗传代数

在遗传算法中，随着遗传代数的增加，种群个体呈现多样性，导致适应度呈现明显的变化趋势。然而，当遗传代数超过一定阈值之后，种群中个体之间的多样性将趋于稳定状态，不会产生太大变化，适应度函数也趋向于最优解。

本实验设置种群规模为 50，当遗传代数到达 600 时，适应度函数曲线逐渐趋于稳定，这表明在遗传进行到 600 代之后种群个体表现没有太大变化，系统性能趋于稳定。因此在遗传代数大于 600 时，改进算法获得全局最优解。此外，从图 3.13 中目标优化函数平均值的变化情况可以看出，随着遗传代数的增加，目标优化函数的平均值越来越低，表示种群质量越来越高，适应度值低的个体慢慢被淘汰掉。

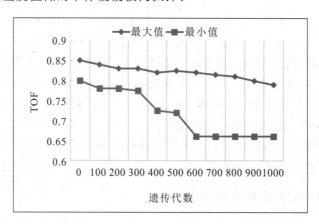

图 3.13　改进遗传算法遗传代数的影响

3.3.2　与传统遗传算法结果对比

图 3.14 为改进遗传算法与传统遗传算法的比较结果。在传统遗传算法中，交叉和变异

算子为固定值，即 $p_c = 0.6$，$p_m = 0.01$。

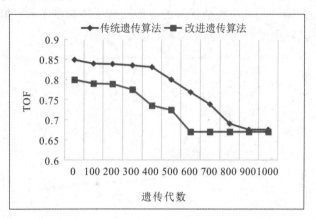

图 3.14　TOF 最小值变化

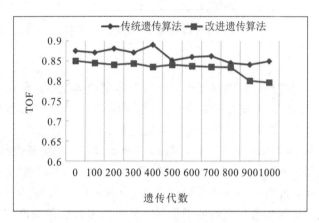

图 3.15　TOF 平均值变化

从图 3.14 和图 3.15 可以看出，改进遗传算法对于目标函数的优化比传统遗传算法要好。在图 3.14 中，改进遗传算法比传统算法获得最优解所需要的迭代次数要少，并且在 TOF 函数中更容易获得全局最优解。在图 3.15 中，传统遗传算法相较于改进遗传算法，TOF 平均值的变化幅度较大，这是由于固定的交叉变异算子没有被淘汰掉种群中较差的个体，较优的个体因为变异操作而使得适应度值降低，并且从初始代数的 TOF 值来看，对初始种群约束获得的个体适应度也比随机生成的要高。分析图中两种算法的变化曲线得出，改进遗传算法通过自适应的交叉变异算子将种群中优良个体保存下来，并淘汰了质量差的个体，使整体进化趋势向更好的方向发展，从而更快获得全局最优解。

3.3.3　优化布局算法对系统性能的影响

将三种布局策略运用到实验中，采用改进遗传算法来寻找数据放置最优解，其中目标函数的参数比例为 4∶6，种群大小为 50，迭代次数为 600，实验中通过系统中数据的多少来表示系统负载情况，数据随机存放在系统节点上。通过对三种策略在系统响应时间和负载均衡两方面的性能进行比较发现，系统中数据总数越多，系统的负载越大。

图 3.16 表示在不同负载情况下，每个策略对于系统请求响应处理的时间变化，改进策

略的系统响应时间是最低的，相比较于 SP 策略和 SOR 策略来说，响应时间降低了 13.21% 和 11.55%。

图 3.17 通过计算节点间标准差来对系统负载进行观察，在负载变化方面改进策略优于其他两个策略，随着系统负载加重，SP 策略的负载情况失衡，而 SOR 策略和改进策略仍能很好地适应系统负载较重的情况。并且与 SP 和 SOR 策略相比，改进策略的平均负载降低了 57.47% 和 31.85%。

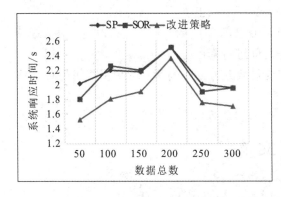

图 3.16　系统响应时间变化 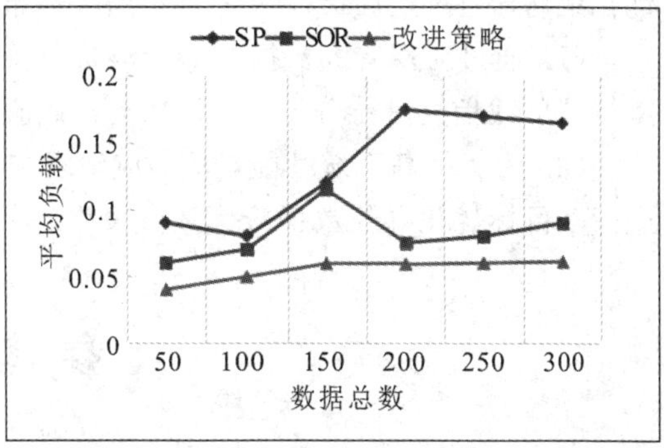　　　　　　　　　　图 3.17　平均负载变化

混合存储系统性能受多方面因素的影响，对三种策略通过优化目标函数来表示系统性能进行比较。从图 3.18 中三种布局策略在优化目标函数 TOF 的表现可以看出，改进策略在整个系统数据较大的情况下，系统性能保持最好，相较于 SP 策略和 SOR 策略，分别提高了 21.60% 和 16.38%。因此，在系统负载较重的情况下，改进策略比 SP 策略和 SOR 策略能取得很好的整体性能。

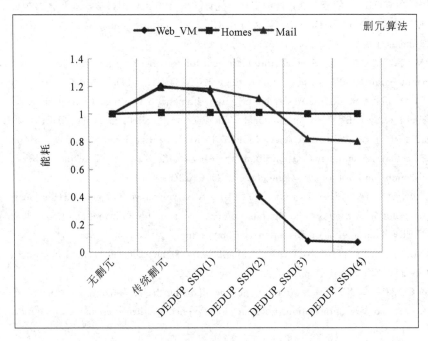

图 3.18　目标优化函数变化曲线

本 章 小 结

随着网络数据量的急剧增长，如何对数据进行有效合理的放置是存储领域研究的一大热点，为了保证系统的存储性能，需要设计一个快速响应、公平、安全的高效存储策略。本章通过对系统响应时间和负载两方面的综合考虑，提出一种基于改进遗传算法的数据布局优化策略，通过全局最优解来将数据合理布局到数据节点上。

（1）通过对现有的数据布局策略进行分析，在 SOR 策略的基础上进行改进，对数据节点按照负载信息进行分类，并将数据按照服务时间进行降序排列。

（2）为了提高系统性能，从响应请求和系统负载两方面进行考虑，采用改进遗传算法进行多目标优化寻找数据最优放置策略。

参 考 文 献

[1] 林沛. 探索云计算的应用与发展[J]. 中国新技术新产品，2010(7)：35 – 36.

[2] 王德政，申山宏，周宁宁. 云计算环境下的数据存储[J]. 计算机技术与发展，2011，21(4)：81 – 84.

[3] 孙燕飞. 基于 HDFS 的云存储服务系统的实现[J]. 数字技术与应用，2014(3)：128.

[4] 俞文明. Web 中文文本聚类研究[D]. 杭州：杭州电子科技大学，2009.

[5] BRINKMANN A, EFFERT S, HEIDEF MAD. Dynamicand Redundant Data Placement[J]. 2007.

[6] ZHAO Y, HUANG W. Adaptive Distributed Load Balancing Algorithm Based on Live Migrationof Virtual Machines in Cloud[C]// International Joint Conference on Inc. IEEE，2009.

[7] 邹振宇. 基于 HDFS 的云存储系统的实现与优化[D]. 合肥：中国科学技术大学，2016.

[8] SCHEUERMANN P, WEIKUM G, ZABBACK P. Data partitioning and load balancing in parallel disk systems[J]. VLDB Journal, 1998, 7(1)：48 – 66.

[9] VERMA A, ANAND A. General store placement for response time minimization in parallel disks[J]. Journal of Parallel and Distributed Computing, 2007, 67(12)：1286 – 1300.

[10] XIE T. SOR：A Static File Assignment Strategy Immune to Workload Characteristic Assumptions in Parallel I/O Systems[C]// International Conference on Parallel Processing. IEEE，2007.

[11] HERRERO J G, BERLANGA A, LOPEZ JMM. Effective Evolutionary Algorithms for Many-Specifications Attainment：Application to Air Traffic Control Tracking Filters［J］. IEEE Transactions on Evolutionary Computation, 2009, 13(1)：151 – 168.

[12] PONSICH A, JAIMES A L, COELLO C A C. A Survey on Multiobjective Evolutionary Algorithms for the Solution of the Portfolio Optimization Problem and Other Finance and Economics Applications[J]. IEEE Transactions on Evolutionary Computation, 2013, 17(3)：321 – 344.

[13] HANDL J, KELL DB, KNOWLES J. Multiobjective optimisation in bioinformatics and computational biology[J]. IEEE Trans Comput Biol Bioinformatics, 2007.

[14] TAO Q, LIU X, XUE M. A dynamic genetic algorithm based on continuous neural networks for a kind of non-convex optimization problems[J]. Applied Mathematics and Computation, 2004, 150(3)：811 – 820.

第四章　分布式存储集群系统布局优化方法

大数据时代，爆炸式增长的数据量给数据存储带来了严峻的挑战。为了应对大数据的存储挑战，分布式存储集群系统受到了高度青睐。在大规模数据存储集群系统（以下简称存储系统）中，网络资源的紧缺以及急剧增加的数据流量是导致存储系统中网络拥堵，数据传输减慢，服务响应延迟的主要原因之一。为了便于管理大规模的数据存取，在监控全网状态的同时，准确识别网络的特征，优化数据的布局，无疑是提高服务响应速率的有效途径。为了解决大规模数据存储问题，一方面从数据分块布局的角度分析导致超额跨机架传输的原因，提出一种机架感知的数据分块布局策略，采用部分数据分块集中部署的方法，以较少的机架数量存储一个文件的所有数据分块，在保证机架级容错性的同时减少纠删码存储的数据重构过程中的跨机架（cross-rack）数据传输频次和传输量；另一方面基于复杂网络理论，分析了存储系统网络数据流作用下存储节点的中心性指标，从而识别存储系统数据传输过程中节点的重要度、承载能力与均衡状况，进而优化数据布局性能。

4.1　存储集群系统中机架感知的数据布局方法

分布式存储集群系统的分布特性使得纠删码容错的相关操作需要多个节点相互协作，而节点之间不断地传输数据又会占用大量的网络资源，这往往是影响系统性能的主要因素，因而降低网络流量成为纠删码集群存储系统设计的一个关键目标。降低网络流量有助于缩短重构时间，进而提高存储系统的整体性能。本节提出一种机架感知的数据编码后的数据块布局方法，采用单机架存储多个数据块的布局策略，以此减少数据重构时的跨机架数据传输频次和数据量，提高重构效率。

4.1.1　编码数据块存储的数据布局策略与算法

在采用纠删码容错的分布式存储系统中，数据存入时执行编码操作得到若干数据块，它们分布于集群存储系统中的不同机架上。数据块越分散，编码时需要经历的跨机架传输频次越多，反之传输消耗越少，因此，采用数据块部分集中的布局方法可以减少跨机架数据传输。

设置了一个参数 c 作为同一个机架中可放置的数据块的最大值，且 $c>1$，即可得到文件所有数据分块布局需要的机架数量 $NR \geqslant \left\lceil \dfrac{n}{c} \right\rceil$，因此 n 个数据块可以被放置于所有 NR 个机架中。在纠删码存储系统中，由于机架级容错性（Rack-level Fault Tolerance）要求每一个文件可容忍至多 $n-k$ 个块的丢失，因此至多可将 $n-k$ 块数据存放于同一机架上，由

此可得 $c \leqslant n-k$，存储系统至多可容忍 $\left\lfloor \dfrac{n-k}{c} \right\rfloor$ 个机架故障。

数据块布局策略如图 4.1 所示。根据 c 的不同取值，选择 NR $= \left\lceil \dfrac{n}{c} \right\rceil$ 个机架，将某一文件编码后得到的 n 个数据块，每 c 个一组置于这 NR 个机架中。

图 4.1 跨越 R 机架的数据块布局策略

至于每个机架中节点上的数据分布，为了减少机架中不同节点间数据的内部传输，尽可能地把数据块放置到相邻的节点上，以提高机架内部的传输和计算效率。

根据以上分析，在保证数据的节点层和机架层故障容忍性的基础上，设计的布局方法为：将大小为 S 的数据块编码后得到的 n 个数据块存储于 NR 个机架上，每个机架中存放 c 个数据分块，其中 $c \leqslant n-k$。

以 RS$(9,6)$ 纠删码为例，大小为 S 的文件编码后总共得到 9 个数据块，由 $n=9$，$k=6$ 得 $1 < c \leqslant 3$。取 $c=2$，即数据块分成 5 部分：$\{D1, D2\}$，$\{D3, D4\}$，$\{D5, D6\}$，$\{D7, D8\}$，$\{D9\}$，每部分的数据块依次部署于机架 Rack1、Rack2、Rack3、Rack4、Rack5 中的任意节点上，具体部署方式如图 4.2 所示。

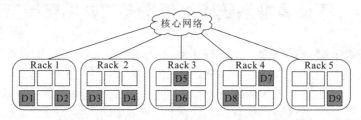

图 4.2 $c=2$ 时跨越 5 个机架的数据块布局

图 4.2 中，数据重构时的跨机架传输最少频次为 2，最少需要跨机架传输的数据量为 $2S/3$，即最小跨机架修复带宽为 $2S/3$。

取 $c=3$，即数据块分成 3 部分：$\{D1, D2, D3\}$，$\{D4, D5, D6\}$，$\{D7, D8, D9\}$，每部分的数据块依次部署于机架 Rack 1、Rack 2、Rack 3 中的任意节点上，具体部署方式如图 4.3 所示。

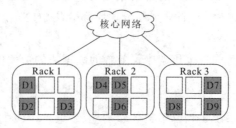

图 4.3 $c=3$ 时跨越 3 个机架的数据块布局

图 4.3 中，数据重构时的跨机架传输最少频次为 1，最少需要跨机架传输的数据量为 $S/2$，即最小跨机架修复带宽为 $S/2$。

接下来验证布局方法在单机架故障时处理数据的可靠性。如图 4.4 所示，当机架 1 发生故障时，讨论数据是否可以恢复。

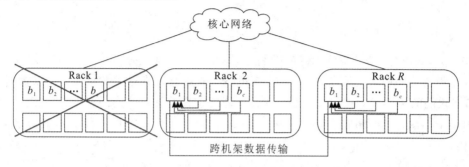

图 4.4 单机架故障后数据传输示意图

由于每个机架中至多放置 c 个数据块，即使在最小跨机架修复带宽的情况下，取 $c=n-k$，即每个机架存放 $n-k$ 个数据块，当机架 1 发生故障后，其他 NR-1 个机架上仍有 k 个存活数据块，因此数据仍然可恢复。所以，该布局方法能够在单机架故障的情况下保证数据的可靠性。

4.1.2 单机架存储数据块策略性能分析

数据块部分集中布局方法和典型的数据块布局方法的最小跨机架修复带宽分析如下：依照本章的方法，最小跨机架修复带宽即机架数量最少，每个机架至多存储 $c=n-k$ 个数据块。数据大小为 S 的原始数据以 (n,k) 纠删码编码后得到 n 个数据块，一共需要 NR$=\dfrac{n}{n-k}$ 个机架来存储。考虑到获取最小跨机架修复带宽的目的，数据恢复时选择一个存有 r 个数据分块的机架作为计算机架，需从其他 NR-1 个机架中选择 $\dfrac{k}{n-k}-1$ 个机架，从中下载 $k-r$ 个数据块，此过程中产生的跨机架传输频次为 $\dfrac{k}{n-k}-1$，跨机架传输需要传输的数据大小为 $(\dfrac{k}{n-k}-1)\cdot(n-k)\dfrac{S}{k}$，简化为 $(2k-n)\dfrac{S}{k}$。

典型的布局方法（每个机架上部署一个数据块）在数据分布和重构两个过程中的跨机架传输频次为 $k-1$，跨机架传输需要传输的数据大小为 $(k-1)\dfrac{S}{k}$。

相比之下，传输频次相差 $k-\dfrac{k}{n-k}$，简化为 $k(1-\dfrac{1}{n-k})$，传输数据量相差 $(n-k-1)\dfrac{S}{k}$。传输频次之差说明了数据对核心网络的争夺减少了。传输数据量之差主要是策略在执行解码任务的机架上放置了 $n-k$ 个数据块或者说是选择了一个放置了 $n-k$ 个数据块的机架，而典型的数据布局方法中执行解码任务的机架上至多有 1 个数据块，至少相差 $n-k-1$ 个数据块。因此，理论分析认为该方法减少了跨机架的数据传输频次和数据量。

4.1.3　机架感知布局方法测试

下面通过仿真实验来完成对机架感知布局方法的评估，即运用 OptorSim 模拟器评价其网络资源占用率、跨机架传输频次、数据重构执行时间、编码吞吐率等。在此将编码吞吐率定义为式(4-1)。

$$编码吞吐率(Encoder\ Throughput) = \frac{编码数据总量(Total)}{编码总时间(Time)} \qquad (4-1)$$

在 OptorSim 中，实验配置参数：文件个数(FN)分别设置为 100、200、300、400、500，文件大小设置为 10 MB，采用 RS(9，6)纠删码。实验中以节点代替机架，节点数量为 20 个，节点之间的传输视为跨机架传输，并为不同的连接设置不同的网络带宽参数。

由于 $1 \leqslant c \leqslant n-k$，可得布局方法中 $c \in \{2,3\}$，本实验共实现三种不同布局方法的性能测试：

(1) 典型的单机架单数据块的布局方法，即传统布局方法；

(2) $c=2$ 时的布局方法；

(3) $c=3$ 时的布局方法。

依据 FN 的取值，分别对三种布局方法下的数据重构过程进行测试，实验结果如图4.5所示。

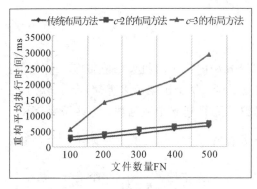

（a）重构平均执行时间

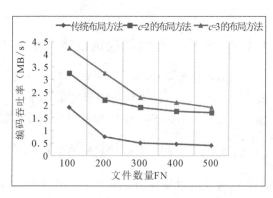

（b）编码吞吐率

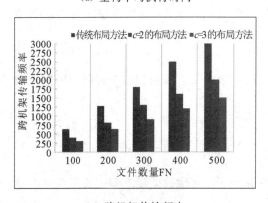

（c）跨机架传输频次

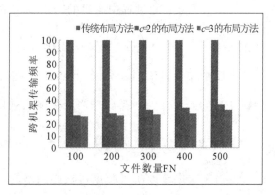

（d）网络资源占用率

图 4.5　三种方法的数据重构性能对比

图 4.5(a)表示了三种不同的数据布局方法的重构平均执行时间。重构平均执行时间随着文件数量的增加而增加，相同的文件数量下，所提出的数据布局方法的数据重构执行时间比传统布局方法少得多，并且 $c=3$ 比 $c=2$ 时的重构执行时间少。

图 4.5(b)中，编码吞吐率随着文件数量的增加而降低，相同文件数量下的编码吞吐率高于传统布局方法，并且 $c=3$ 比 $c=2$ 时的编码吞吐率高。

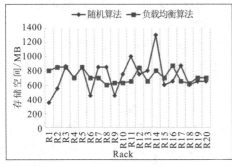

（a）FN＝100 时存储使用情况

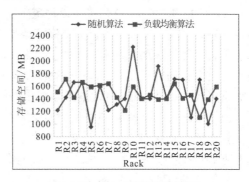

（b）FN＝200 时存储使用情况

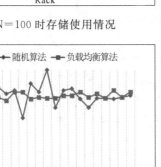

（c）FN＝300 时存储使用情况

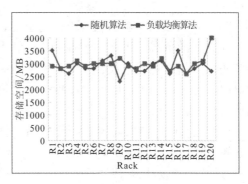

（d）FN＝400 时存储使用情况

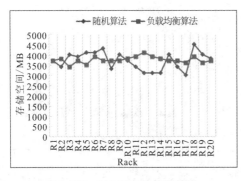

（e）FN＝500 时存储使用情况

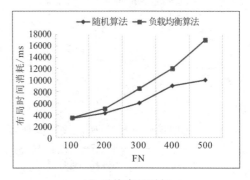

（f）平均布局时间

图 4.6　两种方法的存储负载性能

图 4.5(c)中，随着文件数量的增加，跨机架传输频次在增加，相同的文件数量下，所提出的数据布局方法的跨机架传输频次少于传统布局方法，并且 $c=3$ 比 $c=2$ 时的跨机架传输频次少。

图 4.5(d)表示了三种不同的数据布局方法在完成数据重构过程中的网络资源占用情

况，FN 取 100、200、300、400、500 时，传统布局方法在数据重构时总是占用全部网络，而所提出的方法网络资源占用率虽然随着文件数量增加而增加，但均小于 50%，并且 $c=3$ 比 $c=2$ 时的网络资源占用率低。

综上所述，与传统布局方法相比，$c=2$ 和 $c=3$ 时的布局方法完成相同数量文件的重构消耗的时间减少、编码吞吐率提高、跨机架传输频次减少、网络资源占用率降低近 50%，说明机架感知布局方法有效地减少了跨机架传输频次和数据量，抑制了对核心网络资源的争夺，减少了编码时间，提高了数据重构效率。

负载均衡算法的性能测试包括：随机算法（没有负载均衡）和负载均衡算法在存储空间使用情况和布局时间消耗两个方面的性能对比。测试参数与 4.1.3 节基本相同，在此将文件大小更改为 100 MB，测试结果如图 4.6 所示。

图 4.6(a)~(e)绘出了文件数量 FN 在 100~500 之间变化时两种算法的存储负载状况。虽然随机算法可以在一定程度上保持均衡，但是负载均衡算法在存储负载均衡方面具有更好的优势。随着 FN 增大，负载均衡算法能够使得每个机架具有近似的存储使用率。由此可见，机架感知布局方法的负载均衡算法在存储空间均衡方面取得了较好的性能。

图 4.6(f)表明，在带宽有限的前提下，使用随机算法的布局时间消耗与使用机架感知布局方法的负载均衡算法性能相近，但是随机算法的时间增长速度非常快，而负载均衡算法的时间消耗增长缓慢。一个重要的原因是随机算法等待有限的网络带宽耗费更多的时间，而机架感知布局方法的算法有效地避免了这种网络拥塞，可以在一定程度上平衡网络负载。

在上述相同的参数设置下，测试了传统的纠删码（Reed-Solomon，RS）布局方法、跨机架感知重构（Cross-rack-Aware Recovery，CAR）方法、本节所提出的机架感知布局方法的平均重构时间和跨机架传输频次，对比了它们的重构性能，结果如图 4.7 所示。

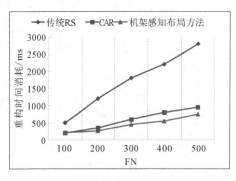 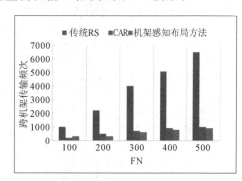

（a）平均重构时间　　　　　　　　　　（b）跨机架传输频次

图 4.7　三种方法的性能对比

从图 4.7(a)可以看出，机架感知布局方法和 CAR 方法拉低了平均重构时间，它们的重构时间与 CAR 方法的重构时间非常接近。图 4.7(b)表明机架感知布局方法较传统的 RS 布局方法大大减少了跨机架传输频次。综上，本节提出的机架感知布局方法在平均重构时间和跨机架传输频次方面都有较好的性能。

4.2　存储集群系统中网络感知的数据布局方法

由于不同的网络链路与存储节点承载的数据流量不同，因此应当充分考虑数据流量在网络中的传输特征。通过引入数据流量作为研究网络拓扑特征的权重，可准确地识别存储系统网络特征。由于网络拓扑结构中存储节点所处的位置、度、承载的数据流量与链路的传输能力、剩余承载力、传输时间间隔、传输等待队列（滞留量）、上行输入数据流量、下行输出数据流量等因素，均会影响节点在存储系统中的重要度和负载能力，基于这些因素评价存储节点的负载程度，有易于部署数据，也为解决网络拥塞问题提供了良好的基础。因此本节根据存储系统的构成特点构建拓扑结构，提取网络数据流量的统计特征，然后借鉴网络的度中心性与介数中心性思想，提出数据节点的流量负载评价指标，最后提出一种基于网络感知的数据布局方法，将网络负载少的节点作为目标位置，以达到减少拥堵等待时间、降低数据传输延迟、提高存储效率的目的。

4.2.1　存储系统网络特征指标

网络感知是对整个网络的所有元素（网络拓扑、网络设备等）使用情况的实时监控，并对网络流量动态变化的预防和处理。分析网络元素对数据布局性能的影响程度，识别数据流量传输负载重的节点、传输的关键节点和区间，需从两个方面考虑关键节点和区间的属性，即网络拓扑结构与数据传输过程中节点和链路在网络中的作用。

（1）网络拓扑结构。网络拓扑是将存储系统的各种设备映射到网络中的一个节点上，在存储系统中，网络拓扑结构决定了每个节点和链路在数据传输过程中的作用和影响力，是判断网络实时特点的重要因素。一般地，存储系统的主要网络设备包括核心网络交换机、ToR 交换机、存储服务器。

（2）数据传输过程中节点和链路在网络中的作用。存储系统网络拓扑中的各种网络设备（交换机、路由器等）在数据传输过程中的作用不同，重要性也不一样。根据网络元素的重要性和能力，识别其对数据传输的作用力度和重要性，动态地进行数据布局，提升核心元素的强大服务能力，提高普通元素的平均利用率，对提升整体网络的效率至关重要。

节点重要度说明了节点在网络中的枢纽性，节点重要度越高，其枢纽性越强，则数据流量传输负载偏重。那些非枢纽性的节点，也会因为任务不同而负载不同，因此，考虑网络拓扑结构和实时流量对节点负载的影响，要从节点重要度和实时流量两个方面综合评价节点的负载程度。

首先，在网络拓扑视角下，节点重要度直观地反映了节点在网络中的重要性，节点能力介数反映了节点在全网数据流传输过程中的枢纽性。

然后，节点在全网中的重要度并非完全依赖于节点承载的数据量。一般地，节点的重要度越高，相应地其承载的数据传输任务越多，负载越重。但是，一方面，在任务实际传输中，由于任务不同，同等重要度的节点实际承载的数据量也会有所差异；另一方面，传输任务的时段性，即不同时段各个节点承载传输任务量大不相同，因此，将以节点传输的数据量直接反映节点在全网数据传输中承载数据量的多少，以节点数据流量聚集指数反映某一时段内节点的流量均衡状况，并根据所构建的网络拓扑结构定义网络特征指标，阐述指标的含义与计算方法。

　　加权网络中心节点强度的定义是与节点关联的所有边的权重之和,对于承载数据传输流量的存储系统而言,节点强度是与之相对应的区间截面数据流量之和,计算方法如式(4-1)所示。节点强度指标主要从网络局部反映节点的重要性。

$$CS(i) = \sum_{j \in V_i} w_{ij} \qquad (4-1)$$

式(4-1)中,w_{ij} 为连接节点v_i与v_j的截面数据流量,$V = \{v_i \mid = 1, 2, \cdots, N\}$,表示网络中所有节点(路由节点、存储节点)的集合。

　　节点能力介数是对经过该节点的最短路径上的所有截面数据流量求和后,与网络中所有最短路径上的所有截面数据流量之和的比。能力介数反映了节点对整个网络流的枢纽性。

　　存储系统网络中,节点v_i能力介数不仅统计了全网所有最短路径中经过节点v_i的条数信息,还为每条最短路径赋予了不同的权重,即路径上的截面数据流量之和,从而能够更真实地反映节点承载数据流的能力。节点能力介数的计算方法如式(4-3)所示。

$$CC(i) = \frac{\sum\limits_{s, t \in V, i \neq s, t} \left[\left(\sum\limits_{e \in R_{st}} F_e \right) \cdot \varphi_i(st) \right]}{\sum\limits_{s, t \in V, i \neq s, t} \sum\limits_{e \in R_{st}} F_e} \qquad (4-3)$$

式中,R_{st} 为st间的最短路径,e为R_{st}的一个区间,F_e为区间e的上、下行断面数据流之和。令

$$R_{st} = \text{Dijkstra}(s, t) \qquad (4-4)$$

　　F_e 的计算方法如式(4-5)所示。

$$F_e = \sum_{i, j \in e} (w_{ij} + w_{ji}) \qquad (4-5)$$

　　依据i与R_{st}的关系,$\varphi_i(st)$的计算方法见式(4-6)。

$$\varphi_i(st) = \begin{cases} 1, & i \in R_{st} \\ 0, & i \notin R_{st} \end{cases} \qquad (4-6)$$

　　存储系统网络中,节点v_i传输的数据量是指所有经过节点v_i的数据流量与其对应的传输距离的乘积,计算方法如式(4-7)所示。节点传输的数据量主要从通过节点的数据流量大小和数据传输距离两个方面考量,从而评价节点在拓扑中的重要程度。

$$CT(i) = \sum_{i \in V} f_i \cdot d_i \qquad (4-7)$$

式中,f_i 为经过节点v_i的数据流量,d_i是分别与之相对应的数据在传输过程中的传输距离。f_i主要包括三部分:传输起点为节点v_i的数据量f_{si}、传输终点为节点v_i的数据量f_{ei}和节点v_i为中转节点的数据量f_{ti};d_{si}、d_{ei}、d_{ti}是分别与之相对应的数据在对应传输过程中的传输距离,则该式可进一步变为式(4-8)。

$$CT(i) = \sum_{i \in V} (f_{si} \cdot d_{si} + f_{ei} \cdot d_{ei} + f_{ti} \cdot d_{ti} \qquad (4-8)$$

　　f_i 如式(4-9)所示。

$$f_i = f_{si} + f_{ei} + f_{ti} \qquad (4-9)$$

　　赫芬达尔-赫希曼指数是一种测量产业集中度的综合指数,借鉴这一概念,提出数据节点v_i的数据流量聚集指数 CDF(Concentration index of Data Flow),定义为一段时间通

过一个节点 v_i 的数据流百分比的平方，计算方法如式(4-10)所示。

$$CDF(i) = \left(\frac{f_i}{F}\right)^2 \qquad (4-10)$$

式(4-10)中，f_i 为一定时间段内经过节点 v_i 的所有数据流，计算方法见式(4-9)，F 为同一时段内网络传输总量，其计算方法见式(4-11)。

$$F = \sum_{i \in V} f_i \qquad (4-11)$$

当所有的数据由一个节点完成传输时，该节点的 $CDF(i)=1$，当所有节点承载的数据传输量相同时，$CDF=1/N^2$。节点所承载的数据传输量越多，CDF 越大。

前面定义的节点强度 CS 反映了不同数据流量状态下网络节点的重要度，节点能力介数 CC 反映了节点承载数据流的能力，节点传输的数据量 CT 反映了节点在全网数据传输中的重要作用，节点的 CDF 则反映了某一时段内节点的流量均衡状况。为了方便比较，定义一个综合评价指标(Comprehensive Evaluation Index，CEI)，融合以上 4 个指标，综合判断节点的重要程度和流量负载状况。由于各项指标的量纲不统一，首先对各项指标变量进行数据标准化处理，转化为无量纲数值 CS′、CC′、CT′、CDF′，然后为它们分别赋予权重 λ_1、λ_2、λ_3、λ_4，则 CEI_i 的计算方法如式(4-12)所示。

$$CEI_i = \lambda_1 CS' + \lambda_2 CC' + \lambda_3 CT' + \lambda_4 CDF' \qquad (4-12)$$

不同网络所侧重的需求不同，则可以选择适合的权重数值以满足不同需求。例如，若要全面评价节点在全网中的重要程度，则令 $\lambda_1=\lambda_2=\lambda_3=\lambda_4$；若要评价节点在全网数据流量传输中的关键地位，则应将 CT 的系数 λ_3 取值提高，如 $\lambda_3 \geqslant \lambda_1=\lambda_2=\lambda_4$，从而实现满足管理需求的全网节点综合排序。此外，权重的确定有主观赋权法(如专家调查法、层次分析法等)、客观赋权法(如主成分分析法、熵值法、多目标规划法等)、组合权重法("乘法"集成法、"加法"集成法等)三类方法。

4.2.2　指标应用与结果分析

对于节点负载综合评价指标 CEI，下面以包含 64 个节点的存储系统为例进行测试，对应的拓扑结构如图 4.8 所示。数据传输任务量设置为 500 个文件，捕获经过每个节点的数据流量，根据相应公式计算每个节点对应的节点强度、能力介数、传输的数据量和流量聚集指数，最后求出节点负载 CEI，绘制出结果图。

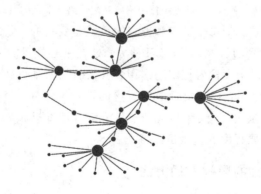

图 4.8　64 个节点的存储系统拓扑结构

　　针对上述拓扑结构，产生不同数据量的传输任务（DF＝500），分别在四个时刻抽取每条链路上的传输负载，检测某一时刻经过每个节点的数据量，计算出每个节点的四个指标 CS、CC、CT、CDF，归一化数据后，令 $\lambda_1＝\lambda_2＝\lambda_3＝\lambda_4＝1$，求得节点负载 CEI。依据每个节点的负载指标值，绘制出每条链路和相应节点的负载，如图 4.9 所示。节点颜色越深，尺寸越大，表示该节点的负载越重，相应地，链路的宽度越大，表示该条链路在这个时刻的负载越重。

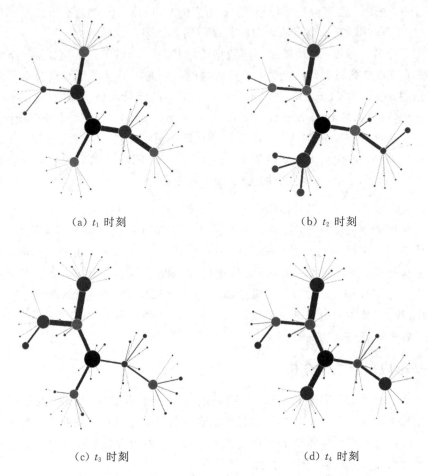

（a）t_1 时刻　　　　　　　　　　　　　　（b）t_2 时刻

（c）t_3 时刻　　　　　　　　　　　　　　（d）t_4 时刻

图 4.9　64 个节点拓扑中不同时刻链路和节点的负载

　　如图 4.9 所示，不同时刻每个节点和链路的负载是变化的，颜色深且宽度大的链路负载大，对应节点的颜色深、尺寸大，即 CEI 值大；处在中心位置的节点的 CEI 值始终是最大的，表明该节点在网络中发挥着枢纽的作用，承载的数据量负载重；处于边缘的节点的CEI 值普遍偏小，这是由于它们不负责数据流量的转发等任务，节点的重要程度偏低，其值主要由关联链路的流量大小决定。因此节点负载综合评价指标 CEI 能够综合反映存储系统网络拓扑中节点的重要程度和流量负载特征。

4.2.3　基于网络感知的数据布局方法

　　一般地，大部分跨机架链接的负载在短时期内超过了链路总负载的三分之二，这增加了某一拥塞链路产生的影响，如果有某个文件的子数据块需要通过瓶颈拥塞链路进行通信，则该子数据块的传输进度将会直接影响整个文件的传输完成时间，即文件的传输完成时间是由最慢的子数据块传输完成时间决定的。

在数据的写入过程中，瓶颈链路几乎都是热点。考虑到存储系统中网络链路的负载状况，一个文件切割成的不同数据块的位置选择与写入是独立的，每一个数据块是单独决策的，因此所设计的数据布局方法的主要目标是：

（1）最小化单个文件的完成时间。最优的数据块写入请求排序算法须考虑数据块的父文件剩余块的多少，令剩余块数量少的数据块优先执行写入操作，从而加快单个文件的传输任务完成进度。

（2）最小化瓶颈链路负载的不均衡性。最佳链路选择算法首先必须消除瓶颈链路上负载不均衡的问题，避免过多的传输任务集中在少部分的链路上，即待写入数据通过合适的跨机架链接，使得传输延迟最小。

（3）最小化存储节点负载的不均衡性。最优布局算法须根据存储节点的空间负载，为到达的写任务选择最佳目标存储节点，使得机架内部存储节点的空间负载均衡效果最优。

存储系统写入数据时先将数据分割成若干个大小相同的数据块，一个文件的写入作业就分成若干个数据块的写入任务。要获得文件的最佳写入速率，需要优化每一个任务的完成时间。存储系统中数据块的写入，最主要的目标是通过均衡瓶颈链路上负载最小数据块的写入时间，从而提高单个文件的写入速率。最优布局算法需为数据块写入请求分配最佳的目标位置，使之通过合适的瓶颈链路。

为了简化模型，针对上述分析，做出如下假设：

（1）待写入数据块的大小是固定的。假设所有块的大小都是相同的，忽略数据块大小差异对写入时间的影响。

（2）在单个数据块写入期间，链路状态是固定不变的。假设链路利用率在短期内保持稳定，便于在整个数据块写入过程中非常清楚地获得瓶颈链路的利用率。

（3）瓶颈链路易于识别。在存储系统中，机架与核心网络之间的链路往往最容易、最有可能成为瓶颈链路，认为网络瓶颈链路是这些进出机架的链接。

（4）不同数据块布局决策过程独立。上一个数据块与下一个数据块的写入决策过程之间无相互影响，各自独立。

网络感知的副本放置方法，一方面需要根据数据块的请求到达情况进行排序，另一方面需要选择合适的链路和目标节点，因此该方法包含以下三个阶段：

（1）数据块写入请求的排序。设定两次数据块布局之间的间隔时间为写入请求排序决策时间，记为 s。在 s 决策时间内到达的数据块写入请求，根据块的父文件中剩余块的数量进行排序。为保证单个文件传输任务完成的速度，剩余块数量越少，排名越靠前。当 $s = 0$ 时，表示布局方法是在线决策，无排序过程，直接根据数据块写入请求的到达顺序进行处理。

决策时间 s 的值决定了有无数据块写入任务排序过程，即执行机架选择与分配的数据块会影响数据块布局决策结果。s 值越大，算法能取得更好的排序结果，但同时会增加数据块写入时间，因此，s 取值是一个折中的过程。

（2）机架节点负载的评估与排序。在 Δt 时间间隔内，获取所有跨机架链路的当前负载数据，可依据 4.2.1 节的评价指标，计算出机架节点的负载综合评价指标 CEI，并根据 CEI 值由低到高进行排序。CEI 值的高低是选择、确定目标机架的依据，CEI 值越低的机架节点流量负载越小，将其作为优先考虑的目标机架。

（3）机架选择与存储节点的确定。读取上一阶段计算得到的机架节点的负载评价综合指标 CEI 排序结果，将 CEI 值低的机架作为数据块写入请求的目标机架。在目标机架中根据存储节点的剩余空间和流量负载，选择两种负载同时偏低的可达数据节点作为目标存储位置。

网络感知的数据布局过程如图 4.10 所示，图中每一个虚线框表示每一阶段的具体操作。

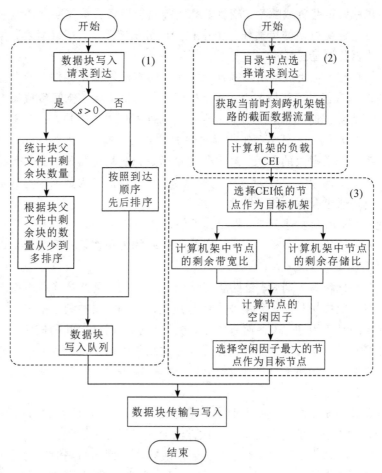

图 4.10　网络感知的数据布局过程

网络感知的数据布局方法具体步骤如下：

（1）确定数据块写入任务执行顺序。当数据块写入请求到达时，首先判断写入请求排序决策时间 s 的值。若 $s>0$，则在决策时间内完成写入数据块的排序。为最小化单个文件的完成时间，根据块的父文件中剩余块的数量进行排序，剩余块数量越少，排名越靠前，从而加速单个文件的写任务完成进度。若 $s=0$，则按照先来先传的顺序形成队列，等待执行写入操作。

（2）评估机架节点负载。集群管理器根据 Δt 时间间隔从每个服务器节点收到的链路传输信息，更新机架节点的 CEI 值，维护机架节点负载队列。

（3）选定目标机架。集群管理器为待写入的数据块分配目标机架。CEI 值越小的机架节点，其网络负载越少，因此集群管理器选择 CEI 值小的机架作为目标机架。在 Δt 时间间隔内，为数据块写入任务依次选择 CEI 值小的机架节点，选中的机架从节点负载队列中暂时移至队尾，直到下一个 Δt 时间间隔后更新负载队列。

（4）选定目标数据节点。根据目标机架中数据节点的负载程度，选择负载少的数据节点放置待写入的数据块。该过程需要每个机架中数据节点的网络负载信息 LL 和存储空间负载信息 SL，求出机架中数据节点的负载信息 FF，选出负载最小的数据节点作为放置数据的目标节点。

根据网络感知的数据布局方法三个阶段的内容以及布局流程，下面给出三个阶段对应的算法，分别见算法 4.1～算法 4.3。

算法 4.1　数据块写入请求处理算法。

Algorithm 1 Request schedule algorithm

Input：n nodes in rack Rr，link load，Storage load
Output：Data schedule queue Q
　　Initialization：$D=\{d_1, d_2, \cdots, d_m\}$
　　if $s=0$ then
　　　　return LinkSelection(L)
　　end if
　　$Q.$ addToQue(D)　　　　　$\sharp$ add data block to quenue
　　$Q.$ sort( )　　　　　　　　$\sharp$ Order by sort policy
　　for all data block d in Q do
　　　　return LinkSelection (L)
　　end for
　　end

算法 4.1 实现了数据块写入任务的排序过程。$s=0$ 时，依据数据块请求的到达顺序直接执行链路选择操作，否则依据数据块父文件中剩余数据块的多少进行排序，优先为父文件中剩余数据块数量少的数据块匹配目标机架和数据节点，缩短单个文件写任务的完成时间。

算法 4.2　节点负载评估与选择算法。

Algorithm 1 Link load evaluation and selection algorithm

Input：L，link load
Output：link utilization；selected rack
　　Initialization：$NR=\{nr_1, nr_2, \cdots, nr_j\}$；$W = \{w_1, w_2, \cdots, w_j\}$；$Fe = \{F_1, F_2, \cdots, F_j\}$；$F = \{f_1, f_2, \cdots, f_j\}$，$d = \{d_1, d_2, \cdots, d_i\}$；$F_{total}$，$\lambda_1, \lambda_2, \lambda_3, \lambda_4$。
　　for nr in NR do
　　　　$CS_{nr} = \sum\limits_{j \in V_i} w_{nrj}$

$$CC_{nr} = \frac{\sum\limits_{s,\,t\in V,\,nr\neq s,\,t}\left[\left(\sum\limits_{e\in R_{st}}F_e\right)\cdot\varphi_i(st)\right]}{\sum\limits_{s,\,t\in V,\,nr\neq s,\,t}\sum\limits_{e\in R_{st}}F_e}$$

$$CT_{nr} = \sum_{nr\in V}f_{nr}\cdot d_{nr}$$

$$CDF_{nr} = (f_{nr}/F_{total})^2$$

$$CS'_{nr},\ CC'_{nr},\ CT'_{nr},\ CDF'_{nr} = uniformization(CS_{nr},\ CC_{nr},\ CT_{nr},\ CDF_{nr})$$

$$CEI_{nr} = \lambda_1 CS' + \lambda_2 CC' + \lambda_3 CT' + \lambda_4 CDF'$$

end for

find the minimum CEI_{nr}

return rack nr corresponding to CEI_{nr}

end

算法 4.2 首先根据前述计算方法求得每个机架对应节点的节点负载 CEI 值，选择节点负载值最小的机架作为目标机架。节点负载计算使用集群管理器收集的信息（集群的拓扑、拓扑上链路的负载、机器故障情况）进行决策。

机架节点集合 Rr 由拓扑中连接机架和核心网络的链路组成，用 CEI_{nr} 来表示每个机架相连链路当前的拥塞程度，节点负载 CEI 值的计算方法见 4.2.4 节。

集群管理器每隔一段时间从每个服务器节点接收到链路传输信息，其中包含瓶颈链路集合中每条链路的负载状况。在接收到单个更新后，由集群管理器对每个机架节点的负载值进行计算。若链路信息缺失，则认为该条链路已 100% 被利用，对应的截面流量 w_{ij} 取最大值即该链路的总容量。链路的更新时间 Δt 决定了链路信息的精确度。Δt 越小，更新频率越高，结果越接近于当前的真实负载情况，但若 Δt 太小，会增加集群管理服务器传入链路的负荷。本章借鉴存储系统常用的典型值，令 $\Delta t=1s$。

算法 4.3　链路负载和存储负载均衡的节点选择算法

Algorithm 3 Node selection algorithm for link and storage load balancing

Input：n nodes in rack Rr, link load, Storage load

Output：the optimal node for placing one chunk

　　Initialization：Rr$=\{N_1,\ N_2,\ \cdots,\ N_n\}$; FF$=\{FF_1,\ FF_2,\ \cdots,\ FF_n\}$

　　for n in Rr do

　　　　$SL(n) =$ used storage size of N/total storage capacity

　　　　$LL(n) =$ used link capacity from N to TOR/ total link capacity from N to TOR

　　　　$FF(n) = SL(n) + LL(n)$

　　find the minimum $FF(n)$

　　return data node with minimum $FF(n)$

　　end

算法 4.3 根据选定机架中每个节点的存储负载和 TOR(Top-Of-Rack，架顶式机架)到该节点的链路负载计算出节点的负载因子值，选择负载因子值最小的节点作为数据块的最终放置位置。

网络感知的数据布局方法存在一定的滞后性，一旦某个数据块的写请求处理完成后，须及时调整、更新传输该数据块所涉及的所有链路当前利用率的评估值，以保证后续布局决策的精确性，避免得到重复的决策结果。

网络感知的数据布局方法扩展性说明：本方法可以和一些在保证容错性、分区容错、存储均衡和数据重构等方面的布局优化策略联合使用，以达到更好的性能。例如，本方法侧重于流量负载的均衡，若将本方法与存储均衡的布局方法联合使用，理论上能够在优化存储负载均衡的同时达到更优的网络均衡性能。

4.2.4　布局方法实验测试

仿真实验中设置节点数目为：(1) 3000，包含 150 个机架，每个机架上有 20 个服务器节点；(2) 300，包含 15 个机架，每个机架上有 20 个服务器节点。实验测试中的存储系统网络拓扑结构如图 4.11 所示，图 4.11 中仅绘制出了 15 个机架，共 300 个节点。数据传输任务数量分别从 500、1000、1500、2000、2500、5000 进行递增，并分别在链路正常传输无拥堵和链路拥堵两种状态下，测试本章布局方法的数据传输完成时间(本实验中设定数据块的大小相同)。

图 4.11　实验拓扑

本实验中网络是唯一的瓶颈。跨机架链路是同构的，最大容量设为 10240 MB，机架内部链路也是同构的，最大传输容量为 256 MB。跨机架链路的传输速率为 1024 Mb/s，机架内部链路的传输速率为 64 Mb/s。链路的初始负载随机生成，每个存储节点的已使用空间大小也随机生成。数据传输任务的到达速率为每秒 50 个，每个数据块的大小相同，固定为 64 MB。

集群测试中，在 Linux 环境下基于 Hadoop 2.7.4 搭建了 HDFS 集群，配置了三种不同的集群规模：(1) 1Master＋3DataNodes；(2) 1Master＋7DataNodes；(3) 1Master＋11DataNode。首先通过改变文件写入任务数量，测试了不同文件写入任务量下任务的完成时间，分析增加文件写入负载时布局策略性能的变化。然后通过改变集群节点数量，测试了 4 节点、8 节点和 12 节点三种集群规模中相同文件数量的写任务完成时间，分析集群规模变化对布局方法性能的影响。

仿真实验测试了 15 个机架共 300 个节点数量下不同排序策略对任务完成时间的影响。在链路非拥堵状态下，改变 s 的取值，令 s 分别为 0、1、2、5，即分别按照先到先传排序、$s=1$ s 时父文件剩余量排序、$s=2$ s 时父文件剩余量排序以及 $s=5$ s 时父文件剩余量排序后，得到四种不同的数据块写入队列，测试了数据传输任务数量为 500 时数据块传输任务完成情况，统计了网络感知的数据布局方法下完成数据写入任务的总时间，结果如图 4.12所示。

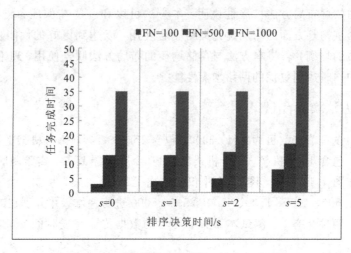

图 4.12　不同排序决策时间 s 任务完成时间

如图 4.12 所示，首先，比较了 $s＝0$ 和 $s＞0$ 的情况，发现 $s＞0$ 时排序算法并没有明显增加数据写入任务的时间，即说明排序决策对数据写入任务完成时间影响较小。然后，比较了 $s＝1$、$s＝2$ 与 $s＝5$ 三种决策时间下相同写入任务的完成时间，发现 $s＝5$ 时，任务完成时间明显多于 $s＝1$ 和 $s＝2$ 时刻任务的完成时间。s 值越大，算法能取得更好的排序结果，但同时会增加数据块写入时间，因此，s 取值是一个折中的过程。本实验中，$s＝1$ 和 $s＝2$ 是两个较合适的取值。

对网络感知的数据布局算法的集群测试结果如图 4.13 和图 4.14 所示。在 HDFS 中测试了不同规模下数据布局算法的数据布局性能，通过增加集群节点数量、增大集群规模，获取了 FN＝100 时布局算法的任务完成时间。

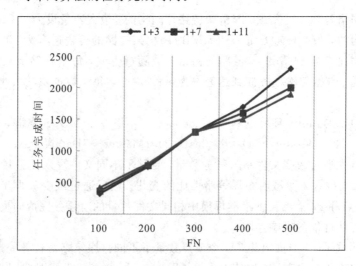

图 4.13　不同规模集群下任务完成时间

如图 4.13 所示，随着集群节点数量的增加，网络感知算法的效果越来越好。文件数量增加，需要传输的任务量增加，集群存储系统的网络负载增大，此时某些链路容易出现拥堵的情况，而网络感知的数据布局算法能够避开传输任务过重的链路，选择链路负载偏少的节点放置数据，减少任务等待时间。但是随着任务量持续增大，几乎每条链路都饱和，有等待传输队列，则网络感知数据布局算法的性能减弱，因为此种情况下，无论选择何种链路，均需要等待。

测试中获取了 1master＋11data nodes 集群，FN＝100 写任务完成后，11 个数据节点的存储空间负载情况如图 4.14 所示。

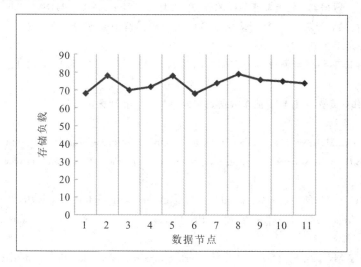

图 4.14　数据节点存储空间负载 FN＝100

如图 4.14 所示，11 个节点的存储负载在 65～80 之间浮动，说明算法的存储均衡效果较好。但仍有一些节点的负载相差较大，比如节点 2 和节点 6，这是因为在选择节点时不仅仅考虑了存储空间的负载，还考虑了机架内部链路的网络流量负载。集群节点的存储负载说明了算法 4.3 依据机架内部链路网络流量负载和数据节点存储空间负载选择目标数据节点的负载均衡效果较好。

本 章 小 结

降低网络流量是纠删码集群存储系统中提高重构效率的一个重要途径。针对纠删码存储系统中的典型布局方法在数据重构过程中产生较多的跨机架传输、降低重构效率的问题，采用单机架存储多个数据块的布局方法，将同一文件一定数量的数据块存储于同一机架之中，以减少数据重构时跨机架数据传输频次和数据量。

存储系统网络特性在承载数据流之后会发生显著变化，通过分析存储系统组成元素的数据流传输功能特征，构建存储系统网络拓扑结构，并结合网络的度中心性与介数中心性理论提出了节点流量负载评价指标，探究网络拓扑与实时流量特征，根据节点流量负载评价指标提出了一种基于网络感知的数据布局方法，通过均衡瓶颈链路的流量负载，减少拥塞，降低传输延迟，进一步缩短任务执行总时间，提高数据写入速率。

参 考 文 献

[1] Network-Aware Data Placement Strategy in Storage Cluster System[J]. Mathematical Problems in Engineering, 2020, 2020(10): 1-16.

[2] Rack Aware Data Placement for Network Consumption in Erasure-Coded Clustered Storage Systems [J]. Information, 2018, 9(7): 150.

[3] 袁丽娜. HDFS 数据副本均衡放置策略的改进[J]. 计算机科学, 2017, 44(S2): 397-399+431.

[4] 黄冬梅, 杜艳玲, 贺琪, 等. 基于多属性最优化的海洋监测数据副本布局策略[J]. 计算机科学, 2018, 45(06): 72-75+104.

[5] 吴修国. 云环境下一种兼顾成本与存储空间的副本策略[J]. 计算机工程, 2018, 44(03): 19-26 +36.

[6] 张榜, 王兴伟, 黄敏. 云存储智能多数据副本放置机制[J]. 计算机科学与探索, 2014, 8(10): 1177 -1186.

[7] BARSHAN M, MOENS H, LATRÉ S, et al. Algorithms for network-aware application component placement for cloud resource allocation[J]. Journal of Communications and Networks, 2017, 19(5): 493-508.

[8] XIAO J, WU B, JIANG X, et al. Scalable data center network architecture with distributed placement of optical switches and racks[J]. IEEE/OSA Journal of Optical Communications and Networking, 2014, 6(3): 270-281.

[9] ALICHERRY M, LAKSHMAN T V. Network aware resource allocation in distributed clouds[C]. 2012 Proceedings IEEE INFOCOM. IEEE, 2012: 963-971.

[10] 吴修国. 云计算环境下面向最小成本的数据副本策略[J]. 计算机科学, 2014, 41(10): 154-159 +190.

[11] 李学俊, 吴洋, 刘晓, 等. 混合云中面向数据中心的工作流数据布局方法[J]. 软件学报, 2016, 27 (07): 1861-1875.

[12] FERDAUS M H, MURSHED M, Calheiros R N, et al. An algorithm for network and data-aware placement of multitier applications in cloud data centers[J]. Journal of Network and Computer Applications, 2017, 98: 65-83.

[13] 林清滢, 徐林, 陆锡聪. 兼顾网络带宽的节能云数据副本布局算法[J]. 科学技术与工程, 2019, 19 (05): 172-178.

[14] UTA A, DANNER O, VANDER W C, et al. MemEFS: A network-aware elastic in-memory runtime distributed file system[J]. Future Generation Computer Systems, 2018, 82: 631-646.

[15] SIPOS M, GAHM J, VENKAT N, et al. Network-Aware Feasible Repairs for Erasure-Coded Storage[J]. IEEE/ACMTransactions on Networking, 2018, 26(3): 1404-1417.

[16] EPSTEIN A, KOLODNER E K, SOTNIKOV D. Network Aware Reliability Analysis for Distributed Storage Systems[C]. 2016 IEEE 35th Symposium on Reliable Distributed Systems (SRDS). IEEE, 2016: 249-258.

[17] JOHN S, MOHAMED M. A network performance aware QoS based workflow scheduling for grid services[J]. The International Arab Journal of Information Technology, 2018, 5(15): 894-903.

[18] 周经亚, 樊建席, 王进. 支持可扩展的在线社交网络数据放置方法[J]. 中国科学: 信息科学, 2018,

48(03)：329 – 348.

[19]　MENG X, WANG Y, GONG Y. Perspective of space and time based replica population organizing strategy in unstructured peer-to-peer networks[J]. Journal of Network and Computer Applications, 2015, 49：1 – 14.

[20]　GAO G, LI R, HE H, et al. Distributed caching in unstructured peer-to-peer file sharing networks[J]. Computers & Electrical Engineering, 2014, 40(2)：688 – 703.

[21]　BHATTI S K, LALI M I U, SHAHZAD B, et al. Leveraging the Big Data Produced by the Network to Take Intelligent Decisions on Flow Management[J]. IEEE Access, 2018, 6：12197 – 12205.

[22]　WANG R, MANGIANTE S, DAVY A, et al. QoS-aware multipathing in datacenters using effective bandwidth estimation and SDN[C]. 2016 12th International Conference on Network and Service Management (CNSM). IEEE, 2016：342 – 347.

[23]　刘玉洁, 陆佃杰, 张桂娟. 一种能耗优化的云内容分发网络[J]. 小型微型计算机系统, 2018, 39 (10)：2216 – 2221.

[24]　SHOJAFAR M, POORANIAN Z, NARANJO P G V, et al. FLAPS：bandwidth and delay-efficient distributed data searching in Fog-supported P2P content delivery networks[J]. The Journal of Supercomputing, 2017. DOI 10.1007/s11227 – 017 – 2082 – y.

[25]　WANG R, WICKBOLDT J A, ESTEVES R P, et al. Using empirical estimates of effective bandwidth in network-aware placement of virtual machines in datacenters[J]. IEEE Transactions on Network and Service Management, 2016, 13(2)：267 – 280.

[26]　汪晓洁, 徐明伟, 王思秀, 等. 基于网络感知的两阶段虚拟机放置算法[J]. 计算机工程, 2017, 43 (08)：32 – 37.

[27]　陈磊, 章兢, 蔡立军, 等. 基于网络感知的两阶段虚拟机分配算法[J]. 湖南大学学报(自然科学版), 2016, 43(04)：120 – 132.

[28]　AHMAD F, CHAKRADHAR S T, RAGHUNATHAN A, et al. ShuffleWatcher：Shuffle-aware Scheduling in Multitenant MapReduce Clusters[C]. 2014 USENIX Annual Technical Conference (USENIX ATC 14), 2014：1 – 13.

[29]　MURALIDHAR S, LLOYD W, ROY S, et al. F4：Facebook's warm blob storage system. In Proceedings of the 11th USENIX conference on Operating Systems Design and Implementation, Broomfield, England, 2014：383 – 398.

[30]　FERDAUS M H, MURSHED M, CALHEIROS R N, et al. An algorithm for network and data-aware placement of multi-tier applications in cloud data centers. Journal of Network and Computer Applications, 2017, 98：65 – 83. https：//doi. org/10.1016/j. jnca. 2017.09.009.

[31]　GASTON B, PUJOL J, VILLANUEVA M. A realistic distributed storage system that minimizes data storage and repair bandwidth. In Proceedings of Data Compression Conference, Snowbird, America, 2013：491.

[32]　LI J, YANG S, WANG X, et al. Tree-structured data regeneration in distributed storage systems with regenerating codes. In Proceedings of IEEE INFOCOM, San Diego, America, 2010：1 – 9.

[33]　WANG Y, XU F, PEI X. Research on Erasure Code-Based Fault-Tolerant Technology for Distributed Storage. Chinese Journal of Computers, 2017, 40：236 – 255.

[34]　LI R, HU Y, LEE P P C. Enabling efficient and reliable transition from replication to erasure coding for clustered file systems. In Proceedings of the 45th Annual IEEE/IFIP on Dependable Systems and Networks, Rio de Janeiro, Brazil, 2015：148 – 159.

[35]　HU Y, LEE P P C, ZHANG X. Double Regenerating Codes for hierarchical data centers. In IEEE

International Symposium on Information Theory，Barcelona，Spain，2016：245 - 249.

[36] YIN C，WANG J，LV H，et al. BDCode：An erasure code algorithm for big data storage systems. Journal of University of Science and Technology of China，2016，46：188 - 199.

[37] LI R，LEE PPC，HU Y. Degraded-first scheduling for mapreduce in erasure-coded storage clusters. In Proceedings of 44th Annu. IEEE/IFIP on Dependable Systems and Networks，Georgia，America，2014：419 - 430. https：//doi. org/10. 1007/s11227 - 016 - 1661 - 7.

[38] ALBANO M，CHESSA S. Replicationvs erasure coding in data centric storage for wireless sensor networks. Computer Networks，2015，77：42 - 55.

[39] GE J，CHEN Z，FANG Y. Erasure codes-based data placement fault-tolerant algorithm. Application Research of Computers，2014，31：2688 - 2691.

第五章　数据存储布局的多目标优化策略

将海量数据放在单一固定的存储设备上时可能出现数据丢失或损坏的情况，使得数据的可用性降低，因此传统的存储系统无论是在性能上还是功能上都已无法满足大数据时代的数据存储需求。本章提出了两种云存储系统中优化数据存储布局的策略。一方面，在不考虑文件副本和文件分区的情形下提出了将文件合理分布到磁盘上的基于负载均衡的文件指派策略(File Assignment Strategy based Load-balancing，LFAS)。该策略在有效减小云存储系统平均响应时间的同时保证了系统的负载均衡；另一方面，本章提出了一种基于多目标分解的副本布局策略（Multi-objective Decomposition Strategy Duplicate Layout，MDSRL)。该策略在平均文件不可用性、负载均衡和能量消耗三个方面都有不错的表现。

5.1　基于负载均衡的文件指派策略

LFAS策略致力于在保证负载均衡的同时最小化云存储系统的平均响应时间。该策略先保证热点文件和大文件的分离，这样就避免了"饥饿"现象的产生，然后采用划分的策略将磁盘分组，让每组都以不同的方式放置磁盘，以保证磁盘上的负载能够被均匀地分布到各个磁盘上，有效地均衡了系统的负载，并且尽可能地使每个磁盘上所放置文件的服务时间最小。

5.1.1　LFAS文件存储布局模型

本节分析了文件在云存储系统中的存储过程并建立了如图5.1所示的文件存储布局的架构模型。经过网络传输后，数据文件被发送到存储节点并存储到磁盘上，当用户想要访问某个文件时，磁盘就会根据文件的存储位置进行访问，如果文件的存储位置不当，会使文件的访问性能降低。例如，当一个小文件被分配到了存储大文件的磁盘上产生"饥饿"现象时，平均响应时间延长，由此说明了文件布局在一定程度上会对系统某些性能产生影响，集中反映在磁盘的平均响应时间、吞吐量、负载均衡等方面。

如图5.1所示，LFAS采取的分组策略是先把磁盘分成三组，再按照文件大小分成大文件、中小文件、小文件三类并分别放到三组磁盘上以保证文件的分离，同时对每一组磁盘采取不同的放置措施，存放大文件和小文件的磁盘组以Greedy的方式存放保证磁盘的利用率达到最大，存放中小文件的磁盘组以Round-Robin方式存放保证调度的公平性。值得注意的是，在LFAS策略中磁盘的分组并不是完全固定的，而是随着实际场景的不同不断调整小文件、中小文件和大文件所对应的磁盘数，让策略具有一定的动态性。在保证存放小文件和大文件的磁盘都不超过平均负载之后，LFAS策略把最后剩余的文件存储到存放小文件和中小文件的磁盘中负载最小的磁盘上，这样也保证了系统的负载均衡。

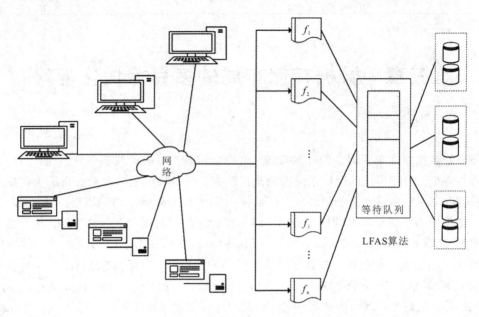

图 5.1　文件存储布局的架构模型

为了简化模型的复杂度，LFAS 策略默认将一个文件分配到一个磁盘上，文件划分和文件副本暂且不在考虑范围之内，但这一点并没有限制该模型的适用性，可以将文件块看作独立的文件，同样可以运用这一模型。为了方便起见，LFAS 策略假定网络延迟可以忽略不计，并对每个磁盘的容量不作约束，即每一个磁盘的容量足够存放下所有的待分配文件。

文件布局的模型可以抽象成一个数学模型，即将 q 个文件 w_1，w_2，…，w_q 布局到 p 个磁盘 c_1，c_2，…，c_p 上。有研究表明，用户和应用服务器对磁盘上分布的每个文件 w_i 的访问速率服从 λ_i 的泊松分布。在绝大多数文件系统中，系统访问文件时都会顺序扫描磁盘。磁盘文件的服务时间通常包含磁盘的寻道时间、旋转时间和传输时间三个部分，当要访问的文件较大时，寻道时间和旋转时间相比传输时间小得多，可以忽略不计。假定并行磁盘组中每个磁盘的性能特征没有差别，那么文件无论放在哪个磁盘，服务时间都是一样的。有文献表明，文件的服务时间由文件的大小和文件所在磁盘上的传输速率所决定，由于磁盘组中的磁盘性能都是一样的，因此文件的服务时间实际上由文件的大小直接决定。

假设文件 w_i 的服务时间为 t_i，文件的热度（h_i）是由文件的服务时间和访问速率来决定的，则它们之间满足如下关系：

$$h_i = \lambda_i \cdot t_i \tag{5-1}$$

系统总的访问速率（λ）可以由所有文件的访问速率相加得到，如式（5-2）所示。

$$\lambda = \sum_{i=1}^{q} \lambda_i \tag{5-2}$$

同理，系统总的服务时间（t）为所有文件的服务时间之和，定义为式（5-3）。

$$t = \sum_{i=1}^{q} t_i \tag{5-3}$$

设a_{ij}表示第i个文件存储在第j个磁盘上，文件w_i存储在磁盘c_j上，$a_{ij}=1$，否则令$a_{ij}=0$，当$i=1,2,\cdots,q$，$j=1,2,\cdots,p$时，可由式(5-4)表示a_{ij}的状态。

$$a_{ij}=\begin{cases}1，文件 w_i 存储在磁盘 c_j 上\\0，文件 w_i 没有存储在磁盘 c_j 上\end{cases} \quad (5-4)$$

磁盘c_j的总访问速率(v_i)为该磁盘上文件的访问速率之和，可由式(5-5)所示。

$$v_j=\sum_{i=1}^{q}\lambda_i a_{ij} \quad (5-5)$$

磁盘c_j的负载(p_j)可以根据磁盘c_j上所有文件的热度之和得到，如式(5-6)所示。

$$p_j=\sum_{i\in c_j}h_i=\sum_{i=1}^{q}h_i a_{ij} \quad (5-6)$$

由于文件w_i唯一存放在一个I/O节点上，故有式(5-7)。

$$\sum_{j=1}^{p}a_{ij}=1 \quad (5-7)$$

5.1.2 存储系统的性能指标与负载变化表示

一般而言，衡量存储系统的性能有两个指标，一个是系统的平均响应时间，另一个是吞吐量。因为系统的平均响应时间直接影响到用户的体验，所以大多数文件指派策略都是将系统的平均响应时间作为优化目标来提高系统的性能。LFAS选择优化的目标与已有的SP、SOR、SFLS和BAS一致，通过将文件合理地分布到可用的磁盘上，达到最小化存储系统平均响应时间的目的。

当文件已经被LFAS策略分配到磁盘上时，用户和应用程序会对文件发起请求。假定在对磁盘上的文件进行访问的请求集中包含有u个请求$r_1,r_2,\cdots,r_b,\cdots,r_u$，设$\mathrm{wid}_k$是请求$r_b$想要访问的文件所对应的编号，则请求$r_b$的到达速率和文件$w_{\mathrm{wid}_k}$的访问速率相等。

存储系统中一个请求的响应时间是根据它的服务时间和等待时间之和计算而得到的，所以要知道一个请求r_b的响应时间首先需要知道请求r_b在磁盘c_j上的等待时间和服务时间，本节将请求在磁盘上的等待时间和服务时间分别定义为$d_j(r_b)$和$s_j(r_b)$。

当一个新到达的请求被添加到请求等待队列$Q_j(1\leqslant j\leqslant p)$中时，可以分为以下两种情况：

(1) 磁盘c_j此时的状态是空闲的；

(2) 磁盘c_j此时的状态是忙碌的。

由于本假设中磁盘的寻道时间和旋转延迟忽略不计，针对磁盘不同的状态，文件的等待时间如式(5-8)所示。

$$d_j(r_b)=\begin{cases}0，磁盘 c_j 处于空闲状态\\e_j+\sum_{i\in Q_j}t_i，其他\end{cases} \quad (5-8)$$

e_j表示磁盘上c_j正在被处理的请求仍然要占用磁盘的时间，$\sum_{i\in Q_j}t_i$代表请求等待队列Q_j中目前存在的比请求r_b先到达的所有请求在磁盘c_j上的服务时间求和。一个请求r_b的服务时间等于对应的要访问的文件w_{wid_b}的服务时间，则请求r_b的服务时间可以由文件w_{wid_b}的服务时间来代替，如式(5-9)所示。

$$s_j(r_b) = t_{wid_b} \qquad (5-9)$$

请求 r_b 的响应时间可以根据它的服务时间和等待时间求和得到，如式(5-10)所示。

$$\theta_j(r_b) = d_j(r_b) + s_j(r_b) \qquad (5-10)$$

如果请求 r_b 访问的文件不在磁盘 c_j 上，则直接定义 $\theta_j(r_b) = 0$。磁盘 c_j 的平均响应时间可由在该磁盘上所有请求的响应时间求和除以请求的个数得到，如式(5-11)所示。

$$\overline{\theta_j} = \sum_{b=1}^{u} \frac{\theta_j(r_b)}{\sum_{i=1}^{q} a_{ij}} \qquad (5-11)$$

综上所述，系统的平均响应时间($\overline{\theta_j}$)可以由所有请求的响应时间求和除以所有请求的个数或者通过每个磁盘上的平均响应时间求和再除以磁盘的个数求得，如式(5-12)所示。

$$\overline{\theta_j} = \frac{\sum_{1<j<p}^{b=1} \theta_j(r_b)}{u} = \frac{\sum_{j=1}^{p} \overline{\theta_j}}{p} = \frac{p \sum_{b=1}^{u} \theta_j(r_b)}{\sum_{i=1}^{q} a_{ij}} \qquad (5-12)$$

云存储系统中，所有磁盘负载的标准差表示系统的负载变化，负载的标准差越小，则系统的负载越均衡。但要计算所有磁盘负载的标准差首先要计算所有磁盘的平均负载，而所有磁盘的平均负载可由每个磁盘的负载求平均值得到，结合式(5-6)和式(5-7)可以得到单个磁盘的负载。标准差可以用方差公式求平方根得到，而所有磁盘的平均负载可由式(5-13)计算得到。

$$\bar{\rho} = \frac{1}{p} \sum_{j=1}^{p} \rho_j = \frac{1}{p} \sum_{j=1}^{p} \sum_{i=1}^{q} h_i a_{ij} = \frac{1}{p} \sum_{i=1}^{q} \sum_{j=1}^{p} h_i a_{ij} = \frac{1}{p} \sum_{i=1}^{q} h_i \qquad (5-13)$$

则标准差 σ 可以用方差公式求平方根得到，如式(5-14)所示。

$$\sigma = \sqrt{\frac{\sum_{j=1}^{p} (\rho_j - \bar{\rho})^2}{(\rho-1)}} = \sqrt{\frac{\sum_{j=1}^{p} \left(\sum_{i=1}^{q} h_i a_{ij} - \frac{1}{p} \sum_{i=1}^{q} h_i \right)^2}{(\rho-1)}} \qquad (5-14)$$

5.1.3　LFAS 布局策略

在同一个磁盘上放置服务时间差较小的文件能减少系统的平均响应时间，可以避免当一个磁盘上分配文件的大小分布范围的跨度很大时出现小文件等候大文件的"饥饿"现象。本节提出的 LFAS 策略在遵循这一思想的同时做出了进一步的改进，不仅把服务时间相似的文件尽可能分配到一起，而且尽可能保证每个磁盘的负载能够均衡。LFAS 布局策略的主要思路如下：

(1) 将所有待分配的文件按照服务时间大小降序排序；

(2) 将磁盘分成三组，在满足每个磁盘不能超过磁盘平均负载的条件下，根据步骤(1)排好的顺序取出文件并放到第一个磁盘上直到磁盘容量超过磁盘平均负载，同时按照初始排序的逆序取出文件放到后两个磁盘上，直到磁盘容量超过磁盘平均负载。两组磁盘上的文件都以 Greedy 的方式进行。

(3) LFAS 以 Greedy 的方式将大文件和小文件存放到磁盘上以保证大文件和小文件的分离，防止"饥饿"现象产生且最大化磁盘的利用率。

(4) 剩余的磁盘作为第三组磁盘，存放第一组和第二组剩余的文件。LFAS 以 Round-

Robin方式给这些磁盘分配尽可能多的文件，这样能够防止由于小文件集中存放而导致访问热度过高的现象。如果文件不能分配到磁盘上，则也不能分配到排在之前的磁盘上，因为文件是按照服务时间进行降序排序且所有磁盘的特性都是相同的，所以越排在后面的磁盘反而越能够放下更大的文件。也就是说，LFAS将文件按照轮询的顺序分配到下一个磁盘，如果分配失败，则说明该文件是个大文件，就按照Greedy方式放到第二组和第三组磁盘中拥有最小负载的磁盘上，如果分配成功，那么剩余的文件仍然按照Round-Robin方式不断循环迭代放下所有的文件。

LFAS布局策略描述如下：

算法：LFAS

输入：磁盘数 p，文件数 q，文件热度 h_i，服务时间 s_i

输出：将文件指派到磁盘的指派矩阵 $a_{q \times p}$

$i=1$；$j=1$ //文件指针和磁盘指针

for $i=1$ to q do //将大文件放在前 k_1 个磁盘上

 if $\rho_j + h_i \leqslant \bar{\rho}$

  $\rho_j = \rho_j + h_i$；

  $a_{ij} = 1$；

   continue；

 end if

 if $j = k_1$

  $t = i$；

  break

 else

  $j = j + 1$；

 end if

end for

$j = m - k_2 + 1$；

 与上面的步骤类似，将热点文件放到最后 k_2 个磁盘上，返回文件的索引 b

for $i = t$ to b do // 将剩余文件放到剩余的 $p - k_1 - k_2$ 上

 if $l_j + h_i \leqslant \bar{\rho}$

  $\rho_j = \rho_j + h_i$

  $a_{ij} = 1$；

if $j == m - k_2$

  $j = k_1 +$；

 else

  $j = j + 1$；

 end if

else

 按照轮询的方式找下一个磁盘 c_k 来容纳文件 w_i

 if 成功

```
        p_k = p_k + h_i
        a_{ik} = 1；
    按照轮询的方式选择下一个磁盘来容纳文件
    else
            break；
        end if
    end if
end for
```

算法的具体步骤如下：

(1) 根据式(5-13)先计算系统的平均负载，然后对每个磁盘的初始负载决策变量进行初始化。

(2) 对所有文件的服务时间进行降序排序，并将排序结果存在集合 G 中。

(3) 以 Greedy 方式在不超过平均负载的情况下将大文件布局到前 1 个磁盘上，将小文件布局到最后 2 个磁盘上，然后将剩余的文件以 Round-Robin 方式分配到最后 1~2 个磁盘上。

(4) 判断集合 G 中是否还有剩余文件，如果有，就把最后剩余的文件放到第二组和第三组磁盘中负载最小的磁盘上。

5.2　基于多目标分解的副本布局优化策略

为了解决目标之间的冲突和能耗问题，本节将基于分解的多目标进化算法(Multi-Objective Evolutionary Algorithm based on Decomposition，MOEA/D)运用到求解副本布局的多目标优化问题上，进一步提出了一种基于多目标分解策略的副本布局算法 MDSRL。MDSRL 策略将文件的不可用性、负载均衡、能量消耗作为三个优化对象进行综合考虑，把这三个目标分解成多个标量的子问题同时进行优化以得到一组 Pareto 最优解，最终找到一组在这三个目标上都有不错表现的布局方案。

5.2.1　副本文件存储布局模型

假设云存储系统的分布式集群中存在 m 个数据节点 $d_1, \cdots, d_j, \cdots, d_m$ 和 q 个文件 $w_1, \cdots, w_j, \cdots, w_q$。副本布局策略的目标就是将这 q 个文件合理部署到 m 个数据节点上，以使设定目标函数的效能达到最佳。

根据上述对副本布局策略的阐述，本节对云存储系统中的分布式场景作出如下假设：

(1) 除了第一次写入文件，之后对文件的访问均为"只读"操作，并且对文件的每次访问都是顺序读取，此处不考虑其他访问形式。

(2) m 个数据节点都是相互独立且异构的，节点存储副本和请求访问副本都依赖于数据节点的性能，数据节点本身的效能指标对于副本放置位置的选择有约束作用。

(3) 可以把文件作为一个整体考虑，但是对于更细的粒度(如文件块)，可以将其视作一个单独的文件进行处理,该算法仍具有适用性。

设 Ω 表示一个个体,$\Omega(i,j)$ 为决策变量,在云存储系统中,每个个体都表示 q 个文件的副本分配到 m 个数据节点的一种分配方案,因此每个个体都构成了一个 $q \times m$ 阶的矩阵,矩阵中的每个值采用二进制的形式来表示,$\Omega(i,j)$ 的值为 1 时表示第 $i(i=1,\cdots,q)$ 个文件的副本存储到了第 $j(j=1,\cdots,m)$ 个数据节点上,值为 0 时表示未存储。表 5.1 描述了个体的一个样例。每一行表示一个文件在不同数据点之间的副本布局策略,每一行的和表示该行所代表的一个文件的副本因子。

表 5.1 个体的二进制表示

	d_1	...	d_m
w_1	1	...	0
...	...	...	...
w_q	0	...	1

当一个个体满足以下两个约束条件(可行域)时称之为可行解。

(1) 每一个文件至少都会被指派到一个数据节点上。即对于 $\forall i \in \{1,2,\cdots,q\}$,都有 $\sum\limits_{i=0}^{q} \Omega(i,j) > 0$。

(2) 每一个数据节点上所有文件的大小之和必须小于该数据节点的总容量。即对于 $\forall j \in \{1,2,3,\cdots,p\}$,都有 $\sum\limits_{i=1}^{q} \Omega(i,j) \times S_i \leqslant \mathrm{CP}_j$,其中 CP_j 表示数据节点的容量。

因此,只要一个个体不满足上述约束条件的任意一个时(不在可行域内),该个体便是不可行解。

5.2.2 目标函数优化

本节试图通过求得一组折中的解来平衡冲突的目标,从而得到在各个目标上都表现良好的折中方案。多目标优化所得的解是根据待优化目标的函数值来不断迭代演化得到的,因此待优化目标的目标函数表示就决定了进化的方向。文件可用是副本技术的首要目标,负载是否均衡将影响到系统的可靠性、稳定性、吞吐量以及响应时间,能耗问题在存储系统中变得越来越突出,因此要综合考虑平均文件的不可用性、负载均衡和能耗三个目标。下面将详细给出衡量平均文件不可用性、负载均衡和能耗三个目标的函数表示。

文件的可用性要考虑到数据节点的失效率以及该数据节点的链路失效率。$\Omega(i,j)$ 为决策变量,当文件 w_i 放置到数据节点 d_j 上时,令 $\Omega(i,j)$ 等于 1,否则为 0,设 p_j 为数据节点 $d_j(1 \leqslant j \leqslant m)$ 发生故障的概率,设 u_j 为数据节点 $(1 \leqslant j \leqslant m)$ 连接的链路出现故障的概率,设数据节点和所连接链路的故障率初始时是随机生成的。某个文件的一个副本不可用的情形是该副本所在数据节点出现故障或者连接该数据节点的链路发生故障。由于每个文件都有相应的副本,并且每个副本都分布于不同的数据节点上,因此某个文件不可用当且仅当这一文件的所有副本都不可用。因为每个副本都是独立同分布的,文件 w_i 的不可用性可以由式(5-15)表示。

$$p(\overline{w}_i) = \prod_{j=1}^{m^*} \Omega(i, j) \times (1 - (1 - p_j)(1 - u_j))$$

$$= \prod_{j=1}^{m^*} \Omega(i, j) \times (p_j + u_j - p_j u_j) \tag{5-15}$$

其中，$\prod\limits_{j=1}^{m^*}$ 表示为非零元素(即 w_i 存在于数据节点 d_j 上)的累积乘。

一个系统数据可用是指当且仅当所有的文件都可用，而文件可用性 $p(w_j)$ 可由 $1 - p(\overline{w}_i)$ 得到，因此系统数据可用性(System Availability，SA)的计算如式(5-16)所示。

$$p(w_i) = 1 - p(\overline{w}_i) = 1 - \prod_{j=1}^{m^*} \Omega(i, j) \times (p_j + u_j - p_j u_j) \tag{5-16}$$

为了和多目标优化问题中大多数优化目标保持一致的优化方向，最大化系统可用性可以转化为最小化平均文件不可用性，因此，平均文件不可用性的标函数 MFU 的计算如式(5-17)所示。

$$\mathrm{MFU} = \frac{1}{n} \times \sum_{i=1}^{n} p(\overline{w}_i) = \frac{1}{n} \times \sum_{i=1}^{n} \sum_{j=1}^{m^*} \Omega(i, j) \times (p_j + u_j - p_j u_j) \tag{5-17}$$

负载均衡能够由负载变化来度量。由于标准差能够衡量数据的离散程度并与数据的量纲一致，因此数据节点的负载变化可以用负载的标准差来表示，作为衡量系统负载均衡的标准。负载的标准差值越小，表明负载均衡能力越强。数据节点 d_j 上文件 w_i 的负载 $L(i, j)$ 值等于其访问速率和服务时间的乘积，所以 $L(i, j)$ 如式(5-18)所示。

$$L(i, j) = V(i, j) \times \mathrm{ST}(i, j) \tag{5-18}$$

其中，$V(i, j)$ 是访问数据节点 d_j 时对文件 w_i 读请求的访问速率。如果该数据节点上不存在文件 w_i，则让 $V(i, j) = 0$。$\mathrm{ST}(i, j)$ 为文件 w_i 在数据节点 d_j 上的服务时间，其计算方法如式(5-19)所示。

$$\mathrm{ST}(i, j) = \Omega(i, j) \times \frac{S_i}{\mathrm{TS}_j} \tag{5-19}$$

其中，S_i 是文件 w_i 的大小，TS_j 是数据节点 d_j 的传输速率。数据节点的负载可以由其上所有文件的负载之和得到，如式(5-20)所示。

$$L(j) = \sum_{i=1}^{q} L(i, j) \tag{5-20}$$

那么，系统的平均负载就可进一步表示为式(5-21)。

$$\overline{L} = \frac{1}{m} \times \sum_{j=1}^{m} L(j) \tag{5-21}$$

负载变化目标函数 LV 可以由标准差计算公式得到，如式(5-22)所示。

$$\mathrm{LV} = \sqrt{\frac{\sum_{j=1}^{m} (L(j) - \overline{L})}{m - 1}}$$

$$= \frac{\sum_{j=1}^{m} \left(\sum_{i=1}^{q} V(i, j) \times \Omega(i, j) \times \frac{S_i}{\mathrm{TS}_j} - \frac{1}{m} \times \sum_{j=1}^{m} \sum_{i=1}^{q} V(i, j) \times \Omega(i, j) \times \frac{S_i}{\mathrm{TS}_j} \right)}{m - 1}$$

$$\tag{5-22}$$

可再生能耗(RE)和制冷能耗(CE)占据系统总能耗的很大一部分,其他部分可以忽略不计,因此为了在最大程度上缩减能耗,就得尽可能让 RE 和 CE 的值达到最小。服务器的能耗能够通过功率消耗和使用率之间的近似线性关系来进行较准确的度量。图 5.2 展示了不同类型服务器系统 CPU 负载的功耗随着负载率变化的曲线图。

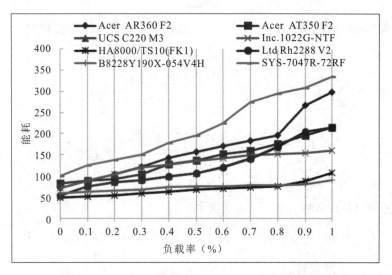

图 5.2　服务器系统 CPU 负载在不同负载率的功耗

负载率的计算如式(5-23)所示。

$$\mathrm{LR} = \frac{L(j)}{L^*(j)} \tag{5-23}$$

$L^*(j)$ 是数据节点 d_j 上的峰值负载,其实际负载率可以转化为目前在 d_j 上所有文件的容量在整个节点的容量占比来进行计算,如式(5-24)所示。

$$\mathrm{LR} = \frac{L(j)}{L^*(j)} = \frac{\mathrm{CP}}{\mathrm{CP}_j} = \sum_{i=1}^{n} \Omega(i,\ j) \times \frac{S_i}{\mathrm{CP}_j} \tag{5-24}$$

设 $E_{\mathrm{re}}(j)$ 为数据节点 d_j 的计算机设备所消耗的可再生能源。$E_{\mathrm{re}}(j)$ 的计算如式(5-25)所示。

$$E_{\mathrm{re}}(j) = \mathrm{LR} \times (P_{\max}(j) - P_{\min}(j)) + P_{\mathrm{idle}}(j) \tag{5-25}$$

其中,$P_{\max}(j)$ 表示数据节点 d_j 在负载率为 100% 时所消耗的功率,而 $P_{\mathrm{idle}}(j)$ 表示数据节点 d_j 在负载率为 0% 时所消耗的功率。因此,系统中数据节点所消耗的总功率如式(5-26)所示。

$$E_{\mathrm{re}} = \sum_{j=1}^{m} E_{\mathrm{re}}(j) \tag{5-26}$$

系统的能耗有一部分会转化为热能。设 Γ 表示数据节点的性能系数(Coefficient Of Performance,COP),COP 越高,表示数据节点的冷却系统效率越高。COP 主要取决于室内和室外温度两个因素(T_{in} 和 T_{out})。Γ 的计算如式(5-27)所示。

$$\Gamma = \frac{1}{\dfrac{T_{\mathrm{out}}}{T_{\mathrm{in}}} - 1} \tag{5-27}$$

设 $T_{\mathrm{out}} = 36$,$T_{\mathrm{in}} = 26$,$E_{\mathrm{ce}}(j)$ 表示数据节点 d_j 的制冷能耗,即有式(5-28)。

$$E_{ce}(j) = \frac{E_{re}(j)}{\Gamma} \tag{5-28}$$

每个数据节点的制冷能耗之和就是系统总的制冷能耗,可以由式(5-29)表示。

$$E_{ce} = \sum_{j=1}^{m} E_{ce}(j) \tag{5-29}$$

那么,系统总的能耗就由系统总的可再生能耗和总的制冷能耗之和表示,如式(5-30)所示。

$$
\begin{aligned}
E(\mathrm{SC})\ E_{re} + E_{ce} &= \sum_{j=1}^{m} (E_{re}(j) + E_{ce}(j)) = \left(\frac{\sum_{j=1}^{m}(E_{re}(j) + E_{re(j)})}{\Gamma} \right) \\
&= \left(1 + \frac{1}{\Gamma}\right) \sum_{j=1}^{m} \sum_{i=1}^{q} \left(\Omega(i, j) \times \frac{S_i}{\mathrm{CP}_j} \times (P_{max}(j) - P_{min}(j)) + P_{idle}(j)\right) \\
&= \frac{T_{out}}{T_{in}} \sum_{j=1}^{m} \sum_{i=1}^{q} \left(\Omega(i, j) \times \frac{S_i}{\mathrm{CP}_j} \times (P_{max}(j) - P_{min}(j)) + P_{idle}(j)\right) \tag{5-30}
\end{aligned}
$$

因此,能耗目标函数可如式(5-31)所示。

$$E(\mathrm{SC}) = \frac{T_{out}}{T_{in}} \sum_{j=1}^{m} \sum_{i=1}^{q} \Omega(i, j) \times \frac{S_i}{\mathrm{CP}_j} \times (P_{max}(j) - P_{min}(j)) + P_{idle}(j) \tag{5-31}$$

5.2.3　副本布局优化策略

本节将分解策略引入副本布局问题的多目标优化中,提出了 MDSRL 策略。由于负载是否均衡将影响到系统的可靠性、稳定性、吞吐量以及响应时间,且能耗问题在存储系统中日益突出,因此 MDSRL 策略在设计之初就综合考虑了平均文件不可用性、负载均衡和能耗三个目标。MDSRL 策略能够将这三个目标同时分解成多个子问题进行优化,借助领域内若干子问题提供的信息能够快速找到一组在三个目标上都表现良好且分布性和收敛性较好的折中解。实验证明了 MDSRL 策略能够动态调整副本的个数,有效缓解了副本开销和效能之间的矛盾。

MDSRL 策略原理如下:

定义 1　切比雪夫数学模型如下:

$$\text{minimize } g^{te}(x \mid \lambda, z^*) = \max_{1 \leqslant i \leqslant t} \{\lambda_i \mid f_i(x) - z_i^* \mid\} \tag{5-32}$$

$$\text{subject to } x \in \Omega$$

如式(5-32)所示,$z^* = (z_1^*, \cdots, z_t^*)$ 是参考点,对于任意 $i = 1, \cdots, t$,$z_i^* = \min\{f_i^*(x), x \in \Omega\}^T$,对于每一个 pareto 最优解 x^*,就存在一个权重向量 λ,使得其为此问题的最优解,因此通过改变权重向量就能获得不同 pareto 最优解。

定义 2　设解集 X 是 pareto 前沿面的近似解集,$r^* = (r_1^*, \cdots, r_t^*)^T$ 是目标空间的一个参考点,对于任意 $i = 1, \cdots, t$,$z_i^* = \min\{f_i^*(x), x \in \Omega\}^T$,它被解集中所有目标向量支配。那么关于参考点 r^* 的超体积(hypervolume, HV)是指被解集 X 所支配且以参考点 r^* 为边界的目标空间的体积,如式(5-33)所示。

$$\mathrm{HV}(X, r^*) = \mathrm{volume}\left(\bigcup_{f \in X} [f_1, f_1^*] \times \cdots [f_t, f_t^*]\right) \tag{5-33}$$

超体积能够在某种程度上综合反映解集的收敛性和多样性,HV 值越大表明生成的解越好。用超体积的量化指标能够看到在一种算法上生成解集的好坏，因为不同算法生成的解集是不同的，所以 r^* 不同将导致在不同方法上生成的解集无法进行优劣性比较，因此本章将结合切比雪夫方法中的参考点 z^* 来进行综合评判，新的度量指标超体积占比 HVA 的计算如式(5-34)所示。

$$HVA = \frac{HV(X, r^*)}{(HV(X, r^*) + HV(X, z^*))} \qquad (5-34)$$

其中，$HV(X, z^*)$ 是关于参考点 z^* 的 HV，HVA 是指解集 X 关于参考点 r^* 的 HV 值占其关于参考点 z^* 和 r^* 的 HV 值之和的比例，HVA 越大，说明解集 X 越好。

定义 3　根据种群个数 N，MDSRL 将多目标优化问题分解为 N 个子问题，同时生成 N 组均匀分布的权重向量。一个权重向量的邻域被定义为离它最近的几个权重向量的集合，MDSRL 通过邻域的信息来更新权重向量以获得不同的 pareto 最优解。通过切比雪夫模型能够将 pareto 近似的子问题转化为标量子问题，不断逼近参考点来获得更好的 pareto 最优解。

MDSRL 描述如下：

```
Require：N：种群中个体数
Require：m：数据节点个数，q：文件个数
Require：S＝{S₁，…，Sᵢ，…，Sq}：每个文件大小
Require：CP＝{CP₁，…，CPJ，…，CPm}：每一个数据节点的容量约束
Require：T：邻近子问题的个数，G：最大代数
gen＝1；//gen：代数
EP＝φ；
P，lamda＝initial(N，S，m，n，CP)；    //P：初始种群，lamda：权重向量
B＝lookNeighbor(lamda，T)；    // B：把最近的个体权重向量作为邻居
Z*，R*＝Reference(P)；    //把初始种群在三个目标函数上的最大值和最小值作为参考点
While t≤=G do    // G：最大代数
    i＝0；
    While i<N do
    K，L＝random(P，B，T，2)；    //从一个个体的邻域中随机选两个个体
    ∂₁，∂₂＝cross(K，L，pc，n，m，S，CP，G，gen)；    //交叉变异
    β₁，β₂＝repair(a₁，a₂)；    //修复两个解中不满足约束条件的解
    Z*，R*＝update(z*，R*，β₁，β₂)；    //利用这两个更新两个参考点
    β＝dominate(β₁，β₂)；    //从这两个解中选择一个非支配解
    P＝Tchebycheff(P，lamda，β，z*)；    //切比雪夫方法更新个体的领域
    EP＝update(EP，β)；    //利用非支配解来更新外部种群中的解
        i＝i＋1；
    end while
  gen＝gen＋1
end while
```

具体步骤如下：

(1) 在第一代时，先随机生成 N 个个体作为初始种群 P。由于个体是随机创建的，它可能不满足之前所定义的容量约束和完整性约束条件，所以要进行可行性检查和相应的修复来满足约束条件，使所有产生的个体都是可行解。同时，要产生一组均匀分布的权重向量来代表各个子问题的进化方向。

(2) 根据每个个体权重向量之间欧氏距离的大小来选取最近的 T 个个体作为邻域，把初始种群中个体在三个目标函数上的最小值作为参考点 z^*，最大值作为参考点 r^*。

(3) 从邻域中随机选择两个个体 K、L，并使用遗传算子交叉和变异操作进行处理，对交叉变异后的子代进行可行性检查，修复不可行的个体，利用子代中的两个个体与 z^* 和 r^* 中的函数值比较，更新 z^* 和 r^*，然后在子代中找出非支配解 β。

(4) 采用切比雪夫方法使得个体不断向着参考点 z^* 逼近，以使解不断向着最优的方向进化。同时将每次得到的非支配解 β 与外部种群中的解进行比较，从 EP 中移除所有被 β 支配的解，如果 EP 中的向量都不支配 β，那么将 β 加入到 EP 中。

(5) 遍历种群中的个体，不断更新邻域解、z^*、r^* 以及 EP 的值。

(6) 若 $t \leqslant G$，则 $t = t+1$，把 (4) 中得到的种群作为新的种群，然后转到 (3)；否则达到停止条件，算法结束。

5.3　实验与结果分析

为了验证前两小节提出的基于负载均衡的文件指派策略和基于多目标分解的副本布局优化策略的有效性，本节分别从平均响应时间、负载均衡、平均文件不可用性以及能耗几个效能指标对两种算法与当前比较先进的布局算法作对比，并展示模拟仿真实验的结果。

5.3.1　文件指派策略实验环境

为了模拟和验证所提出的基于负载均衡的文件指派策略 LFAS 的有效性，本节进行一系列的模拟实验。利用 Python3 对该算法进行实现和验证，处理器为 Intel(R) Core(TM) i5 - 7400M@GHz，内存为 8GB DDR4 SDRAM，硬盘为 128G SSD，操作系统是 Windows 10/64bit。文件布局采用的磁盘的主要参数特性如表 5.2 所示。

表 5.2　磁盘的主要参数特性

磁盘性能参数	值
磁盘传输速率	200 Mb/s
标准接口	SATA
平均寻道时间	7 ms
平均旋转时间	4.17 ms
转速	7200 rpm

实验中假定文件大小服从 Zipf 分布，用户对存储系统的访问服从 Zipf-like 分布，其中用户以固定的速率对每一个文件进行访问，访问时间间隔服从指数分布，这种规律也满足之前提到的热点文件通常比较小而且经常被访问的特性。通过对云任务的调度来实现具体的磁盘访问操作，其中系统的配置参数如表 5.3 所示。

表 5.3　系统配置参数

参数	值(默认)～(可变)
文件数	(2000)～(500,1000,2000)
磁盘数	(16)
文件大小分布	Zipfian：$X:Y=(70:30)$～$(60:40,70:30,80:20)$
文件访问分布	Zipfian：$X:Y=(70:30)$～$(60:40,70:30,80:20)$
覆盖率	(100%)
总的访问速率	(140.7)～(27.8,91.4,140.7,317.7,463.7,607.5)
持续时间	(10)～(10,50,100)s

5.3.2　文件指派策略实验与结果分析

本实验中首先讨论 LFAS 中 k_1 和 k_2 的取值对系统性能的影响，然后在性能上对 SFLS 与著名的文件布局算法 BAS 和 LFAS 进行对比。

由于文件的大小服从 Zipf 分布，因此放置大文件和热点文件的磁盘数不应超过磁盘总数的一半。图 5.3 显示了 LFAS 策略中保持 k_2 的值不变探究 k_1 的取值从 1 变化到 8 时系统的性能，不妨令 $k_2=1$。

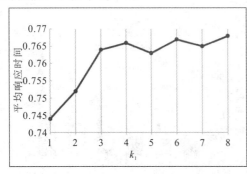
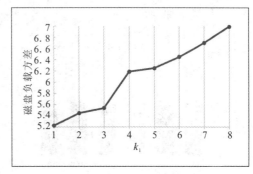

(a) LFAS 中 k_1 值对平均响应时间的影响　　　(b) LFAS 中 k_1 值对磁盘负载方差的影响

图 5.3　LFAS 中 k_1 值对系统效能的影响

从图 5.3 中可以看出，当固定 k_2 不变时，随着 k_1 值的增大，系统平均响应时间和磁盘负载方差都呈不断增加的趋势，说明 $k_1=1$ 时一般能够取得比去其他值更好的性能。在确定好 k_1 的值之后，再来探寻 k_2 对系统性能的影响。在固定 k_1 不变的基础上，来探究 k_2 的取值从 1 到 8 对系统性能的影响($k_1=1$)，结果如图 5.4 所示。

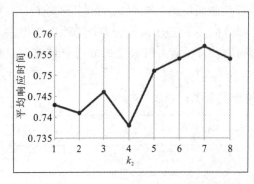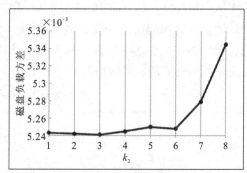

（a）LFAS 中 k_2 值对平均响应时间的影响　　（b）LFAS 中 k_2 值对磁盘负载方差的影响

图 5.4　LFAS 中 k_2 值对系统性能的影响

从图 5.4 中可以看出，$k_2=4$ 时平均响应时间最少，而在 $k_2=3$ 时取得最少的负载方差，且 $k_2=4$ 时平均响应时间比 $k_2=3$ 时缩短了 1.05%，而 $k_2=3$ 时磁盘负载方差上只比 $k_2=4$ 时减少了 0.03%，所以综合之下，取 $k_2=4$ 最合适。

为了验证算法的有效性，将 LFAS、BAS 以及 SFLS 在不同条件下的平均响应时间和负载均衡上的表现进行比较。首先探究文件的总访问速率对系统效能的影响。

图 5.5 说明了访问速率对平均响应时间和磁盘负载方差的影响。从图 5.5（a）可以看出，随着磁盘访问速率的增大，LFAS、BAS 以及 SFLS 的系统平均响应时间基本不发生变化，而且 LFAS 在平均响应时间上始终比 BAS 和 SFLS 低，说明 LFAS 能够在平均响应时间上取得比 BAS 和 SFLS 更好的表现，LFAS 比 BAS 缩短 1.5% 的平均响应时间，比 SFLS 缩短 4% 的平均响应时间。

从图 5.5（b）可以看出，随着磁盘访问速率的增大，LFAS、BAS 以及 SFLS 的磁盘负载方差越来越大，即负载越来越不均衡，且 LFAS 在负载均衡上能够取得和 BAS 一样好的表现，比 SFLS 在负载均衡上有更好的表现，LFAS 比 SFLS 减少了 58.5% 的方差，即 LFAS 的负载更加均衡。

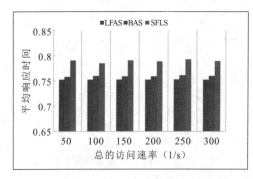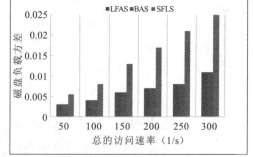

（a）访问速率对平均响应时间的影响　　（b）访问速率对磁盘负载方差的影响

图 5.5　访问速率对效能的影响

综上，从图 5.5 可以看到 LFAS 在平均响应时间上的性能比 BAS 和 SFLS 要好，在负载均衡上 LFAS 性能与 BAS 持平且优于 SFLS，显然 LFAS 在平均响应时间和负载均衡上都能取得较好的表现。

　　接下来探究文件的个数对系统效能的影响，通过实验得出文件个数从 500 到 3000 时系统效能的变化情况。

　　图 5.6 说明了文件个数对平均响应时间和磁盘负载方差的影响。从图 5.6(a) 可以看出，随着文件个数的增多，LFAS 和 BAS 以及 SFLS 的系统平均响应时间会不断增加，而且 LFAS 的平均响应时间上始终比 BAS 和 SFLS 低，说明 LFAS 能够取得比 BAS 和 SFLS 更好的表现，LFAS 能够比 BAS 缩短 1.4% 的平均响应时间，比 SFLS 缩短 0.8% 的响应时间。

　　从图 5.6(b) 可以看出，随着文件个数的增多，LFAS 和 BAS 以及 SFLS 的磁盘负载方差并没有发生明显的变化，即这三个算法都有比较良好的扩展性，能够在文件个数不断增多的情况下保证负载均衡。同时可以看到，LFAS 在负载均衡上能够取得和 BAS 一样好的表现，比 SFLS 表现更好，LFAS 比 SFLS 减少了 74.2% 的方差，LFAS 的负载更加均衡。

　　综上，随着文件个数的增加，LFAS 在平均响应时间上的性能比 BAS 和 SFLS 要好，在负载均衡上能够取得和 BAS 一样好的表现，比 SFLS 更优，综上所述，LFAS 策略在平均响应时间和负载均衡上都能取得比另外两种策略更好的性能。

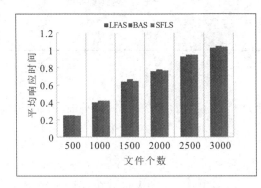
　　　　（a）文件个数对平均响应时间的影响

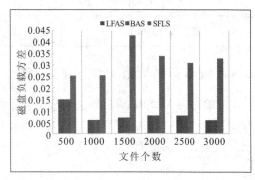
　　　　（b）文件个数对磁盘负载方差的影响

图 5.6　文件个数对效能的影响

5.3.3　副本布局策略实验环境

　　为了模拟和验证所提出的基于多目标分解策略的副本布局算法 MDSRL 的有效性，进行了一系列的模拟实验，利用 Python3 对该算法进行实现和验证，处理器为 Intel(R)Core(TM)i5 - 7400M@GHz，内存为 8GB DDR4 SDRAM，硬盘为 128G SSD，操作系统是 Windows 10/64bit。

表 5.4　数据节点配置

参　数	值
总的数据节点数	8
每个数据节点的故障概率	[0.002, 0.003, 0.006, 0.001, 0.013, 0.011, 0.005, 0.006]
每个数据节点所连接链路的故障概率	[0.001, 0.004, 0.012, 0.008, 0.003, 0.004, 0.002, 0.001]
每个数据节点的传输速率(MB/s)	[360, 160, 150, 160, 150, 320, 340, 376]
每个数据节点的容量(GB)	[300, 500, 150, 280, 240, 164, 144, 146]

表 5.4 给出了实验中所采用的数据节点的配置参数，模拟了文件在 8 个数据节点之间的指派问题。MDSRL 算法中使用到的参数值如表 5.5 所示。在模拟实验中，由于假设的是"只读"操作，因此不用考虑怎么维护数据的一致性以及写操作所带来的开销。为了能够更好模拟云系统的访问行为，提出伪负载生成器，即建立一个符合文件访问规律的负载生成器，能够生成文件和请求。

表 5.5　MDSRL 的配置

参数	值
遗传代数(G)	250
邻域的个数(T)	10
种群大小(N)	50
交叉概率(pc)	0.8
变异概率(pm)	0.125

5.3.4　副本布局策略实验与结果分析

本实验是用 MDSRL 算法解决分布式存储系统中副本的多目标优化问题，同时与前面提到的 MOE 和 MORM 算法进行对比，图 5.7 展示了这三个算法的最后一代个体在 MFU－LV－EC 三维空间坐标上的分布图。

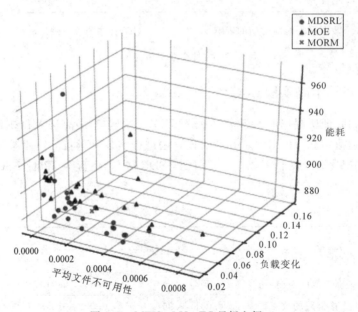

图 5.7　MFU－LV－EC 目标空间

从图 5.7 中可以发现，MDSRL 和 MOE 都能够生成一组折中解，但是 MORM 生成一个最优解。这是因为 MORM 将多目标优化转化为了单目标优化，单目标优化通常只会产生单个最优解，而 MDSRL 采用的 MOEA/D 和 MOE 采用的 NSGA–Ⅱ 都是多目标进化算法，所以能够得到一组折中解。从图 5.7 中可以看出，相比于 MOE，MDSRL 能够寻找到更加集中于底角附近的个体，即那些具有低平均文件不可用性、低负载变化和低能耗的个体，这在一定程度上说明 MDSRL 能够比 MOE 取得一组更好的折中解。为了更加精准地度量 MDSRL 和 MOE 生成的折中解的优劣程度，本章采用 HVA 指标进行评判，它能够对 MDSRL 和 MOE 生成的折中解的收敛性和多样性进行评价，HVA 值越大，说明折中解的收敛性和多样性越好。图 5.8 是 MDSRL 和 MOE 的 HVA 值随文件总数变化时发生改变的折线图。

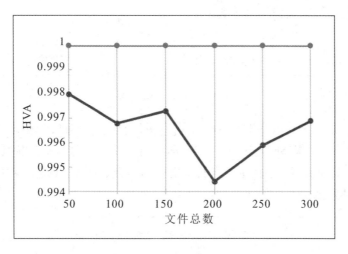

图 5.8　HVA 值比较

从图 5.8 可以看出，MDSRL 的 HVA 值始终保持稳定而且十分接近于 1，这说明随着文件总数的增加，MDSRL 生成的一组解的均匀性和收敛性始终较好，而 MOE 算法的 HVA 值随着文件总数的增加却并不稳定，并且始终比 MDSRL 的 HVA 值低，这说明 MOE 生成的折中解在均匀性和收敛性上没有 MDSRL 好，并且随着文件总数的增加，解的均匀性和收敛性不能得到保证。

图 5.9 描述了 MDSRL、MOE 和 MORM 生成的最终解相比开始初始化生成的解在三个目标上效能的平均提升比例。由于初始化得到的是一组解，而 MDSRL 以及 MOE 最后生成的也都是一组解，因此取这些解的平均值，然后再与 MORM 得到的一个最优解进行比较。可以看出，MDSRL 在平均文件不可用性以及能耗上优于 MOE，但是在负载均衡上稍逊于 MOE，MDSRL 在平均文件不可用性和负载均衡上优于 MORM，但是在能耗上稍逊于 MORM。另外，从图 5.9 中可以看到，MORM 在平均文件可用性上的提升比例为负数，这是因为 MORM 对目标函数进行线性加权时没有对目标函数进行归一化并且采用的权重比例相同，这会导致数量级高的目标函数实际的权重更大，由于能耗的数量级最大，导致 MORM 在能耗上的表现比 MDSRL 和 MOE 更好，但是在文件可用性和负载均衡上的表现比 MDSRL 和 MOE 都差，甚至在文件可用性上的效能提升比例为负数，这是因为文件可用性的数量级最小。减少能耗是以增大平均文件不可用性为代价的，导致不能生成

一个折中解。

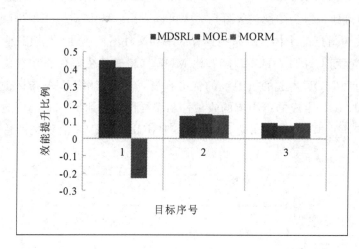

图 5.9　效能提升比例

图 5.10 对上述三种算法在副本因子上进行了比较，与现有的分布式文件系统相比都将副本因子设置为 3，MDSRL、MOE 和 MORM 都是根据文件自身的特征进行动态变化。从前面的实验结果分析可知，相比于直接固定副本的个数，动态调整文件的副本数目能够有效提高系统的效能。

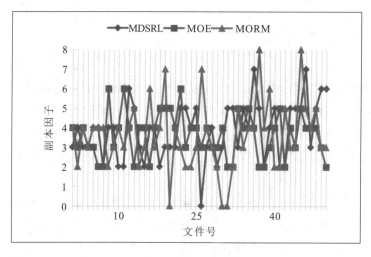

图 5.10　副本因子比较

图 5.11(a)～图 5.11(c)分别描述了三种算法在平均文件不可用性、负载变化和能耗三个目标的效能比较情况。图 5.11(a)描述了 MDSRL 能够比 MOE 和 MORM 取得更小的平均文件不可用性，相比 MOE 和 MORM，它分别减少了 3.11％和 68.1％。

图 5.11(b)描述了 MORM 在负载变化目标方面稍逊于 MOE，稍优于 MORM，它比 MOE 增加了 1.3％，比 MORM 减少了 0.2％。

图 5.11(c)描述了 MDSRL 在能耗方面优于 MOE，稍逊于 MORM，它比 MOE 减少了 2.3％的能量消耗，比 MORM 多了 0.8％的能量消耗，当文件个数越来越多时，MDSRL

的能耗反而会比 MORM 少，可见随着文件个数的增加，MDSRL 的节能效果更明显。从图 5.11(c)可以看出，当文件个数达到 300 时，MDSRL 比 MORM 减少了 0.9% 的能量消耗。

从图 5.11(a)到图 5.11(c)可以观察到，MDSRL 比 MOE 在平均文件不可用性以及能耗上能够取得更好的效能，在平均文件不可用性以及负载均衡上比 MORM 更优，在文件个数较少的时候比 MORM 在能耗上的效能略差，但是当文件总数增多之后能够在能耗上取得比 MORM 更好的效能。

综上所述，MDSRL 在三个目标中至少两个目标上比 MOE 和 MORM 更优，在另一个目标上稍逊或者基本相当，因此 MDSRL 在三个目标上都能取得不错的表现，且所求的一组折中解在分布性和收敛性上更好。

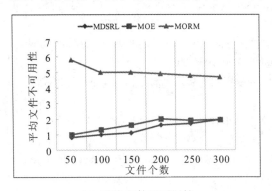

（a）平均文件不可用性　　　　　　　　　　　（b）负载变化

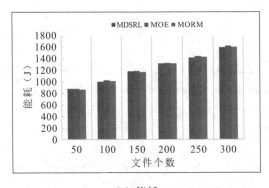

（c）能耗

图 5.11　算法效能指标比较

本 章 小 结

本章通过对文件布局算法 LFAS 以及副本布局算法 MDRL 进行仿真实验，分别将 LFAS 算法与 BAS、SFLS 两种文件布局算法进行对比，将 MDRL 算法与 MOE、MORM 进行对比。实验表明，LFAS 算法能够在平均响应时间和负载均衡上取得更好的效果，MDRL 比 MOE 在平均文件不可用性以及能耗上能够取得更好的效能，在平均文件不可用性以及负载均衡上比 MORM 更优。

参 考 文 献

[1]　龙赛琴，赵跃龙，谢晓玲，等.面向大规模存储系统的静态文件布局策略[J].华南理工大学学报(自然科学版)，2013，41(01)：70 - 76.

[2]　LEE Linwen，SCHEUERMANN P，VINGRALEK R. File assignment in parallel I/O systems with minimal variance of service time[J]. IEEE Transactions on Computers，2000，49(2)：127 - 140.

[3]　陈涛，肖侬，刘芳，等.基于聚类和一致 Hash 的数据布局算法[J].软件学报，2010，21(12)：3175 - 3185.

[4]　WU Xiuguo. Data Sets Replicas Placements Strategy from Cost-Effective View in the Cloud[J]. Scientific Programming，2016：1 - 13.

[5]　SHAO YanLing，LI Chunlin，TANG Hengliang. A data replica placement strategy for IoT workflows in collaborative edge and cloud environments[J]. Computer Networks，2019，148：46 - 59.

[6]　陶永才，巴阳，石磊，等.一种基于可用性的动态云数据副本管理机制[J].小型微型计算机系统，2018，39(03)：490 - 495.

[7]　李帅，党鑫，王旭，等.副本放置中的更新策略及算法[J].计算机科学与探索，2016，10(11)：1633 - 1640.

[8]　LONG Saiqin，ZHAO Yuelong，CHEN Wei. MORM：AMulti-objective Optimized Replication Management strategy for cloud storage cluster[J]. Journal of Systems Architecture，2014，60(2)：234 - 244.

[9]　MARTINI B，CHOO K R. Cloud storage forensics：ownCloud as a case study[J]. Digital Investigation，2013，10(4)：287 - 299.

[10]　马生俊，陈旺虎，俞茂义，等. 云环境下影响数据分布并行应用执行效率的因素分析[J].计算机应用，2017，37(07)：1883 - 1887.

[11]　CHANG F，DEAN J，GHEMAWAT S，et al. Bigtable：A distributed storage system for structured data[J]. ACM Transactions on Computer Systems (TOCS)，2008，26(2)：1 - 26.

[12]　YANG Kan，JIA Xiaohua，REN Kui，et al. DAC - MACS：Effective data access control for multiauthority cloud storage systems[J]. IEEE Transactions on Information Forensics and Security，2013，8(11)：1790 - 1801.

[13]　DEB K. Multi-objective optimization [M]. Search methodologies. Springer，2014：403 - 449.

[14]　丁泉勋.多目标集成协作计划与调度及其进化算法[D].扬州：扬州大学，2012.

[15]　袁源. 基于分解的多目标进化算法及其应用[D]. 北京：清华大学，2015.

[16]　STEPHEN B，STEPHEN P B，LIEVEN V. Convex optimization[M]. Cambridge university press，2004.

[17]　THOMAS H C，CHARLES E L，RONALD L R，et al. Introduction to algorithms[M]. MIT press，2009.

[18]　THOMAS Weise，STEFFEN B，DIANA C，et al. Different approaches to semantic web service composition[C]. 2008 Third International Conference on Internet and Web Applications and Services，2008：90 - 96.

[19]　YUSOH Z I M，TANG Maolin. Composite saas placement and resource optimization in cloud computing using evolutionary algorithms[C]. 2012 IEEE Fifth International Conference on Cloud Computing，2012：590 - 597.

[20]　CHEN Wei，QIAO Xiaoqiang，WEI Jun，et al. A profit-aware virtual machine deployment optimization

framework for cloud platform providers [C]. 2012 IEEE Fifth International Conference on Cloud Computing, 2012: 17 - 24.

[21] ZHANG Qingfu, LI Hui. MOEA/D: A multiobjective evolutionary algorithm based on decomposition[J]. IEEE Transactions on evolutionary computation, 2007, 11(6): 712 - 731.

[22] CORNE D W, KNOWLES J D, OATES M J. The Pareto envelope-based selection algorithm for multiobjective optimization[C]. International conference on parallel problem solving from nature, 2000: 839 - 848.

[23] WADA H, CHAMPRASERT P, SUZUKI J, et al. Multiobjective optimization of sla-aware service composition[C]. 2008 IEEE Congress on Services-Part I, 2008: 368 - 375.

[24] XIE Tao. Sea: A striping-based energy-aware strategy for data placement in raid-structured storage systems[J]. IEEE Transactions on Computers, 2008, 57(6): 748 - 761.

[25] XIE Tao, SUN Yao. A file assignment strategy independent of workload characteristic assumptions [J]. ACM Transactions on Storage (TOS), 2009, 5(3): 1 - 24.

[26] 王意洁, 孙伟东, 周松, 等. 云计算环境下的分布存储关键技术[J]. 软件学报, 2012, 23(04): 962-986.

[27] KWAN T T, MCGRATH R E, REED D A. NCSA's world wide web server: Design and performance [J]. Computer, 1995, 28(11): 68 - 74.

[28] PHAN D H, SUZUKI J, CARROLL R, et al. Evolutionary multiobjective optimization for green clouds [C]. Proceedings of the 14th annual conference companion on Genetic and evolutionarycomputation, 2012: 19 - 26.

第六章　数据安全迁移技术

随着信息技术的飞速发展，由单一存储介质构成的存储系统逐渐被分布式混合存储系统所取代。在分布式混合存储系统中，数据迁移技术发挥着关键的作用。数据安全迁移技术根据文件的属性和存储介质的特性以区分冷热数据，并在负载均衡的状态下找到合适的目标节点存储文件，进而提升存储系统的整体性能。本章以分布式混合存储系统的数据迁移为研究对象，从迁移对象的确定和迁移过程的实现两方面展开研究。6.1 节介绍了数据迁移技术的相关理论，详细阐述了数据迁移问题，通过测试分析存储介质的访问特性并梳理现有的研究成果，归纳了影响数据价值的因素，另外，还介绍了如何用熵权法进行数据价值计算，并在此基础上设定合适的阈值对存储文件进行冷热划分，为数据迁移提供较为准确的迁移对象。随后，6.2 节重点介绍了负载均衡下的分布式混合存储系统数据迁移算法的设计与实现，在混合存储系统数据迁移架构下，对传统蚁群算法进行了改进，提出了兼顾负载均衡与文件热度的改进蚁群算法。最后，6.3 节在混合存储系统数据迁移架构中分别对改进蚁群算法、传统的蚁群算法、遗传算法和贪心算法四种数据迁移算法进行测试和分析。

6.1　数据迁移技术相关理论

6.1.1　数据迁移技术概述

数据迁移技术是指为实现资源的最优化利用，按照某种迁移策略将数据从一个存储设备移动至另一个更合适的存储位置上的技术。在分布式混合存储系统中，用户的访问请求和系统的负载状态都会引发数据在各节点间的频繁迁移，由于 HDD 与 SSD 在容量、寿命以及读写性能等方面存在显著差异，因而为了充分发挥各存储介质的优势，提高存储系统的性能，需要在 HDD 与 SSD 之间频繁地进行数据迁移。数据迁移技术的优势主要体现在：

（1）降低系统的访问延迟，缩减用户的访问等待时间，提高用户满意度；

（2）将用户访问请求交由最近的数据中心进行处理，缓解网络拥塞问题；

（3）将数据迁移至合适的存储设备中，充分发挥各存储介质的性能优势，提高存储资源的利用率；

（4）将数据较为均匀地存储在各个数据节点中，避免由于活跃数据集中存放在某一节点引发的系统负载不均衡问题等。

　　根据迁移策略的不同，数据迁移技术可分为静态数据迁移技术和动态数据迁移技术。静态数据迁移技术只关注当前数据中心存储设备能力的差异性，根据预设的迁移算法迁移数据，在单一节点的存储系统中，静态数据迁移算法的效果显著，但在分布式存储系统中，这种算法会忽略存储系统中各节点的负载情况，因此，静态数据迁移技术对分布式存储系统性能改善带来的影响较小。动态数据迁移技术是根据各节点的负载状况以及系统的网络带宽情况，将数据迁移到合适的位置存储，该类算法会在数据迁移的过程中实时更新各存储节点的负载状态信息，因而动态数据迁移技术在改善分布式存储系统的整体性能中有着更为广泛的应用。

6.1.2　数据价值的评估指标选取

　　在分布式混合存储系统中，为了充分利用各存储节点的资源和不同存储设备的性能优势将数据存储在适当的位置，就需要准确地对数据进行分类。而数据价值的评估是数据分类的基础，数据价值受多方面因素的影响，如果能全面地找出影响数据价值的指标提高数据价值评估的准确性，就能得到可靠的数据分类结果。本节通过测试分析存储介质的访问特性并梳理现有的研究成果，归纳了影响数据价值的因素。

1. 基于存储介质访问特性测试分析的数据价值评估指标选取

　　为了深入探究基于 HDD 和 SSD 的混合存储系统中数据状态与存储介质访问特性贴合度对数据价值的影响，本节分别对 HDD 和 SSD 两种存储介质的读写访问性能进行测试分析。测试中，选用一块 5400R 1000GB SATA3 接口的 HDD 和一块型号为 SAMSUNG 860EVO MZ-76E1T0B 的 SSD，并将两块硬盘分区格式化为 ext4 文件系统，采用 iozone 工具测试两块硬盘在顺序读、随机读、顺序写和随机写四种不同模式下的 I/O 读写性能。对于每种模式下的硬盘性能测试，均设置测试文件大小为 2 GB，记录块大小为 2 KB～64 KB，内存大小为 1 GB。实验中，仅控制存储设备不同，保持其他实验环境不变，客观评估两种存储介质的读写性能。两块硬盘的读写性能测试结果如图 6.1～图 6.3 所示。

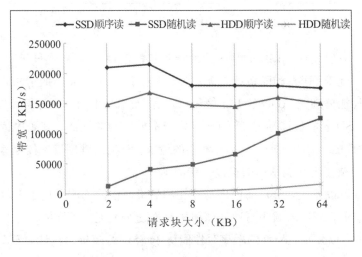

图 6.1　HDD 与 SSD 的读访问性能对比

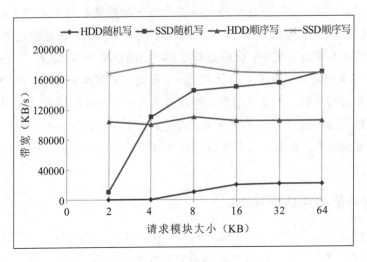

图 6.2　HDD 与 SSD 的写访问性能对比

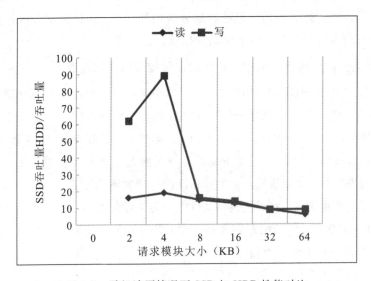

图 6.3　随机读写情况下 SSD 与 HDD 性能对比

观察图 6.1 可以发现，SSD 的顺序读性能和随机读性能均优于 HDD，特别是 SSD 的随机读性能显著优于 HDD 的随机读性能。例如，对于 32 KB 大小的请求，SSD 的顺序读性能和随机读性能分别是 HDD 的 1.2 倍和 8.4 倍。此外，由图 6.1 还可以发现，SSD 的顺序读性能优于 SSD 的随机读性能，而 HDD 由于机械结构的限制，其顺序读性能显著优于 HDD 的随机读性能。例如，对于 32 KB 大小的请求，SSD 的顺序读性能是其随机读性能的 1.9 倍，HDD 的顺序读性能是其随机读性能的 13.6 倍。

观察图 6.2 可以发现，SSD 的顺序写性能和随机写性能均明显优于 HDD。例如，对于 32 KB 大小的请求，SSD 的顺序写性能和随机写性能分别是 HDD 的 1.6 倍和 8.4 倍。此外，由图 6.2 还可以发现，SSD 的顺序写性能优于 SSD 的随机写性能，而 HDD 的顺序写性能显著优于 HDD 的随机写性能。例如，对于 4 KB 大小的请求，SSD 的顺序写性能是其随机写性能的 1.6 倍，HDD 的顺序写性能是其随机写性能的 74 倍。

由此可知，对于读、写访问请求，SSD 的性能总体上优于 HDD，尤其对于随机访问型负载而言，SSD 相较于 HDD 有着显著的性能优势。另外，对于 SSD 而言，其顺序读写性能优于随机读写性能，但性能差距较小。而 HDD 的顺序读写性能显著优于其随机读写性能，这是由于 HDD 的机械结构读写数据时在随机访问性能方面有着很大的劣势。因此，在识别冷热数据时，需要考虑文件的被访问方式，将随机访问频繁的文件尽可能存储在 SSD 中，以提高存储系统的随机访问性能。

由图 6.3 可以看出，SSD 的随机访问性能优势在一定程度上受请求模块大小的影响，但并非简单的线性影响关系。当请求模块大小等于 4 KB 时，SSD 与 HDD 的随机性能差异达到最大；当请求模块大小大于 4 KB 时，SSD 与 HDD 的随机性能比值随请求模块大小的增加有所降低。例如，对于 4 KB 大小的请求，SSD 的随机读性能是 HDD 随机读性能的 18.9 倍，SSD 的随机写性能是 HDD 随机写性能的 82.3 倍；而对于 64 KB 大小的请求，SSD 的随机读性能是 HDD 随机读性能的 5.8 倍，SSD 的随机写性能是 HDD 随机写性能的 8.4 倍。由此可见，仅将数据文件存储在 SSD 中并不能有效提高混合存储系统的读写性能，提高系统整体性能的有效途径是将随机访问频繁、更符合固态盘特性的文件存储在 SSD 中，同时还要考虑文件大小对系统性能提升的影响。例如，当访问形态一致时，相较于大小为 2 KB 或 64 KB 的数据块，4 KB 大小的数据块更适合存储在 SSD 中。此外，观察图 6.3 还可以发现，当访问类型不同时，数据块对系统随机访问性能的影响程度存在明显的差异，因而访问类型也是冷热数据识别过程中需要重点关注的因素之一。例如，对于 4 KB 大小的随机访问型数据块，随机写访问频繁和随机读访问频繁的数据更适合存储在 SSD 中。当访问类型对系统性能改善影响较小时，因为频繁写擦除操作会损害 SSD 的使用寿命，所以，应当将读访问频繁的文件优先存储在 SSD 中。

综上所述，在设计基于 HDD 和 SSD 的混合存储系统的数据价值评估方法时需要重点关注以下几个问题：

（1）文件大小是影响文件价值的重要因素之一，不同大小的文件对数据价值（系统访问性能）的影响程度不同，且不是简单的线性影响关系。

（2）对于大小和访问频率相同、访问方式不同的文件，将随机访问频繁的文件存储在 SSD 中比将顺序访问频繁的文件存储在 SSD 中更有利于整个存储系统性能的提升。因此，在进行数据价值评估的过程中，不仅要考虑文件大小和访问频率，还要关注文件的访问方式（顺序访问/随机访问）。

（3）在评估文件数据价值时，文件的访问类型（读访问/写访问）也是一个重要因素。对于大小和访问方式相同的文件，将读访问频繁的文件和写访问频繁的文件存储在 SSD 中对其性能的影响程度存在很大的差异。

综上分析，在混合存储系统的数据价值评估中需要考虑文件大小、文件的访问方式（随机访问/顺序访问）、文件的访问类型（读访问/写访问）等因素。

2. 基于文献梳理的数据价值评估指标的选取

除上节的实验分析外，为了更为全面地探究影响数据价值的因素，本节对现有的研究成果进行了梳理。现有的文献研究中关于数据价值评定的方法很多，对于不同的应用场景，评定数据价值时考虑的因素也有所不同。整理现有的文献后可知，文件大小、访问频率、访问时间、读写类型、文件间的关联度等是常用的数据价值评估指标。

综上分析，在存储系统中，访问频率是反映一个文件热度和重要程度的最直观的指标。对于由 HDD 和 SSD 构成的混合存储系统而言，由于 SSD 的存储容量远小于 HDD，因此以确定迁移对象为目的进行的数据价值评估需要考虑文件的大小。并且，由于 HDD 的机械结构复杂，其随机访问性能远不如 SSD。而 SSD 虽然随机访问性能优，但相较于 HDD，其在随机读和随机写方面的性能改善程度上有一定的差距，且 SSD 存在 I/O 不对称特性，频繁的写访问会严重削减 SSD 的使用寿命，故在评估混合存储系统的文件价值时，需要考虑文件的访问方式和访问类型。此外，根据 LRU（Least Recently Used，LRU）理论的思想，文件的价值与其最近一次被访问至今的时间间隔呈负相关关系，文件被访问过后未使用的时间越长，其被重新访问的概率越小，价值就越低，故在评估数据价值时需要考虑文件的访问时间。

为了弥补现有数据价值评估方法在指标选取方面存在的诸多不足，本章最终在对混合存储系统的存储文件进行数据价值评估时，考虑存储介质的特性以及数据文件的重要性，选取了文件大小、访问频率、访问时间间隔、访问类型（读/写）偏好和随机访问量这五个指标进行综合分析与评估，并以此来建立基于 HDD 和 SSD 的混合存储系统的数据价值计算数学方法。

6.1.3　基于熵权法的数据价值计算

在混合存储系统的数据价值评估研究中，现有的研究方法大多根据各指标对数据价值的影响关系，建立简单的比例函数进行数据价值的计算，而忽略了各指标对数据价值的影响程度不同，导致所计算的数据价值结果不准确，进而影响冷热数据划分的结果。在评估不确定信息时，一般方法很难衡量各指标对最终结果的影响程度，而熵权法注重对原始数据信息的全面利用，能够将评价指标的模糊性与不确定性融入到评估过程中，从而准确地量化各指标在评估中的重要程度，减小评估误差。因此，本章在混合存储系统的数据价值评估研究中，提出了基于熵权法的数据价值评估方法，用于评判混合存储系统中各存储文件的数据价值大小，为冷热数据识别提供有力的工具。另外，混合存储系统中存储文件的数据价值评估是一个多属性决策问题，本章采用线性加权法对其建立数据价值计算函数，来解决混合存储系统中文件数据价值评估问题，这一方法具有较好的适用性。

如图 6.4 所示，基于熵权法和线性加权法的数据价值计算过程中较为关键的两部分分别是权重赋值与加权求和。假设样本存储文件的数量为 m，影响数据价值指标的数量为 n，各指标的值为 $a_{ij}(i=1,2,\cdots,m;j=1,2,\cdots,n)$，可得到混合存储系统中存储文件数据价值评估的原始决策矩阵 $\boldsymbol{A}$，如式（6-1）所示。

$$\boldsymbol{A}=\begin{bmatrix} a_{11} & \cdots & a_{1n} \\ \vdots & \ddots & \vdots \\ a_{m1} & \cdots & a_{mn} \end{bmatrix} \tag{6-1}$$

（1）指标原始数据的标准化。为避免各评估指标在量纲以及数量级等方面的差异性对数据价值评估结果产生的影响，通常需要对原始决策矩阵 $\boldsymbol{A}$ 进行标准化处理，得到混合存储系统存储文件数据价值评估标准化决策矩阵 $\boldsymbol{B}_{mn}=\{b_{ij}\}(0\leqslant i\leqslant m,0\leqslant j\leqslant n)$，具体的标准化公式如式（6-2）和式（6-3）所示。

$$b_{ij}=\frac{a_{ij}-(a_j)_{\min}}{(a_j)_{\max}-(a_j)_{\min}}\tag{6-2}$$

$$b_{ij}=\frac{(a_j)_{\max}-a_{ij}}{(a_j)_{\max}-(a_j)_{\min}}\tag{6-3}$$

其中，b_{ij} 为第 i 个数据在第 j 个指标之上的标准化值，b_{ij} 的值在 $[0,1]$ 之间；$(a_j)_{\max}$ 和 $(a_j)_{\min}$ 分别为第 j 个指标在所有样件中的最大值和最小值。由于指标存在正向与负向两种，因此需要对两种指标进行分别处理：其中正向指标（即指标的值越大越好）选用式（6-2）进行标准化处理；负向指标（即指标的值越小越好）选用式（6-3）进行标准化处理。

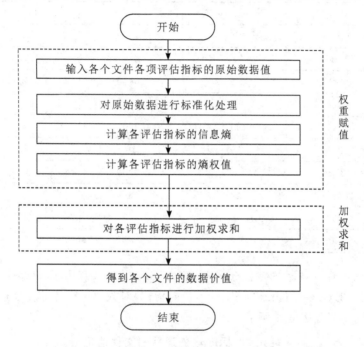

图 6.4　基于熵权法和线性加权法的数据价值计算流程

（2）各项评估指标信息熵的计算。根据信息论中信息熵的定义，各指标的信息熵计算如式（6-4）所示。

$$E_j=-(\ln m)^{-1}\sum_{i=1}^m P_{ij}\ln P_{ij}\tag{6-4}$$

其中，$P_{ij}=b_{ij}/\sum_{i=1}^m b_{ij}$，$j=1,2,\cdots,n$。

（3）各项评估指标熵权值的计算。根据信息熵的计算结果，计算各指标的熵权值如式（6-5）所示。

$$w_j=\frac{(1-E_j)}{(n-\sum_{j=1}^n E_j)}\tag{6-5}$$

其中，$j=1,2,\cdots,n$。

（4）各项评估指标的加权求和。假设混合存储系统中存储文件集合为 file $=\{$ file$_1$，file$_2$，$\cdots$，file$_i$，$\cdots$，file$_m\}$，其中 file$_i$ 表示第 i 个存储文件。在利用熵权法为各指标分配权重后将各指标进行加权求和，即可得到数据价值的计算模型如式(6-6)所示。

$$\text{Value}_i = w_1\text{Size}_i + w_2\text{Frequenc}y_i + w_3\text{Time}_i + w_4\text{Type}_i + w_5\text{Random}_i \quad (6-6)$$

其中，w_j 为各指标对文件价值影响的权重系数，其取值会对文件价值的计算有很大的影响，且满足 $w_1+w_2+w_3+w_4+w_5=1$，$w_j>0$。以 10 个文件为例，分别计算这 10 个文件对应的数据价值，各文件具体的指标值如表 6.1 所示。

表 6.1　存储文件的具体指标

No.	Size/KB	Frequency/次	Time/s	Type	Random
1	11919	90	5	0.8	49
2	1066	570	37	1.25	250
3	30999	12	86400	0.71	12
4	1444	8	23860	1.67	8
5	2751	11	500	1.75	9
6	8288	980	16	0.63	420
7	379	39	520	0.63	28
8	1592	24	7200	3	22
9	1390	15	345	0.67	11
10	500	4	64800	3	4

为消除量纲等对最终评估结果的影响，首先根据式(6-2)（Frequency 与 Random 为正向指标）和式(6-3)（Size、Time 与 Type 为负向指标）对数据进行标准化处理，最终所得的标准化处理后的结果如表 6.2 所示。

表 6.2　标准化处理后的文件信息

No.	Size/KB	Frequency/次	Time/s	Type	Random
1	0.623112	0.088115	1.000000	0.928270	0.108173
2	0.977564	0.579918	0.999630	0.738397	0.591346
3	0.000000	0.008197	0.000000	0.966245	0.019231
4	0.965219	0.004098	0.723884	0.561181	0.009615
5	0.922534	0.007172	0.994271	0.527426	0.012019
6	0.741705	1.000000	0.999873	1.000000	1.000000
7	1.000000	0.035861	0.994039	1.000000	0.057692
8	0.960385	0.020492	0.916720	0.000000	0.043269
9	0.966982	0.011270	0.996065	0.983122	0.016827
10	0.996048	0.000000	0.250014	0.000000	0.000000

接着，根据式(6-6)计算各项指标的信息熵，最终所得的结果如表6.3所示。

表 6.3　各项指标的信息熵

指标	Size/KB	Frequency/次	Time/s	Type	Random
信息熵	0.94982202	0.46129330	0.93352076	0.89144634	0.52482775

随后，根据式(6-5)计算各项指标的权值(保留小数点后两位)，最终所得的结果如表6.4所示。

表 6.4　各项指标的权值

指标	Size/KB	Frequency/次	Time/s	Type	Random
权值	0.04	0.44	0.05	0.09	0.38

最后，根据式(6-6)计算各文件对应的数据价值(保留小数点后两位)。为了便于下一小节中冷热数据划分阈值的设定，在计算数据价值时，将各项指标的权重与标准化处理后的指标值进行加权求和，最终所得的结果如表6.5所示。

表 6.5　各文件的数据价值

No.	1	2	3	4	5	6	7	8	9	10
Value	0.24	0.64	0.10	0.13	0.14	0.99	0.22	0.11	0.19	0.05

6.1.4　基于数据价值大小的冷热数据识别

根据6.1.3节对存储文件数据价值的计算，设定阈值0.5来划分冷热数据。数据价值大于等于0.5的文件将被添加到热数据集合中，小于0.5的文件则添加至冷数据集合中。为了评估冷热数据识别方案的有效性，这里对比了I/O次数变化时基于熵权法的数据价值评估方法(方案A)和根据各项指标对数据价值的影响关系建立的数据价值评估方法(方案B)所得到的热数据的命中率，以及只考虑访问频率的冷热文件识别算法(方案C)所得到的热数据的命中率，如图6.5所示。

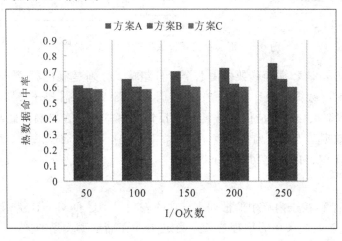

图 6.5　不同冷热数据识别方案的热数据命中率

　　由图 6.5 可以发现，仅考虑访问频率的热数据识别的方案 C 热数据命中率最低，这表明在冷热数据识别的过程中，除访问频率外，访问时间间隔等因素也很重要。并且，由于冷热数据识别是为后文混合存储系统的数据迁移提供迁移对象，因而还需要根据两种存储介质的特性考虑文件大小、访问类型和访问方式等因素。此外，由图 6.5 可以看出，方案 A 所得到的热数据的命中率明显高于方案 B 所得到的热数据的命中率，这表明，仅考虑各因素对数据价值的影响关系（正比/反比）而忽略不同因素对数据价值的影响程度，可能会降低数据价值计算的准确度，进而影响 6.2 节的数据迁移。此外，随着 I/O 次数的不断增加，冷热数据识别方案的性能优势越来越突出。

　　综上分析可知，基于熵权法的数据价值计算方法能够消除一定的主观因素的影响，提高数据价值计算的准确性和客观性，能为数据迁移算法提供可靠的迁移对象。

6.2　兼顾负载均衡与文件热度的数据迁移算法

6.2.1　混合存储系统数据迁移架构

　　在分布式混合存储系统中，为了提高系统的访问性能和稳定性，数据迁移是有效的解决方法。对于分布式混合存储系统的数据迁移架构，一方面要关注文件的存储位置，另一方面要关注存储文件的存储介质。本节将介绍混合存储系统中具体的数据迁移实现细节。图 6.6 展示了分布式混合存储系统数据迁移的基本架构。

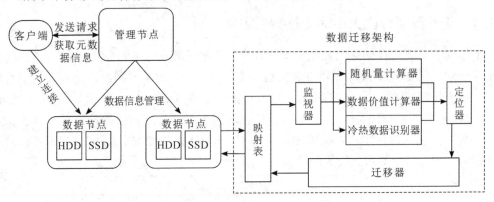

图 6.6　混合存储系统数据迁移的基本架构

　　如图 6.6 所示，该数据迁移架构由七个组件组成，分别是监视器（数据收集器）、映射表、随机量计算器、数据价值计算器、冷热数据识别器、定位器和迁移器。当客户端发出 I/O请求时，管理节点会将对应的元数据信息反馈给客户端，客户端由此与数据节点建立连接，随后，由数据节点负责监控客户端发出的 I/O 请求，并通过该七个组件完成整体的数据迁移，每一个组件的具体功能如下。

1. 映射表

　　映射表是一个存在于内存中的散列表，它的表项以 IP、Device ID 和 Inode 作为标识，用来判断一个特定文件保存的物理位置，确定文件存储在哪个节点上、哪种存储设备中（HDD/SSD）以及在存储设备中的具体存储位置。表项中还记录了文件大小、文件的总访问频率、读访问频率、写访问频率、文件最近一次访问时间、最近一次访问类型、最近一次访问的终点地址等相关信息。当新 I/O 请求到来时，利用 I/O 请求和映射表中的文件访问信息来计算所关联文件的访问随机量和文件的数据价值，并基于数据价值的大小对文件进行冷热数据划分，从而确定出需要迁移的文件集合。

2. 监视器

监视器(数据收集器)用于捕获 I/O 请求的访问信息。使用 Linux 的 Inotify 接口来监听文件系统事件。Inotify 反应灵敏、用法简单，能够捕获文件所在主机的 IP 地址、文件大小、文件的总访问频率、读访问频率、写访问频率、文件最近一次访问时间、最近一次访问类型、最近一次访问的终点地址等相关元信息，为随机量计算器和数据价值计算器提供有效信息。

3. 随机量计算器

随机量计算器用于计算每个文件被访问的随机性。由于 HDD 和 SSD 在顺序访问和随机访问方面的性能差异较大，为了在评估文件价值时更好地体现存储设备的适应度，充分发挥各存储设备的优势，需要评估文件的访问方式，对顺序访问和随机访问的文件区别处理。为了识别文件的访问方式(随机访问/顺序访问)，设计了随机访问量计算算法。随机访问量是反映文件适应度的一个重要因素，用 $Random_i$ 来表示。由硬件的特性可知，HDD 受其机械结构的限制，在随机访问性能方面远劣于 SSD，故对于随机访问频率较高的文件更适合存储在 SSD 中。考虑 HDD 和 SSD 在随机访问与顺序访问方面的性能差异，在评估文件的数据价值时需要重点关注文件的访问方式，因而选取随机访问量这一指标来记录文件的访问方式。该算法通过判断 I/O 请求的访问类型、访问时间间隔和访问地址，将一个时间窗口内到达的顺序 I/O 请求进行合并，最后统计被合并的请求的总段数，并将被访问文件的总访问段数定义为该文件的随机访问量。

4. 数据价值计算器

数据价值计算器用于计算每个存储文件的价值。本节将数据价值作为划分冷热数据的依据，通过文献梳理和实验分析，选取文件大小、访问频率、访问时间间隔、访问类型偏好和随机访问量这五个指标来衡量文件的价值，考虑各指标对数据价值的影响程度不同，先采用熵权法为各因素分配权重，最后采用线性加权法将各指标与对应的熵权进行加权求和来计算文件的数据价值。

5. 冷热数据识别器

冷热数据识别器主要根据文件所对应的数据价值大小将文件划分为冷数据和热数据两类。通过设定阈值，将数据价值大小超过阈值的文件划分到热数据集合中，数据价值小于阈值的文件则被划分到冷数据集合中。迁移策略是将热数据集合中的文件迁移至 SSD 中，而将冷数据集合中的文件迁移至 HDD 中。

6. 定位器

定位器中的迁移算法致力于将根据数据价值大小划分所得的热数据集合和冷数据集合分别迁移至合适的 SSD 和 HDD 中。由于数据迁移可能会导致某些存储节点的负载倾斜，因而为了充分利用存储资源，在设计迁移算法时，需考虑存储系统的整体负载均衡。混合存储系统的数据迁移问题主要解决将哪些热数据以及多少热数据迁移至哪个存储节点的 SSD 中和将哪些冷数据以及多少冷数据迁移至哪个存储节点的 HDD 中。由于每个存储设备的容量有限，并且每个文件都有对应的数据价值，该问题可描述为：对于给定的文件集合，每个文件对应一个文件大小和一个数据价值，并且每个存储节点在每一时刻有个负载均衡度状态。对于一个给定的文件只能存储在一个节点中，而对于一个给定的节点，满足存储在该节点 SSD 或 HDD 中的所有文件的大小之和不超过该节点 SSD 或 HDD 存储设备的容量限制，能使整个存储系统达到负载均衡且系统 SSD 中的文件价值大小之和最大。根据以上描述，负载均衡下的分布式混合存储系统数据迁移问题实际上是一个 NP 完全问题，为优化数据迁移效率，本章针对该问题建立了一个迁移模型，并采用改进蚁群算法来求解该模型。

7. 迁移器

迁移器主要负责处理文件在不同节点以及不同存储设备之间的移动。迁移器将根据迁移算法得到的文件迁移方案对文件实施迁移操作，并在完成迁移后及时更新各文件的元数据信息。在分布式混合存储系统中，数据迁移的整个过程由数据节点承担大部分计算和迁移工作，管理节点仅负责元数据信息的管理，因此，当节点数量增加时，并不会影响系统的整体迁移性能。

6.2.2　兼顾负载均衡与文件热度的改进蚁群算法

蚁群算法是基于蚁群自组织觅食行为而提出的一种优化算法，其概念最早由意大利学者 Marco. Dorigo 等人提出。随后，该算法又被用于求解旅行商问题，并获得了理想的效果。近年来，该算法多被应用于求解任务调度、资源分配以及物流配送等一系列组合优化问题，具有良好的实际意义。尽管蚁群算法非常适用于求解分布式混合存储系统的数据迁移问题，但它在求解过程中容易陷入局部最优解，因此，将基本蚁群算法直接应用于求解数据迁移问题可能会造成大量的文件被迁移至某几个存储节点上，而其余节点却处于空闲的状态，会导致存储系统因负载不均而性能下降。通过蚁群算法可知，影响文件目标迁移位置选择的关键因素是 $\tau_{ij}(t)$ 和 $\eta_{ij}(t)$，而由构建的分布式混合存储系统的数据迁移架构可知，数据迁移的最终目标是实现迁移至 SSD 中的文件的总价值最大以及实现存储系统的整体负载均衡。鉴于此，本章设计价值模型和存储系统的负载模型，并利用价值模型和负载模型分别对 $\tau_{ij}(t)$ 和 $\eta_{ij}(t)$ 进行改进，以改善传统蚁群算法的性能，改善系统的存储性能，实现系统的整体负载均衡。

1. 信息素浓度 $\tau_{ij}(t)$ 的改进

在混合存储系统中，SSD 的读写速度和随机访问性能均显著优于 HDD，为了充分发挥 SSD 的访问性能优势，通常将较为重要的、活跃的热文件存储在 SSD 中，从而为用户提供更为优质的服务。为了将价值较高的热文件迁移至 SSD 中，可通过构建价值模型来改进信息素更新公式，包含局部更新和全局更新两部分。

假设当前的文件迁移方案为 M，则构建价值模型如式（6-7）所示。

$$\text{value}(M_{ij}) = \begin{cases} \text{value}_i, & x_{ij}=1,\ y_{jq}=1 \\ 0, & x_{ij}=1,\ y_{jq}=0 \end{cases} \tag{6-7}$$

式(6-7)中，value_i 为文件 i 对应的数据价值大小，x_{ij} 和 y_{jq} 为每只蚂蚁的初始位置信息。该式表示，若蚂蚁 i 访问的是节点 j 的 SSD 盘，则此时价值模型的值为文件 i 对应的数据价值；若访问的是 HDD 盘，则价值模型的值为 0。

1）局部信息素更新

在单只蚂蚁完成一轮循环确定了目标存储节点后，需要对该轮循环中该只蚂蚁访问过的存储节点进行局部信息素更新，更新公式如式(6-8)所示。

$$\Delta \tau_{ij} = \frac{Q_1}{\left[\text{value}(M_{ik})\right]^{-1}} \tag{6-8}$$

其中，Q_1 是常量，$\text{value}(M_{ik})$ 是第 i 只蚂蚁在第 k 轮循环中寻找到的解。

2）全局信息素更新

当所有蚂蚁完成循环后会得到当前的最优路径，即最优迁移方案，这时需要对分布式存储系统中的所有存储节点进行全局信息素更新，更新公式如式(6-9)所示。

$$\Delta \tau_{ij} = \frac{Q_2}{\text{MAX}\left(\text{value}(M_{ik})\right)^{-1}} \tag{6-9}$$

其中，Q_2 是常量，$\text{MAX}(\text{value}(M_{ik}))$ 是在第 k 轮循环中搜索得到的最优解。

由蚁群公式可得，在蚂蚁寻优过程中，信息素的更新如式(6-10)所示。

$$\tau_{ij}(t+1) = (1-\rho)\tau_{ij} + \Delta \tau_{ij} \tag{6-10}$$

其中，$\Delta \tau_{ij}$ 的计算如式(6-8)和式(6-9)所示。

2. 启发函数 $\eta_{ij}(t)$ 的改进

在分布式存储系统中，存储节点的负载状态是其在某时刻真实工作状态的写照，在实际的存储环境中，存储空间利用率、网络带宽占用率以及 I/O 占用率等都会对节点的负载状态产生很大的影响。基于此，本节构建了负载模型来衡量分布式存储系统中各存储节点的负载情况。三个指标的具体描述如下。

1）存储空间利用率

存储系统中，当文件 i 迁移至节点 j 时，节点 j 的存储空间利用率 $L_{\text{storage}_{ij}}$ 是指文件 i 迁移完成后，节点 j 中已使用的存储容量与其总存储容量的比值，其值越大，表明节点 j 在当前时刻的可用存储空间越小，则所能负担的负载压力也就越弱。节点 j 的存储空间利用率可由式(6-11)计算得到。

$$L_{\text{storage}_{ij}} = \frac{\text{SC}_{\text{use}_{ij}}}{\text{SC}_{\text{total}_j}} \tag{6-11}$$

其中，$\text{SC}_{\text{use}_{ij}}$ 表示文件 i 迁移至节点 j 后节点 j 的已用存储容量；$\text{SC}_{\text{total}_j}$ 为节点 j 的总存储容量。

2）网络带宽占用率

存储系统中，当文件 i 迁移至节点 j 时，节点 j 的网络带宽占用率 $L_{\text{net}_{ij}}$ 是指文件 i 迁移完成后，节点 j 实际运行时的网络带宽与其总带宽大小的比值。$L_{\text{net}_{ij}}$ 值越大，表明此刻节点 j 越繁忙，其所能承担的负载能力也就越弱。节点 j 的网络带宽占用率可由式(6-12)计算得到。

$$L_{\mathrm{net}_{ij}} = \frac{\mathrm{DF}_{\mathrm{actual}_{ij}}}{\mathrm{DF}_{\mathrm{total}_j}} = \frac{\mathrm{DF}_{\mathrm{actual}_{ij}}}{N_j \times (T_t - T_{t-1})} \tag{6-12}$$

式(6-12)中，$\mathrm{DF}_{\mathrm{actual}_{ij}}$ 表示文件 i 迁移完成后存储节点 j 中真实数据流量；$\mathrm{DF}_{\mathrm{total}_j}$ 表示节点 j 中的总数据流量，其值为节点 j 的网络带宽 N_j 与时间差相乘的结果。

3）I/O 占用率

存储系统中，当文件 i 迁移至节点 j 后，节点 j 的 I/O 占用率 $L_{\mathrm{I/O}_{ij}}$ 指文件 i 迁移完成后节点 j 真实处理的数据量与其可负荷的最大数据量的比值，其值越大，表明节点 j 此时的负载状态越重，其还能承担的负载能力也就越弱。节点 j 的 I/O 占用率可由式(6-13)计算得到。

$$L_{\mathrm{I/O}_{ij}} = \frac{\mathrm{DS}_{\mathrm{actual}_{ij}}}{\mathrm{DS}_{\max_j}} \tag{6-13}$$

式(6-13)中，$\mathrm{DS}_{\mathrm{actual}_{ij}}$ 表示文件 i 迁移完成后节点 j 中实际 I/O 所占用的数据量，$\mathrm{DS}_{\max_j}$ 表示节点 j 中可以处理的数据量的最大值。

根据负载的常用计算方法可得，在分布式存储系统中，将文件 i 迁移至存储节点 j 中后，节点 j 的负载计算函数可表示为式(6-14)。

$$L_{ij} = w_1 \times L_{\mathrm{storage}_{ij}} + w_2 \times L_{\mathrm{net}_{ij}} + w_3 \times L_{\mathrm{I/O}_{ij}} \tag{6-14}$$

式(6-14)中，w_1、w_2 和 w_3 分别为存储空间利用率、网络带宽占用率以及 I/O 占用率三个指标对节点负载状态影响的权值。w_l 满足：$w_1 + w_2 + w_3 = 1$，$w_l > 0$。w_l 的数值将根据实际使用情况而变动。

在分布式存储系统中，通常用所有节点负载状态的平均值来表示系统的整体负载状态。因此，分布式存储系统的平均负载值 $L_{\mathrm{avg}_{ij}}$ 可根据式(6-15)计算。

$$L_{\mathrm{avg}_{ij}} = \frac{\sum\limits_{j=1}^{n} L_{ij}}{n} \tag{6-15}$$

分布式混合存储系统的整体负载均衡度描述的是该系统中所有存储节点的负载状态差异情况，因而，一般采用存储系统的负载标准差 $L_{\mathrm{sd}_{ij}}$ 来衡量其整体负载均衡度 LB_{ij}，具体计算公式如式(6-16)所示。

$$\mathrm{LB}_{ij} = L_{\mathrm{sd}_{ij}} = \sqrt{\frac{1}{n} \sum_{j=1}^{n} (L_{ij} - L_{\mathrm{avg}_{ij}})} \tag{6-16}$$

分布式混合存储系统的负载均衡度是影响存储系统整体性能的重要因素之一。LB_{ij} 的值越大，说明分布式存储系统中各存储节点之间的负载状态越不均衡，此时系统的存储性能较差；其值越小，说明系统的负载均衡效果越好，此时系统的整体存储性能较优。基于此，利用负载均衡度对 $\eta_{ij}(t)$ 进行改进，如式(6-17)所示。

$$\eta_{ij}(t) = \frac{1}{\mathrm{LB}_{ij}(t)} \tag{6-17}$$

将式(6-10)和式(6-17)代入蚁群算法的下一跳概率公式中，对 $\eta_{ij}(t)$ 进行改进，结果如式(6-18)所示。

$$p_{ij}^{k}(t) = \begin{cases} \dfrac{\tau_{ij}^{\alpha}(t) \times \eta_{ij}^{\beta}(t)}{\sum\limits_{s \in \mathrm{allowed}_k} \tau_{is}^{\alpha}(t) \times \eta_{is}^{\beta}(t)} & s \in \mathrm{allowed}_k \\ 0 & s \notin \mathrm{allowed}_k \end{cases} \tag{6-18}$$

在使用改进蚁群算法对文件进行迁移时，式(6-18)会计算文件迁移至每一个可选节点中的转移概率值的大小，当转移概率确定后，用轮盘赌注法确定文件的目标迁移位置。通过不断地迭代，最终能得到一个使迁移至固态盘中的文件价值最大，并且使存储系统整体处于负载均衡状态的迁移方案。

综上所述，改进蚁群算法能在兼顾系统负载均衡的同时，为每一个文件选择一个最合适的目标迁移位置，能高效地解决负载均衡下的分布式混合存储系统的数据迁移问题。

6.2.3　改进蚁群算法的实现

根据对分布式混合存储系统数据迁移架构的详细介绍，本节对数据迁移算法的具体实现过程进行阐述，具体实现流程如图 6.7 所示。

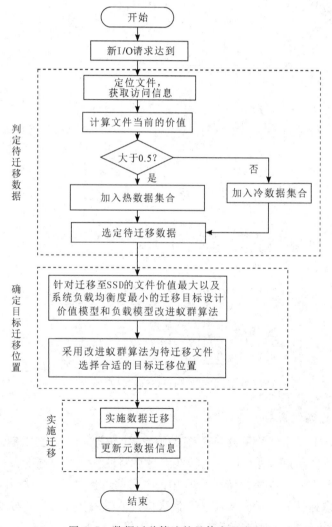

图 6.7　数据迁移算法的具体实现流程

如图 6.7 所示，数据迁移算法的实现过程主要由判定待迁移数据、确定目标迁移位置和实施迁移三个部分组成，具体介绍如下。

1. 判定待迁移数据

首先，数据迁移架构中的监视器发挥作用，通过捕获 I/O 请求，记录各存储文件的被访问情况以及相关的访问信息。接着，随机量计算器、数据价值计算器发挥作用，随机量计算器根据图 6.8 的流程计算各存储文件的随机访问量，以区分出随机访问较多的存储文件和顺序访问较多的存储文件，为文件价值的计算提供数据支撑；数据价值计算器则根据各存储文件的访问历史记录信息，从选定的五个影响数据价值的指标（文件大小、访问频率、访问时间间隔、访问类型偏好和随机访问量）出发，采用熵权法和线性加权法来计算每个存储文件对应的数据价值。最后，冷热数据识别计算器发挥作用，将各存储文件的价值大小与设定的阈值进行对比以划分冷热数据。价值大于阈值的文件识别为热数据，反之识别为冷数据。原存储在 HDD 中的热数据将被迁移至 SSD 中，原存储在 SSD 中的冷数据将被迁移至 HDD 中。

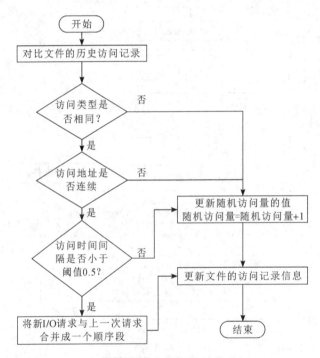

图 6.8　文件随机访问量计算流程

2. 确定目标迁移位置

此过程中发挥主要作用的是数据迁移架构中的定位器，定位器在获取待迁移的数据集合后便开始执行改进蚁群算法。该算法旨在满足存储设备容量限制的条件下，将热数据尽可能多地迁移至 SSD 中，以使存储在 SSD 中的文件的价值之和达到最大，同时，该算法在迁移的过程中考虑存储系统的负载均衡。算法执行的过程中，首先，对蚁群的数量 m、节点的数量 n、每只蚂蚁的初始位置信息 $x_{ij}y_{jq}$、初始信息素浓度 $\tau_{ij}(0)$、α、β、ρ、Q_1、Q_2 以及 item_max 等参数进行初始化设置。接着，构建算法的解空间 allowed$_k$，设置信息素的更新方式。在算法每次迭代的过程中，为每个存储文件选取存储位置时，需要不断对比将文件迁移至不同存储位置时对应的状态转移概率值，具体计算方式如式（6-18）所示，并将文件迁移至最大概率值对应的存储位置处。此外,每次迭代完成后需要根据式(6-8)～式(6-10)实时更新信息素浓度。最后,当执行到最大迭代次数时算法终止,得到一个 m 维向量,即确定了每一个待迁移文件的目标迁移位置。

3. 实施迁移

数据迁移架构中的迁移器主要在该过程发挥作用,迁移器将根据上一过程中迁移算法得到的最优解,即最佳文件迁移方案对各存储文件实施迁移操作,从而提高整个存储系统的存储性能和负载均衡效果。此外,在完成所有文件的迁移工作后,将及时更新各文件的元数据信息。

6.3 实验与结果分析

Hadoop 是当前大数据环境下主流的开源分布式系统之一,其在分布式存储管理和并行处理方面具有明显的优势。为了有效分析以及验证负载均衡下的混合存储系统数据迁移架构的性能,本节在 Hadoop 平台下进行了模拟仿真实验,将常用的几种基于熵权法的冷热数据识别方法进行对比,同时将改进蚁群算法与已有的数据迁移算法进行对比,从系统带宽利用率、系统延迟和负载均衡度三个方面来验证冷热数据识别方法和数据迁移算法的优势。

6.3.1 实验方法

本节通过对比分析来验证冷热数据识别方法和数据迁移算法的有效性。本实验中的对照设置如表 6.6 所示。

表 6.6 对照实验设置

实验编号	冷热数据识别方法	数据迁移算法
实验 A		贪心算法
实验 B		遗传算法
实验 C	基于熵权法的冷热数据识别方法	蚁群算法
实验 D		
实验 E		
实验 F	依据指标对数据价值影响方向建立的冷热数据识别方法	改进蚁群算法
实验 G	仅考虑访问频率的冷热数据识别方法	

如表 6.6 所示,为了验证数据迁移算法的有效性,实验 A 至实验 D 采用基于熵权法的冷热数据识别方法进行冷热数据分类,实验 A 采用现有的迁移方法——贪心算法,实验 B 采用遗传算法,实验 C 采用传统的蚁群算法,实验 D 采用改进蚁群算法。为了验证冷热数据识别方法的有效性,实验 E 至实验 G 中采用改进蚁群算法求解数据迁移问题,实验 E 采用基于熵权法的冷热数据识别方法,实验 F 采用常用的依据指标对数据价值的影响方向建

立的冷热数据识别方法，实验 G 采用仅考虑访问频率的冷热数据识别方法。

为了使本实验的测试结果具有可信度和可比性，实验 A～实验 D 四个对照实验除采用的数据迁移算法不同，其他均是相同的。实验 E～实验 G 三个对照实验除采用的冷热数据识别方法不同，其他均是相同的。所有对照实验都是在相同的测试环境中完成的，采用的存储设备完全相同。

6.3.2 实验环境

实验采用 Oracle VM VirtualBox 搭建了包含 1 个主节点(Master)，15 个从节点(Slave)的 Hadoop 集群环境。其中，主节点为负责监控和管理存储节点的控制节点，从节点为执行实际存储任务的存储节点。每个节点都是基于 VirtualBo 创建的配置相同的虚拟机，其中每台虚拟机中均挂载型号、规格相同的两块固态硬盘和一块机械硬盘，具体的配置信息如表 6.7 所示。为了消除其他操作请求对实验过程的干扰，选择其中一块固态硬盘专门用于安装操作系统，其余两块硬盘专门用于进行实验测试。此外，考虑到缓存对实验结果的影响，该实验将虚拟机内存大小设置为 1 G，并且在每次实验前将缓存清空。

表 6.7 存储节点的配置信息

集群环境	组件	说明
硬件环境	CPU	Intel Core i7 - 8550U 1.80GHz
	物理内存	8G
	虚拟机内存	1G
	SSD1(操作系统盘)	设备：SKHynix HFS128G39TND - N210A 容量：128G
	SSD2(测试硬盘)	SAMSUNG 860EVO MZ - 76E1T0B 容量：1T
	HDD	ST1000LM035 - 1RK172 容量：1TB 转速：5400RPM
软件环境	文件系统	Ext4
	操作系统	Ubuntu 14.04.6
	JDK	1.7.0_101
	Hadoop	Hadoop

如表 6.7 所示，每个节点虚拟机中均挂载三块硬盘，相同类型硬盘的存储容量均相等。其中 SSD1 为操作系统盘，实验中设置其容量为 5 G；SSD2 为测试固态硬盘，为了突出固态硬盘容量通常远小于机械硬盘，实验中设置其容量为 12 G；HDD 为测试机械硬盘，设置其容量为 60 G。

6.3.3　实验结果分析

为了验证数据迁移算法的高效性和优越性，设计了具体的仿真实验分别对改进蚁群算法、传统蚁群算法、遗传算法和贪心算法四种数据迁移算法进行测试。由于研究目标是通过将价值高的文件尽可能多地迁移至高性能存储介质 SSD 中，并在迁移的过程中关注各存储节点的负载状态，来实现系统访问速度的提升、系统资源利用率的提高以及系统整体负载均衡，因此，选择系统带宽利用率、系统访问延迟和负载均衡度三个指标来评估数据迁移算法的性能，并由此展开具体的测试分析。

1. 系统带宽利用率对比

1）不同数据迁移算法对应的系统带宽利用率对比

为了验证改进蚁群算法是否能有效提高分布式混合存储系统的系统带宽利用率，本章采用基于数据价值的冷热数据划分方法进行冷热数据识别，并分别采用改进蚁群算法、传统蚁群算法、遗传算法和贪心算法四种算法进行冷热数据迁移，对比分析四种数据迁移算法完成数据迁移后的系统带宽利用率，得到分布式混合存储系统中 15 个存储节点的系统带宽利用率，实验结果如图 6.9 所示。

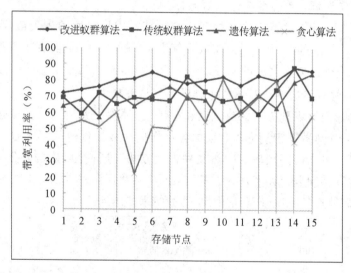

图 6.9　不同数据迁移算法对应的系统带宽利用率对比

由图 6.9 可以看出，使用改进蚁群算法完成数据迁移后，系统平均带宽利用率达到了 78.78%，且各存储节点带宽利用率之间的差异较小，此时存储系统的整体负载均衡效果较好；使用传统蚁群算法完成数据迁移后，系统平均带宽利用率为 69.78%，各存储节点带宽利用率之间存在一定的波动性；使用遗传算法完成数据迁移后，系统平均带宽利用率为 68.16%，虽然使用遗传算法得到的系统平均带宽利用率与传统蚁群算法相近，但该算法得到的各存储节点带宽利用率之间的波动性较大，系统的负载均衡效果弱于传统蚁群算法；使用贪心算法完成数据迁移后，系统平均带宽利用率为 57.49%，各存储节点带宽利用率之间的波动范围较大，即存储系统中各节点间的负载差异较大，存在一定的负载倾斜现象。由此可知，使用贪心算法进行数据迁移时，系统的平均带宽利用率最低，系统负载

均衡效果最差；而使用改进蚁群算法进行数据迁移时，系统的平均带宽利用率最高，系统
负载均衡效果最理想。

出现以上现象的原因是：使用贪心算法进行数据迁移时，该算法一味追求将价值高的
文件尽可能多地迁移至 SSD 中，只要 SSD 的存储容量足够，就可以将文件迁移进去，而不
顾各存储节点的带宽利用率、I/O 占用率等状态，此外，该算法也忽略了不同存储节点中
SSD 的存储空间利用率。因此，使用贪心算法进行数据迁移时，存储文件目标迁移位置的
选择基本是随机的，各存储节点在文件迁移前后呈现的带宽利用率状况也是没有规律可循
的。使用传统蚁群算法进行数据迁移时，该算法没有充分考虑系统中各存储节点的资源利
用状态，并且基本蚁群算法容易陷入局部最优解，因此该算法的系统平均带宽利用率要低
于改进后的蚁群算法。使用遗传算法进行数据迁移时，遗传算法不能及时获取存储系统实
时的文件价值信息和负载信息，且该算法的性能容易受初始种群的影响，极易错失最优
解，导致系统性能下降，资源利用率不高。而改进蚁群算法会在数据迁移的过程中综合考
虑系统中各存储节点的带宽利用率、I/O 占用率和存储介质的空间利用率状态，该算法将
存储系统的整体负载均衡度最小和迁移至 SSD 中的文件价值之和最大同时作为数据迁移
的目标，因而使用改进蚁群算法进行数据迁移能为各存储文件选择更为合适的目标迁移位
置，充分利用系统资源，实现系统性能的提升。

综上分析可知，改进蚁群算法在提升系统带宽利用率方面的表现最优，是一个理想、
高效的数据迁移算法，有助于实现分布式存储系统的负载均衡，能有效提高系统的带宽利
用率，从而为用户提供更为优质的服务。

2）不同冷热数据识别方法对应的系统带宽利用率对比

为了验证冷热数据识别方法的科学性和有效性，本章分别采用三种冷热数据识别方法
（即基于熵权法的冷热数据识别方法、根据各项指标对数据价值的影响方向建立的冷热数
据识别方法以及只考虑访问频率的冷热文件识别方法）进行冷热数据划分，并采用改进蚁
群算法求解数据迁移问题，对比分析了三种不同冷热数据识别方法对应的分布式混合存储
系统中 15 个存储节点的系统带宽利用率，实验结果如图 6.10 所示。

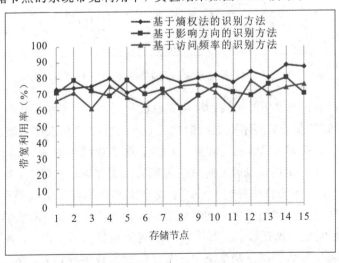

图 6.10　不同冷热数据识别方法对应的系统带宽利用率对比

　　由图 6.10 可以看出，使用基于熵权法的识别方法进行冷热数据划分，系统平均带宽利用率达到了 78.78%；使用基于指标对数据价值的影响方向构建的识别方法，系统平均带宽利用率为 72.29%；使用仅考虑访问频率的识别方法，系统平均带宽利用率为 70.47%。使用了改进蚁群算法进行数据迁移后，三种识别方法对应的各存储节点带宽利用率之间的波动幅度都不是特别大。由此可知，基于熵权法的冷热数据划分方法对冷热数据识别的准确率高于其他两种方法。

　　出现以上现象的原因在于：基于熵权法的冷热数据识别方法较为客观、全面地分析了影响数据价值的因素，使得数据价值的量化结果更加准确、可靠，从而提高了热数据命中率。迁移对象的合理选取使得最终得到的最优数据迁移方案更符合系统实际状态，因此，该识别方法对应的系统平均带宽利用率要稍高于其他两种方法。

　　综合以上分析可知，基于熵权法的冷热数据识别方法能够有效提高冷热数据划分的准确性，有助于为数据迁移提供可靠的迁移对象。

2. 系统访问延迟对比

1）不同数据迁移算法对应的系统访问延迟对比

　　为了验证改进蚁群算法进行数据迁移能充分发挥不同存储介质的特性，有效提高系统访问速度、降低系统访问延迟，本章对比分析了采用改进蚁群算法、传统蚁群算法、遗传算法和贪心算法四种算法进行数据迁移对分布式混合存储系统整体访问延迟的影响，实验结果如图 6.11 所示。

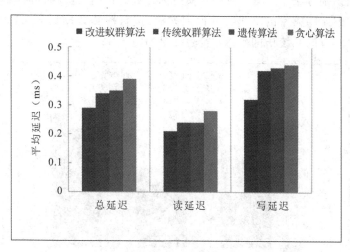

图 6.11　不同数据迁移算法对应的系统访问延迟对比

　　观察图 6.11 可以发现，改进蚁群算法的平均访问延迟较传统蚁群算法、遗传算法和贪心算法分别降低了 14.71%、17.14% 和 25.64%，平均读访问延迟分别降低了 16%、25% 和 25%，平均写访问延迟分别降低了 23.81%、25.58% 和 27.27%。由此可知，使用贪心算法进行数据迁移时，系统的访问延迟较高；而使用改进蚁群算法进行数据迁移时，系统的访问延迟最低。

　　出现以上现象的原因在于：贪心算法在数据迁移的过程中以文件的当前价值为依据，尽可能多地将价值高的热文件迁移至 SSD 中，由于 SSD 盘具有较高的访问速度和较低的访问延迟，因此将热文件迁移至 SSD 能有效降低系统的读写访问延迟。但是系统带宽、存储介质的空间利用率以及 I/O 请求等也会在一定程度上影响系统的访问延迟，由 6.3.3 节中系统带宽利用率对比可知，贪心算法会造成存储系统负载不均衡，存储节点的带宽利用率不高，因此该算法带来的系统访问延迟的降低效果并不是十分理想。遗传算法在寻优的过程中对于系统实时负载信息和文件价值信息的反馈有一定的延迟，所求得的最优迁移方案很可能并非真正的最优方案，即热数据不能存放在合适的存储位置，不能充分发挥 SSD 的访问性能，因此，读写访问延迟的改善效果一般。而改进蚁群算法通过设计价值模型和负载模型，同时引入局部信息素更新和全局信息素更新，可实现在数据迁移的过程中全面考虑所迁移文件的价值和存储系统的实时负载状态，从而能够较为准确地将热数据迁移到合适的存储节点的 SSD 中，该算法不仅能充分发挥 SSD 的性能优势，而且能有效促进系统的负载均衡，降低存储系统的访问延迟。

　　基于以上分析可以看出，相较于贪心算法、遗传算法和传统蚁群算法，改进蚁群算法在数据迁移的过程中，能更为准确地将热数据迁移至合适的存储节点的 SSD 中，充分发挥 SSD 和 HDD 两种存储设备各自的优势，合理利用系统资源，进而提高存储系统的访问性能，降低系统访问延迟。

　　2）不同冷热数据识别方法对应的系统访问延迟对比

　　为了验证冷热数据识别方法能够充分兼顾存储介质的特性优势和文件的访问状态，有效提升系统的访问速度，降低访问延迟，本章分别采用三种冷热数据识别方法（即基于熵权法的冷热数据识别方法、常用的根据各项指标对数据价值的影响方向建立的冷热数据识别方法以及只考虑访问频率的冷热文件识别方法）进行冷热数据划分，对比分析了三种冷热数据迁移算法对应的系统访问延迟，实验结果如图 6.12 所示。

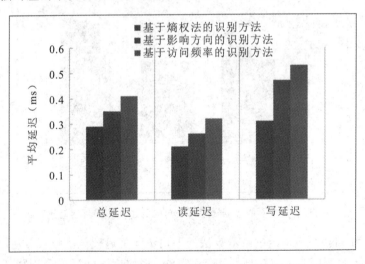

图 6.12　不同冷热数据识别方法对应的系统访问延迟对比

　　观察图 6.12 可以发现，基于熵权法的识别方法的平均访问延迟较基于指标对数据价值的影响方向构建的识别方法和仅考虑访问频率的识别方法分别降低了 17.14% 和 29.27%，平均读访问延迟分别降低了 19.23% 和 34.38%，平均写访问延迟分别降低了 30.43% 和 39.62%。由此可知，仅根据访问频率进行冷热数据划分时，系统的访问延迟较高；而使用基于熵权法的冷热数据识别方法进行冷热数据划分时，系统的访问延迟最低。

出现以上现象的原因在于：仅考虑访问频率的冷热数据识别方法忽略了 SSD 和 HDD 两种存储介质在读、写访问以及顺序、随机访问方面存在的显著差异，同时忽略了文件访问的时效性，冷热数据识别的准确率较低，对于存储系统访问延迟的改善效果较差。根据各指标对数据价值的影响方向构建的识别方法，虽然较为全面地考虑了影响数据价值的因素，但是该方法只是依据影响方向对各指标进行简单的加法或乘法运算，这种量化数据价值的方式主观性较强，计算结果缺乏一定的可靠性。而基于熵权法的冷热数据识别方法，综合考虑了文件的访问形态以及文件自身属性和 SSD 存储介质特性的匹配程度，从文件大小、访问频率、访问类型、访问时间以及访问方式五个方面度量各文件的数据价值，并采用熵权法量化不同指标对数据价值的影响程度，弥补了以上两种识别方法片面性以及主观性强的缺陷，提高了冷热数据识别的准确性，能够充分发挥两种存储介质的特性优势，降低了系统的读写访问延迟，尤其在写访问延迟方面具有明显的改善。

综合以上分析可知，基于熵权法的冷热数据识别方法客观全面地找出了影响数据价值的因素，能显著提高冷热数据分类的准确性，充分发挥了两种存储介质的特性优势，能有效降低系统的读写访问延迟。

3. 系统负载均衡度对比

1）不同数据迁移算法对应的系统负载均衡度对比

为了验证改进蚁群算法在进行数据迁移时能很好地兼顾存储系统的负载均衡，本章对比分析了改进蚁群算法、传统蚁群算法、遗传算法和贪心算法四种算法在数据迁移过程中对分布式混合存储系统整体负载均衡的影响，实验结果如图 6.13 所示。

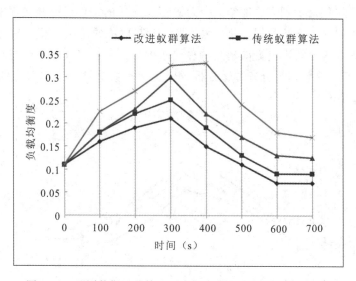

图 6.13　不同数据迁移算法对应的存储系统负载均衡度对比

观察图 6.13 可以发现，随着数据迁移过程的进行，部分存储节点的负载逐渐加重，整个分布式存储系统会暂时出现负载不均衡的现象，但随着迁移过程的持续推进，系统的整体负载均衡现象会逐渐得到改善。由图 6.13 可以看出，贪心算法对应的负载均衡度最大，系统的负载均衡效果最差。这是由于采用贪心算法进行数据迁移时,该算法仅根据存储文件当前的价值状态来判断将其迁移至 SSD 中还是 HDD 中,而不依赖文件未来的状态信息。此外,该算法只考虑将热文件迁移至 SSD 中,而不管存储系统中各个节点的负载状况,因此,使用贪心算法进行数据迁移,极易造成系统的负载不均衡程度加剧。遗传算法在寻找最优解的过程中,存储系统的实时负载信息反馈存在一定的延迟,难以根据系统的真实负载信息制定最优迁移方案,从而错过最优解,导致系统的负载均衡效果一般。而改进蚁群算法在数据迁移的过程中会考虑节点的负载状态,通过利用影响节点负载的三个重要指标(存储空间利用率、网络带宽占用率和 I/O 利用率)构建系统负载模型,将负载模型嵌入迁移算法中,来达到系统负载均衡的效果,因而使用改进蚁群算法实现分布式混合存储系统的数据迁移能有效缓解系统的负载不均衡现象。传统蚁群算法在寻优的过程中也以实现迁移至 SSD 中的文件的价值最大为目标,但在寻优的过程中会兼顾不同节点中 SSD 盘的存储空间利用率,而不会像贪心算法那样随机往 SSD 中迁移热文件,故该算法对应的系统负载均衡效果较优于贪心算法。然而,传统蚁群算法没有考虑更多的影响节点负载的因素,在迁移的过程中对存储系统负载状态的关注不够,因此,其实现的负载均衡效果不如改进蚁群算法。

由图 6.13 可得,改进蚁群算法实现的负载均衡效果最佳,以 700 s 时的系统负载状态为例,与传统蚁群算法、遗传算法和贪心算法相比,改进蚁群算法使得系统的平均负载均衡度分别降低了 22.22%、41.67% 和 58.82%。

综上所述,使用改进蚁群算法求解分布式混合存储系统的数据迁移问题,能较好地实现存储系统的负载均衡,提高系统的资源利用率和稳定性。

2) 不同冷热数据识别方法对应的系统负载均衡度对比

为了验证冷热数据识别方法能够充分兼顾存储介质的特性优势和文件的访问状态,为存储系统分别采用三种冷热数据识别方法(即基于熵权法的冷热数据识别方法、常用的根据各项指标对数据价值的影响方向建立的冷热数据识别方法以及只考虑访问频率的冷热文件识别算法)进行冷热数据划分,对比分析了三种冷热数据迁移算法对应的系统负载均衡度,实验结果如图 6.14 所示。

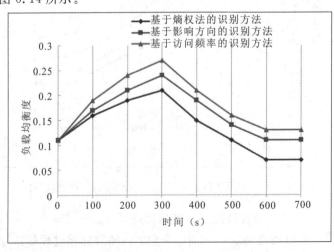

图 6.14　不同冷热数据识别方法对应的存储系统负载均衡度对比

观察图 6.14 可以发现，仅考虑访问频率的冷热数据识别方法对应的系统负载均衡度最大，系统的负载均衡效果最差。这是由于该方法仅以访问频率为标准进行冷热数据识别，没有考虑文件自身属性以及其他方面的访问形态与分布式混合存储系统特性的匹配度，不能为数据迁移提供较为准确可靠的待迁移数据集合。而存储空间利用率、I/O 占用率以及带宽利用率等均会影响系统的负载均衡程度，因此仅考虑访问频率的识别方法对应的系统负载均衡效果一般。基于熵权法的冷热数据识别方法对应的系统负载均衡度最小，系统的负载均衡效果最优。这是因为该方法不仅考虑了各方面因素对数据价值的影响，而且根据文件的历史访问记录信息客观地为各因素分配了相应的权值，大幅提高了冷热数据分类的准确性，为迁移工作提供了可靠的迁移集合，改进蚁群算法能根据文件的价值，从节点的存储空间利用率、I/O 占用率以及带宽利用率等方面出发，为各文件选择最佳的迁移方案，从而实现系统的整体负载均衡。根据各指标对数据价值的影响方向构建的识别方法对应的系统负载均衡效果次于基于熵权法的识别方法，因为该方法虽然综合考虑了各方面因素对数据价值的影响，但忽略了各因素对数据价值的影响程度有所不同。

由图 6.14 可得，基于熵权法的冷热数据识别方法对应的系统负载均衡效果最佳，以 700 s 时的系统负载状态为例，与其他两种方法相比，基于熵权法的冷热数据识别方法对应的系统平均负载均衡度分别降低了 36.36% 和 46.15%。

综上所述，基于熵权法的冷热数据识别方法能综合考虑文件大小、访问频率、访问时间、访问类型以及访问方式对数据价值的影响，有效提高了冷热数据识别的准确性，对兼顾负载均衡和文件热度的数据迁移方案制定提供了可靠的迁移对象。

本 章 小 结

为了提高云环境下分布式混合存储系统的存储性能，满足大数据用户的存储需求，将熵权法应用到数据价值评估中，本章提出了一种基于数据价值大小的冷热数据识别方法，并在冷热数据识别结果的基础上提出了一种改进蚁群算法的数据迁移算法。实验结果表明，使用兼顾负载均衡与文件热度的改进蚁群算法完成的数据迁移，系统的整体性能得到了显著提升。

参 考 文 献

[1]　XIE W，CHEN Y，ROTH P C. ASA-FTL：An adaptive separation aware flash translation layer for solid state drives[J]. Parallel Computing，2017，61：3 - 17.

[2]　MITTAL S，VETTER J S. A survey of software techniques for using non-volatile memories for storage and main memory systems[J]. IEEE Transactions on Parallel and Distributed Systems，2015，27(5)：1537 - 1550.

[3]　VETTER J S，MITTAL S. Opportunities for Nonvolatile Memory Systems in Extreme-Scale High-Performance Computing[J]. Computing in Science & Engineering，2015，17(2)：73 - 82.

[4]　吴婵明. 基于数据分类的混合存储研究与实现[D]. 武汉：华中科技大学，2016.

[5]　CHEN F, KOUFATY D A , ZHANG X . Hystor：Making the best use of solid state drives in high performance storage systems［C］// Proceedings of the 25th International Conference on Supercomputing, 2011, Tucson, AZ, USA, 5 - 31 - 6 - 04, 2011. ACM, 2011.

[6]　IOzone. http：//www. iozone. org/.

[7]　郭刚, 于炯, 鲁亮, 等. 内存云分级存储架构下的数据迁移模型[J]. 计算机应用, 2015, 35(12)：3392 - 3397.

[8]　何西培, 何坤振. 信息熵辨析与熵的泛化[J]. 情报杂志, 2006(12)：109 - 112.

[9]　COLORNI A, DORIGO M, Maniezzo V. Distributed optimization by ant colonies[C]//Proceedings of the first European conference on artificial life. 1992, 142：134 - 142.

[10]　DORIGO M, GAMBARDELLA L M. Ant colony system：A cooperative learning approach to the traveling salesman problem [J]. IEEE Transactions on Evolutionary Computation, 1997, 1(1)：53 - 66.

[11]　程启明, 王勇浩. 基于蚁群优化算法的模糊神经网络控制器及仿真研究[J]. 上海电力学院学报, 2006(02)：105 - 108.

[12]　杨喜娟, 王晓峰, 张治娟, 等. 基于改进蚁群算法的车种代用情况下空车调配优化研究[J]. 自动化与仪器仪表, 2013(01)：17 - 19＋24.

[13]　褚文强. 城市医疗废弃物回收网络规划研究[D]. 大连：大连海事大学, 2013.

[14]　GAO Y, GUAN H, QI Z, et al. A multi-objective ant colony system algorithm for virtual machine placement in cloud computing[J]. Journal of Computer and System Sciences, 2013, 79(8)：1230 - 1242.

第七章　重复数据删除技术

作为新型存储系统，云存储可利用虚拟化等多种数据管理技术，提供较低成本、高可扩展性的存储服务。据最新的研究结果显示，在各类云存储的应用中，数据的重复率已经高达 60% 以上，且重复数据量会随着时间和业务量的增长一直呈增长态势。大量的重复数据占据了系统的存储空间，进而导致系统的有效存储效率降低，因此重复数据删除技术（简称重删）得到了广泛的关注。本章首先提出了一种云环境下应用感知的动态重复数据删除机制，以提高重复数据删除的效率，节省存储空间；其次，针对移动闪存中的重复数据，又设计了一个 M - Dedupe 重复数据删除方法，应用内容感知技术来聚类重复数据关键路径上的 I/O 请求，通过提高闪存垃圾回收率来提高设备的性能和效率；最后，针对重删后云存储系统中的数据碎片引起恢复性能降低的问题，采用自适应碎片分组设计了一个重删后优化数据恢复的处理方法，以精确识别和删除碎片数据，提升数据恢复性能以及重删率。

7.1　云环境下应用感知的动态重复数据删除机制

针对传统在线/离线重删在云存储系统中重删效率不高的问题，本节采用混合重复数据删除（Hy - Dedup）机制，通过融合在线和离线两种方式进行有效的数据重删。

7.1.1　传统重复数据删除技术

重复数据删除技术是将数据分解成块，使用数据块的哈希指纹来检测和删除重复块以节省存储空间。根据重复数据删除执行的方式可分为两类：在线重复数据删除和离线重复数据删除。前者在 I/O 写请求路径上执行重复数据删除，以立即检测和删除重复数据，而后者在后台进行重删，以避免对 I/O 性能产生影响。然而，这两种方式都存在效率不高的问题。

对于在线重复数据删除，指纹查找是主要的性能瓶颈，由于指纹索引表通常超过内存的大小，只能部分存储在内存，剩余部分存储在磁盘，因此指纹查找有很高的延迟。

离线重复数据删除技术存在两个缺点：一是在重删之前将所有的数据块写入磁盘，这对于采用 SSD 作为缓存介质的系统来说，重删将影响 SSD 的使用寿命；二是当需要进行大量的重复数据删除时，离线重删技术存在着与其他应用竞争系统资源的问题，影响整个系统的性能。

7.1.2　Hy - Dedup 机制设计

鉴于传统的在线或离线重复数据删除技术难以满足云存储系统对重删率和延迟的要

求，本节结合在线重删和离线重删各自的特点，提出了一种在线/离线混合重复数据删除（Hy‑Dedup）机制，可以实现云环境下数据重删后良好的读写性能，获得 I/O 效率和存储空间之间的平衡，这对云存储系统的在线重删是至关重要的。

1. Hy‑Dedup 机制架构

图 7.1 给出了 Hy‑Dedup 机制架构。Hy‑Dedup 机制部署在存储节点上，数据流的 I/O 读写操作通过与文件系统接口的交互可以兼容任何类型的存储系统并进行性能优化。此外，与全文重复数据删除的 iDedup 和 POD 机制相比，Hy‑Dedup 机制又独立于文件系统，具有较好的灵活性和可扩展性。Hy‑Dedup 机制也可以部署在虚拟机管理程序中，例如 VDI、XEN 等。虚拟机镜像中存在大量的重复数据块，对于在同一主机上运行的多个容器，可以在块设备上部署 Hy‑Dedup 机制进行重复数据删除。

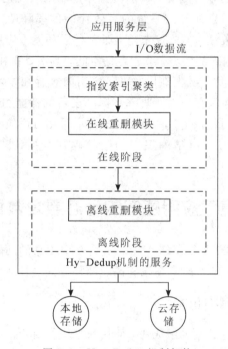

图 7.1　Hy‑Dedup 机制架构

首先，在线重删阶段，根据应用类型对写数据流中数据块的指纹索引进行聚类分组，之后定期评估不同数据流的时间局部性，优先考虑将缓存分配给具有良好时间局部性的数据流。通过这样的方式，在线重删阶段可以有效地减少写入数据量，实时更新指纹索引，保证数据一致性，减少存储和查询哈希索引表所引起的内存和 CPU 开销，同时减少离线重删阶段的工作量。其次，离线重删阶段仅处理在线重删阶段中未检测出的重复块，采用延迟触发的思想进行设计，当重复数据块达到设定的阈值时才会进行离线重删，根据重删结果置换内存中相应的索引项。与单纯离线处理的重删系统相比，高效的在线重删流程大大降低了对存储容量和系统资源的占用。此外，Hy‑Dedup 机制可根据数据流特征动态调整阈值的策略，不仅可以保证重删率，同时也减少了数据碎片的产生，不影响后续数据恢复的性能。

2. 在线重复数据删除阶段

在线重删阶段，Hy - Dedup 机制维护一个数据块指纹缓存和物理块地址（PBA）映射，以避免指纹表检索的磁盘瓶颈，同时也建立起数据块的逻辑块地址（LBA）和 PBA 之间的映射关系。此外，具有相同内容和局部一致性的 I/O 请求仅在映射表中记录一项，这将减少实际应用中的内存开销。首先，计算数据流中数据块的哈希值，在重删引擎的缓存中查询块指纹并进行匹配；其次，数据流局部一致性估计器负责监视和估计来自不同应用数据流的时间和空间局部一致性。时间局部一致性估计用于优化缓存的命中率，而空间局部一致性用于估计动态调整数据流的重删阈值，以减少磁盘碎片。

当缓存命中了输入数据块指纹，并且这个数据块不存在于映射表时，则将创建 LBA 和对应的 PBA 项，并将其添加到 LBA 映射表中；若缓存中没有命中数据块指纹，则将数据块直接写入底层存储，该数据块相关联的数据块指纹、LBA 和 PBA 映射以及引用计数的对应元数据在 3 个表中同步更新。缓存未命中的数据块将在离线阶段再次进行重删。

3. 数据流的时间局部一致性估计

重复块的时间局部一致性特征表示在数据流中重复块可能达到系统的时间。良好的时间局部一致性表示重复块通常彼此接近，而弱局部一致性通常表示重复块彼此远离或数据流中几乎不存在重复块。为了计算重复块的时间局部一致性，本节引入局部重复集合的度量（LDS，定义为 L）表示数据流在给定时间之前多个连续数据块中重复块的数量，根据缓存分配情况，通过 L 预测未来即将到达数据流中的重复块。常见的方法是使用历史 L 来进行预测，为了从数据流中获得历史 L，通常对数据流中所有的指纹及其在估计间隔内出现的次数进行计数，然而，记录所有的数据指纹将产生很高的内存开销。为了解决这个问题，数据流局部一致性估计器使用存储采样算法从数据流中采样指纹，然后使用不可见的估计算法对样本进行 L 估计。

假设系统处理 M 个数据流，估计间隔大小为 a，时间局部一致性估计的目标是从最近 m 个写请求中收集 k 个指纹样本，每个数据流基于指纹样本计算其对应的 L。采样之后，用 N_i 表示估计区间内来自数据流 i 写请求的数量，估计数据流中最后 t 个写请求中可实际写入的数量。空间局部一致性估算 L_i 的过程如下：首先定义指纹采样函数（FFH）为 F；用 H_i 表示样本的采样结果，H 表示数据流 i 在整个估计间隔的指纹采样函数 F 在特定时间间隔内计算任意一项被采样的概率。数据块预期采样结果 H_i' 可以通过 $H_i' = MH/(t+H)$ 计算得到，之后通过计算 H_i 和 H_i' 之间的距离平均值得到 H，进而就可以得到数据流的 L_i。对于在估计间隔期间只有少量写请求的情况，不需要通过上述过程来估计 L，只需要将 L 设置为一个较小的定值即可。

4. 数据流的空间局部一致性估计

为解决数据流重删后引起的数据碎片问题，Hy - Dedup 机制定义两个变量 V_w 和 V_r。V_w 记录连续重复块最大长度值出现的次数，V_r 记录顺序读的长度值出现的次数。例如，$V_w[3]=100$，表示存在 100 个长度为 3 的连续重复块；如果 $V_r[3]=100$，则表示有 100 次长度为 3 的顺序读请求。初始阶段阈值定义为 Z_0，初值设定为 20，两个变量在请求到达时收集数据。当阈值更新被触发时，阈值 Z 的计算公式如式（7 - 1）所示。

$$Z = \frac{\sum (RL_d + (1-r)L_r)}{N} \tag{7-1}$$

式中，L_d 和 L_r 分别是重复序列的平均长度和平均读取长度；Z 是读和写延迟的平衡点；r 是所有请求之间的写比率；N 为估算间隔。L_d 和 L_r 分别根据在 V_w 和 V_r 中收集的数据进行计算，为了应对每个数据流重复模式的变化，自上一个阈值更新以来重删率减少超 50% 时，两个变量将全被重置为 0。

5. 离线重复数据删除阶段

在离线重删阶段，通过匹配磁盘上存储的指纹索引表进行数据块重删。与传统离线重删不同，Hy-Dedup 机制以延迟方式运行，只有当重复数据块达到设定的阈值时，才会触发重删操作。这种策略为读请求节省空间，对于延迟敏感的云存储系统负载有利。首先，对在线阶段没有缓存命中的数据块在索引表中创建一个新条目，属性包含数据块 ID、哈希值和块大小，当新增加的条目数达到预设值时，离线重删模块会生成一个名为 Targets[ ] 的列表，同时，离线重删模块会将每个数据块的 LBA 和最后访问时间戳(LAT)插入到其相应的条目中。其次，根据重删优先级来重新分配最近访问的数据块的次序，当缓存区存储的指纹数大于设定的阈值时，重删模块才允许完全遍历 Targets[ ] 中所有的目标；否则仅处理 Targets[ ] 中的一半项即可。最后，按照哈希值的匹配进行数据重删。

7.1.3　Hy-Dedup 机制的实验分析

Hy-Dedup 机制是云存储环境中应用感知的重复数据删除机制，通过聚类应用中的数据指纹索引以实现高重删效率，它适用于不同的分块算法，如变长分块(CDC)、静态分块(SC)、整个文件分块(WFC)以及不同类型文件和应用的哈希函数，如 SHA-1、MD5 和 Rabin 哈希。本小节首先描述实验参数和方法，然后通过实验来验证 Hy-Dedup 机制的性能。

1. 实验环境

在 ADMAD 平台的基础上实现 Hy-Dedup 机制原型。Hy-Dedup 机制是在用户空间重复数据删除文件系统(Lessfs)上搭建的，实验中使用真实数据集来验证 Hy-Dedup 机制的缓存命中率和重删率。实验环境由 10 个节点组成，每个节点配置信息见表 7-1。

表 7-1　实验环境配置信息

组　件	描　述
CPU	Intel(R) Xeon(R) E5502 @ 2.4 GHz
内存	32 GB DDR SDRAM
硬盘	ATA Hitachi HTS54501，250 GB×4
操作系统	Ubuntu 12.04.3 LTS, Linux 3.8.0-29(x86_64)

表 7-2 给出了 3 种实际应用数据集(VM 镜像、Firefox 安装镜像和 Linux 内核源码)的存储数据大小和当数据块大小为 16 KB 时数据集的内部重复率。

表 7 - 2　3 种数据集的数据特征

应用类型	存储数据大小/GB	内部重复率/%
VM 镜像	332	23.7
Firefox 安装镜像	556	42.0
Linux 内核源码	657	84.7

表 7 - 3 给出了这 3 种应用数据集之间的冗余特性，每个单元格表示共享重复率，由垂直应用和水平应用之间的冗余数据除以水平应用的总数据得到。如果单元格中的两个应用相同，则表示应用程序中的数据冗余。从表 7 - 3 可以看出，任何两种不同的应用之间，只有少于 1% 共享重复率的数据块是重复块，因此，当这 3 种负载请求按照到达时间的顺序进行排序和合并时，生成的数据集与原始数据集具有相同的 I/O 模式。

表 7 - 3　3 种不同应用的数据局部一致性

应用类型	共享重复率/%		
	VDI	Firefox	Linux 内核
VM 镜像	23.7	0.025	0.019
Firefox 安装镜像	0.025	42.0	0
Linux 内核源码	0.019	0	84.7

上述结果表明，不同应用之间共享的冗余数据量可以忽略不计，原因是不同应用具有不同的数据内容和数据格式，因此可以将相同应用的指纹索引有效地组合在一起，并根据应用类型将整个指纹索引进行聚类分组。

实验的整体思路如下：在初始状态下，后端存储的是基于 HDD 的 RAID10，包括 128 MB 缓存和 4 个 16 KB 数据块大小的 HDD。通过在 iDedup 和 Hy - Dedup 机制中重放 3 个数据集来验证系统吞吐量，同时通过改变缓存和负载的局部性比率来验证重删机制的性能敏感度。

2. 写性能对比

分别在由 4 个 HDD 组成的 RAID10 系统上设置不同大小的缓存进行实验。图 7.2 给出了 Hy - Dedup、iDedup 和 POD 机制随着缓存的增加对系统写吞吐量的影响。与 iDedup 和 POD 机制相比，Hy - Dedup 机制最高将写吞吐量提高了 6.9 倍，写吞吐量平均提高了 3.2 倍，这表明 Hy - Dedup 机制的写吞吐量对缓存不太敏感，由于 Hy - Dedup 机制所需的索引缓存小，在云储存环境下应用 Hy - Dedup 机制将会获得更好的可扩展性。分析其原因有两个方面：一是 iDedup 和 POD 机制的写吞吐量由指纹索引缓存中的数据冗余度决定，虽然 iDedup 机制将相同分块方案的指纹分组在一起，但索引缓存仍然太大，无法存储在内存中，后端存储和内存之间的页面置换将影响系统性能；二是由于 Hy - Dedup 机制只将应用聚类分组后的指纹索引加载到内存中，重删时所需的缓存和查询大小都减少了，即使使用较小的索引缓存,写吞吐量也呈线性增长。

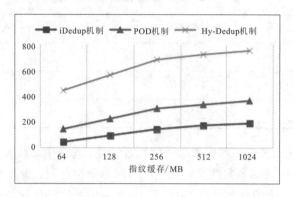

图 7.2 3 种机制写吞吐量随缓存的变化

3. 在线重删缓存命中率比较

图 7.3 给出了 Hy‐Dedup、iDedup 和 POD 机制的在线重删率与缓存的关系。每种类型数据流都存在不同的缓存替换策略,实验分析得出,由于页面置换算法(Least Recently Used,LRU)是 iDedup 和 POD 机制较好的缓存替换方法,因此 Hy‐Dedup 机制也使用 LRU 算法作为缓存替换方法,方便进行实验对比。对于负载 A、B 和 C,具有良好局部性能部分(G)和弱局部性能部分(N)之间的数据大小比例分别为 3∶1、1∶1 和 1∶3。

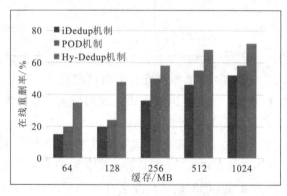

(a) 负载 A(G∶N=3∶1)

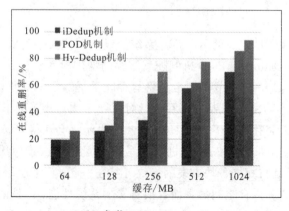

(b) 负载 B(G∶N=1∶1)

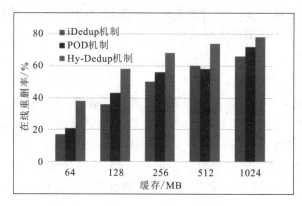

（c）负载 C（G：N＝1：3）

图 7.3　3 种机制在线重删率随缓存的变化

如图 7.3 所示，随着局部一致性差的负载量的增加，iDedup、POD 和 Hy－Dedup 机制之间在线重删率的差距增加，Hy－Dedup 机制的在线重删率显著提高了。对于负载 A，Hy－Dedup 机制比 POD 和 iDedup 机制的重删率提高了 7.14％～22.18％；对于负载 B，提高了 8.32％～23.9％；对于负载 C，提高了 16.7％～35.9％。随着非本地负载量的增加（从负载 A 到 C），负载的弱局部一致性导致在线重删率较低。Hy－Dedup 机制利用局部一致性估计算法，并结合重复块指纹索引聚类动态分配缓存，可以提高云存储中多个应用重删的整体缓存命中率。

4．磁盘空间需求分析

图 7.4 对比了 Hy－Dedup、AA－Dedupe 机制和传统重删机制在重删过程中对磁盘空间的需求。在实验中，Hy－Dedup 机制在线重删的缓存设置为 200 MB，使用 LRU 算法作为缓存替换方法。

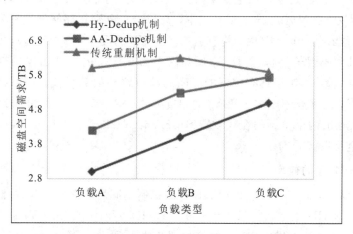

图 7.4　3 种机制磁盘空间需求随不同负载类型的变化

由图 7.4 可以看出，不同负载的 Hy－Dedup 机制明显降低了磁盘空间需求，与 AA－Dedupe机制相比，磁盘空间需求分别下降了 41.36％、27.88％和 11.95％。结果表明，负载的局部性越好，通过 Hy－Dedup 机制两阶段的重删可以发现更多的重复块，同时减少数据块的写入量。Hy‐Dedup 机制这种混合重删架构，只需要维护 200 MB 的指纹索引缓存就可以减少数百 GB 的数据写入。

5. 系统开销分析

（1）计算的开销。

Hy‐Dedup 机制的计算开销主要来自时间局部性估算，它包含两部分：指纹生成函数 Y 的时间和时间局部性估计算法的执行时间。为了计算 Y，需扫描采样缓冲区并计算指纹发生的情况，时间复杂度是 $O(n)$，其中 n 是样本数。如图 7.5 所示，当采样率为 20％时，1000 个数据块的估计间隔计算时间少于 2 ms，对于每个估计间隔，每个数据流时间局部性估计大约需要 17 ms。该进程在后台执行并且不影响系统写性能，因此这样的计算开销是可接受的。

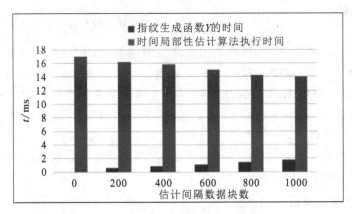

图 7.5　Hy‐Dedup 机制计算开销

（2）内存开销分析。

Hy‐Dedup 机制的内存开销主要来自样本采样缓存。利用估算间隔 N 和采样率 p，内存开销 q 的计算为 $q = Np(f_{size} + c_{size})$，式中，$f_{size}$ 和 c_{size} 分别是存储指纹和发生计数的内存开销。例如，当缓存为 200 MB 时，将有大约 2.8 MB 的缓存项。对于 20％的采样率，即使选择较大的估计间隔因子（例如负载 C，间隔因子为 0.6），内存开销也只有 4.6 MB（缓存为 2.89％）。在实验中，对于具有较好的时间局部一致性的数据流，可以将估计间隔因子设置为较小的值，内存开销则减少很多（例如负载 A 为 2.13 MB，负载 B 为 2.87 MB），与具有 200 MB 缓存的两个负载的在线重删率（18.36％～22.51％）相比，Hy‐Dedup 机制的内存开销是完全可以接受的。

6. 离线重删阶段的效率

对比 Hy‐Dedup、AA‐Dedupe 和 iDedup 机制不同后端存储的写吞吐量，在分别由 4 个 HDD（HDD‐RAID10）、4 个 HDD（HDD‐RAID5）和 4 个 SSD（SSD‐RAID5）组成的 RAID5 和 RAID10 系统上进行实验，结果如图 7.6 所示。

从图 7.6 可以看出，HDD‐RAID5 的写吞吐量高于 HDD‐RAID10。原因是，4 个 HDD 组成的 RAID5 系统比 4 个 HDD 组成的 RAID10 系统具有更好的访问并行性，因此可提供更高的写吞吐量。SSD‐RAID5 的写吞吐量情况是最好的，其原因有两点：一是 SSD 的性能优于 HDD，从而具有较高的性能；二是内存和 SSD 之间的置换操作比内存和 HDD 之间的置换操作快得多,从而提高了索引存储和查询的效率。另一方面,与 iDedup、AA - Dedupe 机制相比,Hy - Dedup 机制在 HDD - RAID10、HDD - RAID5 和 SSD - RAID5上的性能高出了 1.8~3.6 倍。

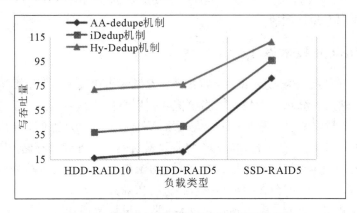

图 7.6   写吞吐量随不同后端存储环境的变化

7.2   移动闪存的重复数据删除技术

由于闪存在智能手机和物联网等设备上的容量和可靠性是有限的,重复数据必须在设备的各种资源限制下通过删除重复I/O 请求来实现。本节提出了一种 M - Dedupe 重复数据删除技术,它应用内容感知技术来聚类重复数据关键路径上的 I/O 请求,通过提高闪存垃圾回收率来提高设备的性能和效率。

7.2.1   M - Dedupe 重复数据删除技术架构

M - Dedupe 位于文件系统和 SQLite 之间,同时又独立于上层文件系统,这使得其可以部署在各种环境中。图 7.7 为移动端系统环境下 M - Dedupe 的系统架构。M - Dedupe 系统架构在现有闪存转换层(Flash Translation Layer,FTL)增加了重删模块,当有写请求到达时,首先进入重删模块,通过快速计算和校验缓存来识别最近写入数据块指纹的唯一性。

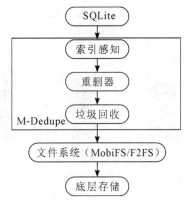

图 7.7   M - Dedupe 系统架构图

如果新数据块指纹与缓存中的现有指纹匹配，则从闪存中读取现有数据块并将它们与新数据块进行比较。若比较结果显示指纹重复，则新数据通过逻辑映射表映射到现有数据，而不写入闪存；若比较结果显示不匹配，则将新数据块写入闪存，并通过修改 SQLite 日志格式来加快闪存垃圾回收。

7.2.2　M – Dedupe 技术设计

M – Dedupe 有 3 个主要功能组件：重删器、索引感知和垃圾回收。重删器负责将写入数据进行分块，然后计算每个数据块的指纹值并判别数据块是否重复。索引感知根据应用程序类型，将整个指纹索引划分为小的子集。当 APP 处于活动状态时，相应的指纹索引表将加载到内存中；当 APP 在后台挂起时，将指纹索引表置换到闪存存储。垃圾回收对传统方法做了延迟处理，并对闪存转换层进行修改，对最近写入且可能已被更新为无效的数据块进行延迟处理，在确保不会影响重删率时再进行擦除。

本小节主要介绍重删器、索引感知和垃圾回收的设计原理。

1. 重删器

移动端 Embedded Multi – Media Card(eMMC)的主存非常小，无法直接使用传统重删的数据结构。考虑到闪存读写速度不对称的特性，要在实际进行读请求和匹配操作之前，使用快速校验算法尽可能多地发现重复块。本节通过实验分析了 Adler – 32、CRC – 32 和 SHA – 1 算法的时间开销和冲突率，如图 7.8 所示。实验结果表明，Adler – 32 比 SHA – 1

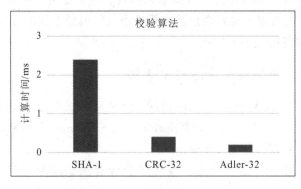

（a）时间开销

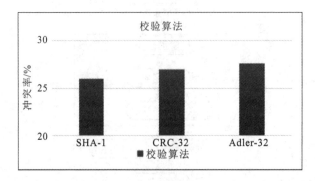

（b）冲突率

图 7.8　SHA – 1、CRC – 32 和 Adler – 32 的时间开销与冲突率

和 CRC - 32 的时间开销小，同时 Adler - 32 的冲突率仅略高于 SHA - 1(23.1％对 24.8％)，几乎所有不必要的读请求和匹配操作都可以避免。因此，Adler - 32 算法可以作为移动端重删的首选算法。

2. 索引感知

为了降低由重删引起的读放大问题，块存储模块将同类型 APP 的数据块存储在相同的容器中，同时利用文件访问相关性的语义信息将这些文件的数据块组合在一起，使得后续读请求集中到具体的容器中，降低了数据碎片发生的概率，提升了重删后系统的读性能。

M - Dedupe 写流程如图 7.9 所示，其中包括两个关键数据结构：映射表和指纹索引表，它们用于对 I/O 请求进行重删和重定向，并识别引用率高的哈希索引条目。为了减少存储和查询指纹索引表的内存开销，索引感知仅在 APP 处于活动状态时使用 LRU 置换相应的索引子集。当写请求到达索引感知时，Count 计数在索引感知中将相应索引条目的值增加 1，通过这种方式记录物理数据地址写请求的时间局部性和频率。

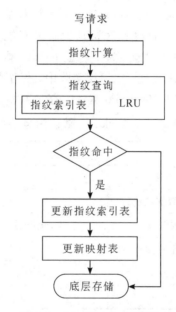

图 7.9　M - Dedupe 写流程

当写请求到达时，M - Dedupe 将写入数据分成多个固定大小的数据块，使用 Adler - 32 算法计算数据块指纹的时间 t_{cksum}，t_{hash} 表示查找校验和缓存的时间。如果指纹在索引感知模块被命中，则相应的数据块是重复的，索引感知中相应的 C_{count} 值递增，缓存命中率为 p_{hit}。在缓存命中时，闪存使用单位时间 t_r 来读取与匹配校验相关联的现有数据，t_{cmp} 表示新数据与现有数据进行比较的时间。M - Dedupe 仅更新重复数据块的映射表，并定期将映射表同步到闪存中；否则，需将新的指纹索引条目插入索引表中，同时将数据块写入闪存中存储。匹配是假阳性的概率用 ε 表示，在误报或缓存未命中时，需要时间 t_w 来写入新数据。总的来说，平均写响应时间 T 可以表示为式(7 - 2)。

$$T = (t_{cksum} + t_{hash}) + p_{hit}(t_r + t_{cmp}) + (1 - p_{hit} + \varepsilon p_{hit})t_w \qquad (7 - 2)$$

3. 垃圾回收

传统的垃圾回收会擦除无效数据占用的空间并将其回收为可用空间，以减轻有效数据迁移的开销。由于缓存中无效数据块的指纹重删后可能会被再次利用,因此 M – Dedupe 的垃圾回收对缓存的无效数据擦除进行了延迟处理。当更新时,即使闪存页面无效,也不会立即从缓存中删除其指纹,仅当数据块从闪存中擦除或由于缓存置换而导致指纹被置换出来时,才从缓存中清除数据块的指纹。因此,缓存中仅存储最近写入数据块的指纹。当新数据块到达时,如果其指纹与闪存中相应的无效数据块匹配,则仍然需要进行读和比较操作,以确认数据块是否重复。如果确认重复,则将新数据块的逻辑块地址映射到无效数据中,并将无效数据的状态恢复为有效。

7.2.3　实验分析

本节通过实验来验证 M – Dedupe 的性能。

1. 实验环境

本实验选择在华为 Mate 10 手机上实施 M – Dedupe 原型,配置参数 CPU Kirin 970,4GB DRAM,64GB eMMC 存储以及 Android 8.0 操作系统,所有 APP 均使用默认配置,选择无重删配置作为基准系统,选择针对移动设备的只能重删(Smart Deduplication for Mobile,SDM)技术作为实验对比对象。为了验证 eMMC 内部的垃圾回收,通过 DiskSim 模拟仿真具有重删功能的闪存来实现。在模拟实验中,保留的可用空间设置为 10%,并且使用贪心算法作为垃圾回收策略。DiskSim 默认闪存参数如表 7.4 所示。

表 7 – 4　DiskSim 默认闪存参数

参　数	数　值
总容量/GB	64
保留的自由数据块/%	10
垃圾回收策略	Greedy(贪心算法)
每个盘片的块	1024
每个块上的页	64
页大小/KB	4

实验中的负载选自常用的移动 APP(如表 7.5 所示),使用 Monkey 工具监控负载 trace 重放来评测 M – Dedupe 的有效性,同时应用 A1 – SD Bench 来测试 I/O 读写吞吐量。

表 7.5　6 种移动 APP 负载特性

应用名称	重复率/%	IOPS	大小/MB	写比率/%
Wechat	26.6	4.6	345.5	90.41
QQ	26.6	1.5	84.4	96.40
Weibo	35.4	1.4	255.4	77.53
Toutiao	23.8	2.0	64.9	86.48
Baidu Map	17.9	4.3	311.7	94.22
Chrome	27.0	3.0	191.5	90.41

2. 系统 I/O 性能分析

图 7.10 比较了使用 Monkey 工具做基准测试期间不同方案的写入数据总量。实验结果表明，M－Dedupe－G 生成的数据比基准系统多 2.85％，同时比 SDM 多 24.2％，这是因为重删操作会产生一些额外的元数据开销，包括指纹和映射信息总数据量不超过75 MB；M－Dedupe－W 写入闪存的数据量比基准系统减少了 42.5％，比 SDM 减少23.7％，这是因为 M－Dedupe 在 I/O 路径上操作，可以删除不同类型的重复数据和具有局部性重复写的数据，随着写数据的减少，可以直接提升系统的吞吐量和存储效率，降低存储成本。CAFTL 和 CA－SSD 已经证明，可以通过减少写路径上的重删来提高闪存的可靠性。近期对谷歌和脸书数据中心闪存故障特征的研究发现，直接写入的数据总量会影响闪存的可靠性，因此，通过减少写入数据，M－Dedupe 能够提高移动端闪存的可靠性。

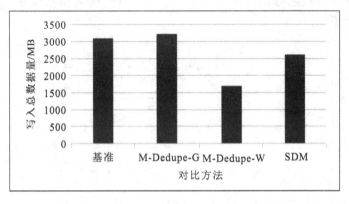

图 7.10　不同方式后端 eMMC 存储数据总量

图 7.11 所示为应用 A1－SD Bench 测试不同访问模式下的读写性能。M－Dedupe 的顺序写性能比基准系统提高了 10.9％，比 SDM 提高了 5.3％，但顺序读性能比基准系统降低了 30.2％，比 SDM 降低了 46.7％。读性能下降是因为重删导致数据碎片问题。虽然M－Dedupe 使用存储感知将相关的块组合在一起，但与基准系统访问不同，重删后顺序读请求的访问不再是顺序的。此外，由于移动端 eMMC 的读写带宽远低于桌面端的固态硬盘，因此 eMMC 的随机读和顺序读之间的性能差异较大。

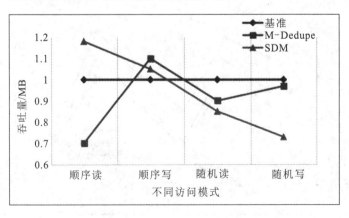

图 7.11　不同访问模式下系统吞吐量

3. 写响应时间

如图 7.12 所示，与基准系统相比，M - Dedupe 平均写响应时间减少了 39.8%；与 SDM 相比，平均写响应时间减少了 21.2%。首先，M - Dedupe 删除了大部分重复写请求，对于这些存储写请求，仅更新元数据而不进行任何 I/O 访问，因此写请求延迟降低；其次，由于 eMMC 的写延迟大于读延迟，减少写数据量会直接降低延迟；最后，通过减少 eMMC 写数据，内部块擦除操作也会相应减少，擦除操作的处理时间比读或写操作的处理时间多一个数量级，同时 M - Dedupe 通过将 SQLite 和 eMMC 垃圾回收集成到重删过程中减少了更多的重复数据写入，提升了读/写性能。观察实验结果可以发现，M - Dedupe 将 QQ 写响应时间增加了 1.6%，比 SDM 减少了 1.87%。通过分析可知，QQ 实际写数据量非常少，并且 IOPS 也较低，重删带来的有限优势远远超过了指纹计算的开销，因此写响应时间较其他应用有所增加。同时，由于 SDM 使用 MD5 作为指纹索引，因此其耗时较 M - Dedupe 增加了一些。

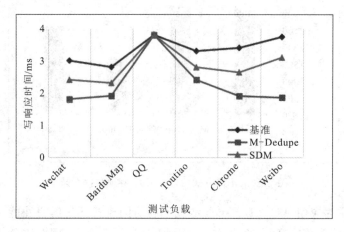

图 7.12　不同负载的写响应时间

4. 擦除数据块记数

图 7.13 为不同应用负载下擦除数据块的个数。M - Dedupe 比基准系统平均减少了 43.9% 的擦除数据块，比 SDM 平均减少了 16.8%，这是因为 eMMC 中的垃圾回收频率与

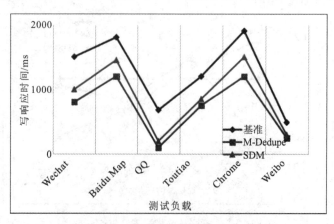

图 7.13　不同应用负载的擦除数据块

写数据量相关，当写数据增加时，垃圾回收频率变高。M-Dedupe 通过延迟垃圾回收策略对重复使用的无效数据进行重删，同时从 SQLite 操作中检测到复制引起的数据重复，利用这两种独特的设计，减少的大部分写数据量直接导致 eMMC 中垃圾回收变少。此外，通过减少闪存中的擦除块，M-Dedupe 提高了闪存的可靠性并延长了使用寿命。

5. 系统开销

图 7.14 显示了在用 Monkey 工具做基准测试期间，系统资源的使用情况，如内存使用情况和 CPU 利用率。实验结果表明，与基准系统相比，M-Dedupe 产生的系统开销非常小，CPU 开销增加了 2.15％，RAM 利用率增加了 1.82％。分析其原因是，当 APP 在前台运行时，M-Dedupe 仅将指纹索引的热点子集加载到内存中。考虑到手机内存容量在不断增加，预计这种内存开销会进一步减少。最近的研究表明，手机 CPU 大部分的时间都处于空闲状态，这正好能解释实验结果中 CPU 低利用率的原因。此外，移动端用户与手机的交互密集程度远低于服务器，因此采用应用类型索引感知的 I/O 重删方式在移动端是可行的。

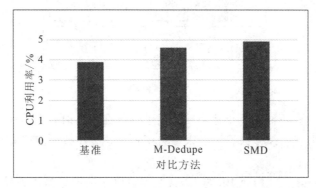

（a）Monkey 工具基准测评下 CPU 利用率

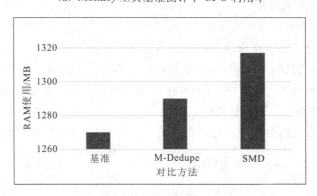

（b）Monkey 工具基准评测下内存使用情况

图 7.14　系统资源使用情况

7.3　基于云存储系统的自适应碎片恢复优化技术

重删技术虽然能够节约存储成本，但在重删之后，逻辑上连续的数据块在物理空间上被分散存储，导致在恢复数据的过程中需要大量的数据块随机读操作和磁盘寻道。这些在逻辑上连续但物理空间上不连续的数据块称为数据碎片。数据碎片是导致数据恢复性能严重降低最主要的原因。

下面通过图 7.15 说明数据碎片问题。图中，文件 A 和文件 A′共享数据块 C，当文件 A′在文件 A 之后写入备份系统时，文件 A′只存储数据块 E 和 F，因为块 C 已经被文件 A 存储，因此块 C 和块 E、F 分开（非连续性）存储。当读文件 A′时至少需要两个磁盘寻道，一个用于查找块 C，另一个用于查找块 E 和 F。数据碎片问题会引起过多的磁盘寻道，并影响恢复性能，从而降低恢复时间目标（Restore Time Object，RTO）。

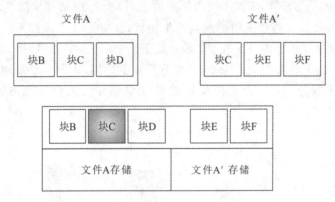

图 7.15　数据碎片的示例图

数据碎片包含在不同的存储容器中，当进行数据恢复时，此类存储容器被检索加载到内存，这些容器中有一部分数据块是未被引用过的，会导致磁盘带宽的浪费，因而影响数据恢复速度。

Capping-Assembly、LFK-CBR 与 CMA 技术可以通过重写碎片来提高数据恢复性能，但是无法准确识别并有效地清除数据碎片，随着备份版本次数的增加，越来越多的重复块被再次写入容器中，这些块的多个相同副本存储在不同容器中，容易导致容器之间的重复。

现有技术中每次读操作所涉及的数据量是固定值，识别碎片数据基于每个固定窗口中引用块的百分比来实现，但是碎片数据大小不一致，且可能出现在不同的位置，因此使用这种方式时严重限制碎片的识别，并导致许多误报，选择一些没有备份引用重复块的容器，从而浪费磁盘带宽，影响数据恢复速度。

为了解决现有技术存在的问题，本节提出最大化重写技术（Restore）。

7.3.1　最大化重写技术架构

为了减少数据碎片，最大化重写技术（Restore）有选择性地将一些碎片块重写入容器，并重删其余的重复块。Restore 由 3 个关键功能模块组成：数据分组、碎片识别和数据存储。图 7.16 给出了 Restore 架构和关键数据流程。

Restore 通过高效地选择有限数量的容器，使其具有更多不同的引用块，实现了高恢复性能的同时降低了对重删率的影响。首先，根据备份数据流中引用块的关联性将引用块划分成不同的逻辑组。其次，碎片识别模块通过检测有效读带宽来确定其对重复块的引用是否是碎片数据。Restore 选择 M 个引用块数量最多的容器进行重删，以减少在恢复阶段由未引用和数据碎片导致的额外磁盘访问。最后，数据存储模块将每个备份流的碎片块和唯一块组织成可变大小的物理组，并将它们写入磁盘上对应的分组位置，通过映射表来存储每个物理组的开始和结束地址以便于以后的检索。因此，Restore 能准确识别碎片块并选择合适的容器子集进行重写，以获得更好的恢复性能，同时确保重删率。

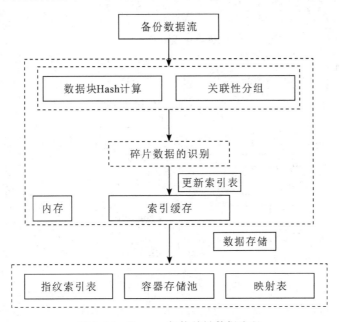

图 7.16　Restore 架构关键数据流程

7.3.2　最大化重写技术设计

数据分组重点关注每个备份数据流中引用的重复块。由于数据碎片是由分散存储的重复块引起的，因此需要额外的磁盘寻道来进行数据恢复。下面将描述重复块的分组过程、碎片识别和数据存储。

1. 数据分组

（1）分组过程。对于每个备份数据流，数据分组分两步进行。第一步，备份数据流被划分成固定大小的段，每个段内的重复块根据磁盘地址进行排序，默认段大小为 16 MB。通过检索指纹索引表来确认每个块的指纹来识别重复块和地址。第二步，根据重复块的空间局部一致性把它们划分成可变大小的逻辑组，没有关联性的块被分到不同的组，每个逻辑组都以重复块开始和结束。如果一个逻辑组中的重复块不连续，则它可以在地址空间中包含一些未被引用的块（即分段过程包含了一些不属于此段的块）。

如图 7.17 所示为数据分组过程。图 7.17（a）给出了段中重复块的原始序列，图 7.17（b）以重复块地址升序进行排列，步骤（1）的结果是图 7.17（c）给出了根据其空间局部一致性划分的 3 个逻辑组。

（2）组边界确认。数据分组的关键问题是如何定量判断重复块之间的逻辑组划分。如果两个数据块彼此距离较远，它们之间被许多非引用块地址空间分隔，但被划分到同一个逻辑组中，组中相对较高百分比的非引用块将会对碎片识别产生负面影响。以图 7.17（c）

为例，如果逻辑组 2 中的块 H 被划分到逻辑组 1 中，块 E（地址 307）和块 H（地址 352）之间的 45 个非引用块将被添加到逻辑组 1，使得逻辑组 1 被识别的概率比逻辑组 2 高得多，因为引用块将占逻辑组中较小的百分比。

A	C	I	D	B	H	K	O	Q	P	J	R	E	L
301	303	354	306	302	352	356	315	317	316	355	318	307	357

（a）数据段中重复块的原始顺序

A	B	C	D	E	H	I	J	K	L	O	P	Q	R
301	302	303	306	307	352	354	355	356	357	391	392	393	394

（b）数据段中重复块的顺序列表

A	B	C			D	E	逻辑组1
301	302	303			306	307	

H		I	J	K	L	逻辑组2
352		354	355	356	357	

O	P	Q	R	逻辑组3
391	392	393	394	

（c）数据段中逻辑分组

图 7.17　数据分组过程示例

为了解决这个问题，Restore 使用组边界确认，即以 MB 为单位确定距离阈值，定量地描述两个引用块之间距离关系。组边界定义为磁盘带宽乘以磁盘寻道时间，即如果两个重复块之间非引用块的磁盘寻道时间等于或大于其磁盘寻道传输（读或写）时间，则认为两个重复块足够远，将被划分到两个不同的逻辑组中，如果它们足够接近，则划分到相同的逻辑组中。使用该距离阈值的原理基于以下原因：每个组以初始方式进行磁盘寻道用于数据恢复，如果两个引用块之间未引用的数据需要比其寻道传输更多的时间，则将这两个引用块在数据段的有效读带宽分成两个不同的组更为有效，其数学表达式如式（7-3）所示。

$$d(p_i, p_j) = d(p_j, p_i) = \sqrt{(t_i - t_j)^2 + \alpha (o_i - o_j)^2} \tag{7-3}$$

式中，t 为时间，o 为偏移量，α 为比例系数。设定一个数据块带宽阈值 N，当数据块之间的距离计算完成，通过与设定的阈值比较建立不同的"分组"。这个阈值可以根据"分组"的需要进行改变，这样做是为了分组内部有更好数据局部一致性和空间连续性，使之后的数据重删能达到较好的效果。

2. 碎片识别

在数据重构阶段，将包含恢复数据流的目标块容器从磁盘读到内存，通过减少数据块容器的数量来提高恢复性能。为了实现这个目标，Restore 限制备份引用容器数量，并减少重写块和唯一块组成的容器数量。限制引用容器数量表示在重删中选择引用块最大容器子集，减少容器数量意味着有效地识别碎片块，减少其重写次数。每个数据组由一定量存储地址相邻的数据块组成。若一个组中，恢复或读取某个数据集中存储的对象数据为一个备份文件或一个备份数据流时，该组内有效数据块的传输速度低于用户所期望的传输速度，则该组内的有效数据块被认定为数据碎片；反之，则该组内的有效数据块不是数据碎片。

对于每个逻辑组，Restore 使用式(7-4)来确定它是否是碎片组。如果不等式为假，则该组被认为是碎片组。

$$\frac{x}{t+y/B} \geq \frac{B}{n} \tag{7-4}$$

式中：B 为磁盘传输速度；t 为寻道时间；n 为用户期望的读速度；x 为引用数据块的大小；y 为读取引用数据块的总数据块之和。式(7-4)表示用户期望有效数据读速度至少为磁盘最大传输速度的 $1/n$。如果有效读带宽小于带宽阈值，则逻辑组被认为是碎片组，并且其引用的块被认为是碎片块。通过式(7-4)，Restore 能够准确识别碎片数据，因为它严格遵循数据读过程，包括磁盘寻道和数据预取，以及计算引用块的有效读带宽。

最大化引用块容器的算法可有效地选择具有最大数量的不同引用块的容器子集，实现最大化的引用块容器集合，减少磁盘寻道，增加数据恢复性能。

最大化引用块容器算法：
Input：A set of containers to be selected：W.
　　　　The amounts of containers selected：Z.
Output：A set of containers $A \subseteq W$，where $|A| \leqslant Z$；
　　$A_0 \leftarrow \phi$，$i \leftarrow 0$；
　　while $|A_i| \leqslant Z$ do：
　　　　Choose $b_i \in \mathrm{argmax}\,(F(A_i \cup \{b_i\}))$；
　　　　Choose $\max_{1 \leqslant i \leqslant j \leqslant n} \sum_{k=i}^{j} a[k] = \max_{1 \leqslant j \leqslant n} \max_{1 \leqslant i \leqslant j} \sum_{k=i}^{j} a[k] = \max_{1 \leqslant j \leqslant n} b[j]$；
　　　　if $(b[j] = \max\{b[j-1]+a[j], a[j]\}$，$1 \leqslant j \leqslant n)$ then：
　　　　　　Break
　　　　end if
　　　　$A_i + 1 \leftarrow A_i \cup \{b_i\}$；
　　　　$i \leftarrow i+1$；
　　end while
　　return A_i

---

3. 数据存储

Restore 存储两种组：逻辑组和物理组，以便于读数据段的引用块进行数据恢复。为了提高存储的灵活性和效率，并不需要对所有逻辑组都进行碎片识别，只进行映射表更新和存储。如图 7.18 所示给出了引用的非碎片块与其逻辑组之间的关系，其中每个逻辑组中的块

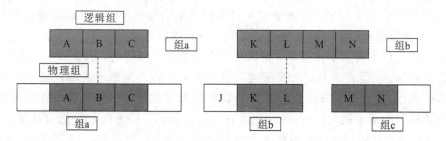

图 7.18　块的逻辑组与物理组对应关系

不是存储在相同的物理组中，就是存储在两个相邻物理组中。如图 7.18 所示，完全存储在单个物理组中的逻辑组可以利用与其物理组相同的信息，这样便于块的标识和定位，同时防止被标记为新组。

7.3.3　实验分析

为了验证基于云存储系统的自适应碎片恢复优化技术，本小节将通过对比目前重删数据碎片优化经典技术来评估 Restore 的恢复性能。

1. 实验环境

在 Ubuntu 上部署开源重删系统 Destor 的 Restore 实验环境，如表 7.6 所示。Restore 将带宽阈值因子 N 设置为 8，为了评估恢复性能，使用传统非碎片整理技术，不使用任何重写算法，而是使用 LRU 和 OPT 缓存算法进行恢复优化。

表 7.6　实验环境配置信息

组　件	描　述
CPU	Intel(R) Xeon(R) E5520 @ 2.4GHz
内存	32GB DDR SDRAM
硬盘	ATA Hitachi HTS54501, 250 Gb * 4
操作系统	Ubuntu 12.04.3 LTS, Linux 3.8.0－29(x86_64)

使用 2 个真实 trace 数据集 FSL 和 EMC 进行实验，数据集特征如表 7.7 所示。FSL 是/home 主目录快照的备份 trace，平均块大小为 4 KB。EMC 是来自版本控制系统的/var 目录备份 trace，平均块大小为 8 KB。

表 7.7　数据集特征

数据集名称	FSL	EMC
数据集大小/GB	317.4	29.2
块大小/KB	4	8
重复率	4.88	1.04

在重删系统中，使用基于内容的 Rabin 分块算法，将数据集分为可变大小的数据段，使用 SHA-1 哈希函数生成数据块指纹。由于关注的重点是提高恢复性能而不是优化指纹索引访问性能，因此本实验将完整的指纹索引存储在内存中。在数据恢复阶段，使用 LRU 算法进行缓存预取容器存储，通过重删率和数据恢复性能两种指标对比这些技术的优劣。重删率(定义为重删所删除的数据量除以备份流中的数据总量)是碎片优化效率的指标。由于所有碎片优化技术都是通过重写一些碎片块来减少数据碎片的，但要以存储重复块为代价，因此重删率会量化碎片优化空间成本，这说明，较高的重删率表示较低的空间成本。数据恢复性能(定义为整个备份流中的数据总量除以读取包含引用块的数据区域的时间，包含数据读取和磁盘寻道时间)是碎片优化有效性的指标，因为碎片优化的目标是提高恢复性能，通过这个指标可验证备份数据流的恢复性能。在实验过程中，每个磁盘寻道需要 3 ms，磁盘带宽为 85 MB/s。

2. 重删率

如图 7.19 所示，对比 Restore 与 LFK-CBR、CMA 在两个数据集条件下的数据重复率与重写数据量。实验结果表明，在 FSL 数据集下，Restore 的重复率比 CMA 高 1.1%，与此同时，Restore 的重写数据量比 LFK-CBR 减少了 70%，比 CMA 减少了 29.4%，在 EMC 数据集下，Restore 的重写数据量比 LFK-CBR 减少 70.6%，比 CMA 减少 36%。Restore 重写数据量的显著减少是由于其准确识别碎片数据块，减少了引用块容量数量，使碎片块的错误性识别最小化，因此，它将少量重复块重写为次数。

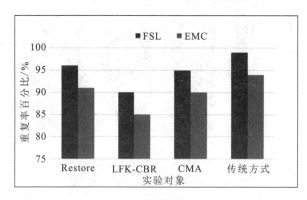

（a）重复率对比

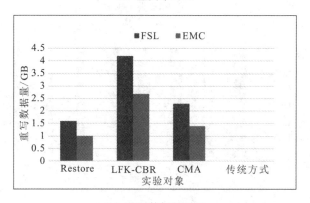

（b）重写数据量对比

图 7.19　两种数据集下重复率与重写数据量对比

3. 数据恢复性能

本小节通过对比 Restore 与 LFK-CBR、CMA 的数据恢复结果进行性能分析。本实验均使用 LRU 和 OPT 两种缓存置换算法，其中 LRU 算法置换最近使用的最少容器组，当缓存已满时，则通过 OPT 算法置换将来最长时间不被访问的容器组。此外，由于恢复过程中读数据块的顺序与备份过程中的写顺序相同，因此要在备份过程中应用 OPT 算法，以便预测未来块的访问模式。具体操作流程是：在备份过程中，通过重删或直接写入时的存储单元 ID 记录数据块，然后应用这些 ID 序列以便于数据恢复时的块读取，并帮助 OPT 算法预测将来最长时间内哪些存储单元不会被访问，将其置换出来以节省存储空间。图 7.20 对比了两组数据集下 Restore 与 LFK-CBR、CMA 之间的恢复性能。从实验结果可以看出，Restore 均优于其他技术。在 FSL 数据集下，当缓存为 512 MB 时，Restore 性能超过 LFK-CBR 60％，超过 CMA 20％；当缓存为 1 GB 时，Restore 性能超过 LFK－CBR 63％，超过 CMA 19％。在 EMC 数据集下，当缓存为 512 MB 时，Restore 性能超过 LFK-CBR 60％，超过 CMA 38％；当缓存为 1 GB 时，Restore 性能超过 LFK-CBR 30％，超过 CMA 37％。

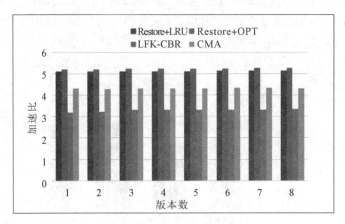

（a）缓存为 512MB，FSL 数据集

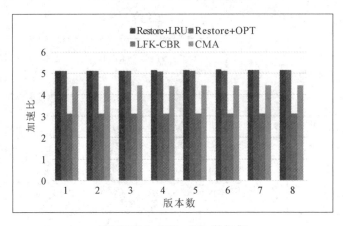

（b）缓存为 1GB，FSL 数据集

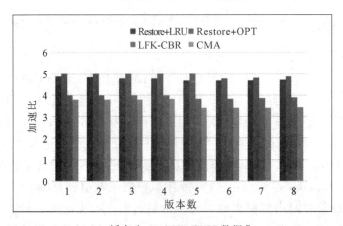

（c）缓存为 512MB，EMC 数据集

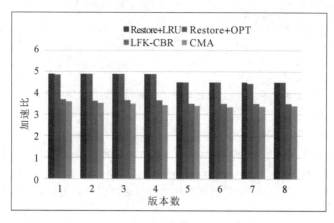

(d) 缓存为 1GB，EMC 数据集

图 7.20　不同数据集及不同缓存大小下随着版本数的增加实验对象的加速比

Restore 性能如此优越的原因有两个：Restore 准确地识别碎片块，从而仅重写少量具有空间局部一致性的重复块，提高了恢复性能；Restore 根据引用块之间的相关性尽可能多地存储在一个容器内，而不是每次读数据块的同时还要考虑引用和未引用块的磁盘地址，因此，Restore 可以准确定位和读具有更高有效读取带宽的引用块容器，加速了数据恢复。这两个条件组合起来使得 Restore 能够减少磁盘寻道次数，恢复数据时比其他技术更少地重写碎片块，从而实现更好的恢复性能。由于选择较少的容器会减慢数据碎片的累积速度，而较少的数据碎片可提升恢复性能，因此避免了不必要的磁盘寻道和读数据数量。

本 章 小 结

本章首先提出了一种混合重删机制（Hy-Dedup），根据应用负载类型对指纹索引进行聚类分组，估计数据流中重复块的局部一致性，使用动态局部一致性估计算法来提高在线缓存命中率，并将没有被缓存命中的、相对数量较少的重复块在离线重删阶段进行处理。Hy-Dedup 机制能够在云存储系统中实现精确的重删，提升系统的 I/O 性能，节省存储空间。与现有的在线重删机制相比，Hy-Dedup 机制显著地提高了在线缓存效率，从而实现了高效在线重删率。其次，通过研究闪存重删的特点，本章提出了 M-Dedupe 技术来重删 I/O 写请求，应用索引感知，采取 Adler-32 指纹算法和延迟垃圾回收机制实现高效重删，提升了闪存的使用寿命。M-Dedupe 轻量级原型和基准系统的对比实验结果表明，重删性能、闪存擦除数据块和平均写响应时间均有显著的提高。最后，根据数据块之间的关联性，本章提出以识别和删除碎片，最小化引用块容器数量的 Restore 技术。通过自适应的读窗口大小，Restore 能准确地识别碎片块，减少所选容器中重复和未引用块的数量，避免不必要的磁盘寻道，从而提高恢复性能；两个真实数据集上的实验结果表明，Restore 在恢复性能和重删率方面优于现有技术。

参 考 文 献

［1］　王龙翔，张兴军，朱国峰，等.重复数据删除中的无向图遍历分组预测方法［J］.西安交通大学学报，2013，47(10)：51－56.

［2］　NISHA T R, ABIRAMI S, MANOHAR E. Experimental study on chunking algorithms of data deduplication system on large scale data［C］// Proceedings of the International Conference on Soft Computing Systems, Advances in Inteligent Systems and Computing. Berlin, Germany：Springer, 2016：91－98.

［3］　付印金，肖侬，刘芳，等.基于重复数据删除的虚拟桌面存储优化技术［J］.计算机研究与发展，2012，49 (S1)：125－130.

［4］　SUDHAKARAN S, TREESA M. A survey on data deduplication in large scale data［J］. International Journal of Computer Applications, 2017, 165(1)：1－4.

［5］　XIA W, JIANG H, FENG D, et al. Similarity and locality based indexing for high performance data deduplication［J］. IEEE Transactions on Computers, 2015 64(4)：1162－1176.

［6］　SRINIVASAN K, BISSON T, GOODSON G, et al. iDedup：latency-aware, inline data deduplication for primary storage［C］// Proceedings of the USENIX Conference on File and Storage Technologies. New York, USA：USENIX, 2012：24.

［7］　MAO Bo, JIANG Hong, WU Suzhen, et al. POD：performance oriented I/O deduplication for primary storage systems in the cloud［C］// Proceedings of the 2014IEEE International Parallel and Distributed Processing Symposium. Piscataway, NJ, USA：IEEE, 2014：767－776.

［8］　KAISER J, NAGEL L, et al. Sorted deduplication：how to process thousands of backup streams［C］// Proceedings of the 2016 32th Symposium on Mass Storage Systems and Technologies. Piscataway, NJ, USA：IEEE, 2016：07897082.

［9］　FU Yinjin, JIANG Hong, XIAO Nong, et al. AA-dedupe：an application-aware source deduplication approach for cloud backup services in the personal computing environment［C］// Proceedings of the IEEE International Conference on Cluster Computing. Piscataway, NJ, USA：IEEE, 2011：112－120.

［10］　LI Wenji, JEAN-BAPTISE G, RIVEROS J, et al. Cachededup：in-line deduplication for flash caching［C］// Proceedings of the 14th USENIX Conference on File and Storage Technologies. New York, USA：USENIX, 2016：301－314.

［11］　PARK D, RAN Ziqi, NAM Y J, et al. A lookahead read cache：improving read performance for deduplication backup storage［J］. Journal of Computer Science and Technology, 2017, 32(1)：26－40.

［12］　VITTER J S. Random sampling with a reservoir［J］. ACM Transactions on Mathematical Software, 1985, 11(1)：37－57.

［13］　VALIANT G, VALIANT P. Estimating the unseen：improved estimators for entropy and other properties［J］. Advances in Neural Information Processing Systems, 2013, 64(6)：2157-2165.

［14］　LIU Chuanyi, LU Yingping, SHI Chunhui, et al. ADMAD：application-driven metadata aware deduplication archival storage system［C］//Proceedings of the 2008 5th IEEE International Workshop on Storage Network Architecture and Parallel. Piscataway, NJ, USA：IEEE, 2008：29－35.

［15］　NG C H, LEE P P C. RevDedup：a reverse deduplication storage system optimized for reads to latest back-ups［C］// Proceedings of the 4th Asia-Pacific Work-shop on Systems. New York, USA, ACM, 2013：1－7.

[16]　贺秦禄，边根庆，邵必林，等.云环境下应用感知的动态重复数据删除机制[J].西安交通大学学报，2018，52(10)：24-30.

[17]　贺秦禄，边根庆，邵必林，等.移动闪存的重复数据删除技术[J].西安电子科技大学学报，2020，47(01)：128-134.DOI：10.19665/j.issn1001-2400.2020.01.018.

[18]　贺秦禄，边根庆，邵必林，等.一种基于云存储系统的自适应数据碎片恢复优化方法[J].北京理工大学学报，2018，38(08)：841-847.DOI：10.15918/j.tbit1001-0645.2018.08.012.

第八章　数据完整性审计方法

云计算安全模型一般包括数据拥有者（Data Owner，DO）、云服务提供商（Cloud Service Provider，CSP）和第三方审计（Third Party Auditor，TPA）三个角色。DO 数据的计算和存储服务都交由完全掌控数据的 CSP 完成，CSP 在进行数据迁移和冗余数据处理的过程中，无法从物理上保证 DO 数据的安全，部分 CSP 可能通过某些手段欺骗 DO，但 DO 无法判断。另外，在云计算安全模型包含的三个角色中，DO 在某种程度上必须相信 CSP，例如对数据的托管、检索以及二次分发，这就无形中增加了 DO 隐私数据泄露的可能性。同时，在 CSP 为 DO 提供透明服务时，在云服务器中分布式存储、DO 数据及各类应用迁移、服务接口等问题都会给 DO 的数据隐私保护带来新的挑战，给云环境下的信息安全管控带来严重威胁。

面对制约数据外包存储服务的安全性无法保证的现状，在深入分析当前云环境下的外包数据保护存在问题的基础上，针对传统数据加密或访问控制技术等保护方法效率较低、算法复杂度高、通信开销过大等问题，本章从数据完整性分布式聚合审计方案和多副本数据完整性验证方法出发，着重对基于 ElGamal 加密的动态多副本数据完整性审计方法、基于增量存储的多副本文件版本控制方法、基于多层分支树的数据完整性审计方法、基于哈希消息认证码和不可区分性混淆的数据完整性审计方法进行了系统说明。

8.1　基于 Hadoop 的数据完整性分布式聚合审计方法

数据完整性审计方法根据审计方法的不同可以分为私有审计模型和公开审计模型。私有审计主要通过客户端和云服务器的交互来完成数据完整性审计，但因该模型需要客户端承担巨大的计算压力和通信开销而未被广泛应用。公开审计通过引入 TPA 代替 DO 执行完整性审计工作，但由于 TPA 存在不可信问题，可能遭到中间人攻击，数据隐私容易受到挑战。本节用基于 Hadoop 的数据完整性分布式聚合审计方法实现安全、批量审计的目标。

8.1.1　总体架构

云存储中数据完整性分布式聚合审计方法的总体架构由 DO、CSP 和 TPA 三方实体构成。其中，TPA 包括主审计代理和 n 个分布式审计代理，如图 8.1 所示。在本方法中，考虑到 DO 计算能力有限，采用了基于第三方审计代理的公开审计模型。在方案总体架构中，DO 作为云存储资源的使用者，不用承担高额的计算开销和通信开销；CSP 掌握着强大的资源，能够针对 DO 的不同需求实时、动态、高效地提供强大、性价比高的存储资源；由于 DO 使用资源有限，分布式审计代理可以以自身强大的审计能力及计算能力对 DO 存放在云服务器中的数据完整性进行审计。

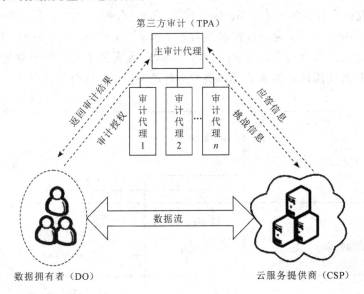

图 8.1 总体架构

云存储中数据完整性分布式聚合审计方案主要基于挑战—应答模式来完成数据完整性验证，主要分为以下三个阶段。

在初始化阶段，DO 通过密钥对和加密密钥生成数据块的签名集合和文件摘要信息；然后将文件和数据块的签名集合上传到云服务器中；最后将摘要信息发送给主审计代理，TPA 将接收到的数据信息存储在 HDFS 中。

在证据生成阶段，先进行数据抽样，随机选择一定量数据块的相应信息作为挑战算法输入，然后执行算法并生成挑战信息。TPA 把若干个挑战信息合并为数据集合，通过网络传输给云服务器。云服务器在接收到数据集合后，对集合中的挑战元素执行证据生成算法，输出数据证据以及标签证据，并将它们聚合。通过合并聚合证据生成聚合证据子集，再将证据子集合并为证据集并发送给 TPA。

在确认审计阶段，TPA 将接收到的聚合证据集进行逻辑分割，先把证据集分割为若干个证据子集，再将证据子集分割为多个证据元素。任务调度器根据作业监视器反馈的分布式审计代理任务执行情况，将待验证的证据元素分配给每个分布式审计代理。每个审计代理接收到相应的计算任务后(证据子集)，利用多个 Map()函数对证据子集中的证据元素进行验证，并将验证结果存储在本地磁盘，作为中间输出。然后，审计代理调用 Reduce()函数对验证结果进行排序，并将验证结果合并为验证结果子集存储在 HDFS 中。主审计代理从 HDFS 中读取数据，并将最终的验证结果发送给申请数据完整性验证的 DO。

8.1.2 证据聚合模型

证据聚合模型主要包括证据聚合框架和证据聚合流程两部分。

1. 证据聚合框架

为了高效地对海量数据进行完整性审计，审计的方法必须高效。基于 Hadoop 的数据完整性分布式聚合审计方法整体上可分为三个阶段：初始化阶段、发起挑战阶段以及聚合审计阶段。初始化阶段包含两个算法 KeyGen 与 TagGen，分别用来生成 DO 的密钥（sk, pk）对与数据块的标签集合 T；发起挑战阶段包含一个算法 Challenge，用来生成挑战的数据块集合 Q；聚合审计阶段包含两个算法 Prove 与 Verify，前者用来生成与挑战消息 Q 相对应的聚合证据 P，后者使用该证据来验证被挑战数据的完整性。聚合审计框架如图 8.2 所示。

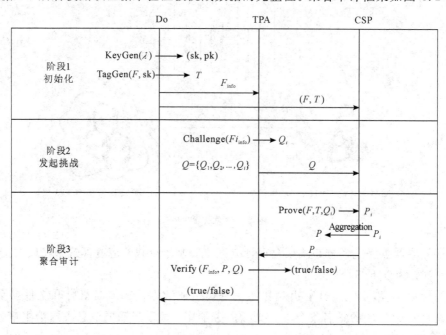

图 8.2　聚合审计框架

数据证据聚合主要发生在云服务器端，当接收到主审计代理发送的挑战信息集合后，CSP 对挑战信息集合中的数据进行计算，将挑战信息元素、文件和数据标签作为输入，执行证据生成算法，输出相应的证明证据。CSP 将数据证据和标签证据聚合，通过合并聚合证据生成证据子集，并将多个证据子集合并为证据集，然后将证据集发送给主审计代理。审计方法的公共参数为 $(G_1, G_2, g, g_1, h, e, p, Z_p)$。其中 G_1、G_2 是两个包含 p 个元素的乘法循环群，p 是一个大素数；g、g_1 是群 G_1 的两个不同的生成元；h 是一个哈希函数；Z_p 是指整数集合 $\{0, 1, 2, \cdots, p-1\}$；e 是双线性映射函数。

2. 证据聚合流程

证据聚合主要由三个阶段构成，分别是初始化、数据抽样以及数据证据和标签证据聚合。其中，初始化阶段，DO 主要对上传数据进行处理，发生在客户端；数据抽样由第三方审计代理执行，随机选择数据块生成挑战信息；证据聚合是指 CSP 把接收到的挑战信息元素作为输入，通过算法运算输出数据证据和标签证据，为了减少通信开销，保证数据隐私不被泄露，CSP 把多个输出结果聚合，然后合并为证据集。

1）初始化阶段

DO 通过执行 KeyGen 算法生成密钥对（sk, pk），其中 $sk \in Z_p$ 是私钥，公钥 $pk = g^{sk}$。最后，通过执行 TagGen 算法，将文件 F 和私钥 sk 作为输入参数，得到存储文件中数据块

m_i 所对应的标签 $t_i = \left(h(\text{fid} \parallel i) \prod\limits_{j=1}^{s} \mu_j^{m_{ij}} \right)^{\text{sk}}$ 以及标签集合 $T = \{t_i\}_{i \in [1, n]}$。其中 i 是块号，fid 是文件的唯一标识，s 为每个数据块包含的数据元素的数量，$\parallel$ 是连接操作符，μ_j 为群 G_1 中的元素。针对海量数据的完整性验证，验证任务数量巨大，为便于表述，将包含 k 个数据完整性审计任务的数据文件以及数据标签表示成 $F_k = \{m_{k, i}\}_{k \in K, i \in [1, n]}$ 以及 $T_k = \{t_{k, i}\}_{k \in K, i \in [1, n]}$。DO 把文件 F 和标签集合 T 发送给远程云端，把摘要信息 F_{info} 传输给主审计代理节点。

2）数据抽样阶段

主审计代理通过执行 Challenge 算法给 k 个数据完整性审计任务随机地选择相应的数据块生成挑战子集 $I \in (\text{subset}([1, n]))$，并计算出相应的随机值 v_i，计算 $R_j = g_1^{r_1}$，$R_k = \text{pk}_k^{r_2}$，$R_2 = g_1^{r_1 r_2}$（r_1、r_2 为 Z_p 中的两个随机元素）；主审计代理将多个挑战消息生成挑战信息集合 Q；最后，主审计代理将生成的挑战信息集合传输给 CSP，发起审计挑战。

数据抽样是审计者接收到 DO 的审计委托后，基于概率模型对数据的任意块进行抽样，生成挑战信息集。假设数据被分为了 n 块，$F = (m_1, m_2, \cdots, m_n)$。由于可能存在 CSP 遭到攻击或者自身硬件发生故障而丢失数据的情况，所以必须对存储在云服务器中的数据进行完整性审计。为了节省审计的成本，每一次审计不必检验所有的数据块，而是随机从存储在云端的 n 个数据块中挑选出 c 个数据块进行审计。

假设变量 x 为抽样检测到异常的块数，则

$$P\{x \geqslant 1\} = 1 - P\{x = 0\} = 1 - \frac{n-b}{n} \times \frac{n-1-b}{n-1} \times \cdots \times \frac{n-b-c+1}{n-c+1}$$

$$P\{x \geqslant 1\} \geqslant \left[1 - \left(\frac{n-b}{n} \right)^c, 1 - \left(\frac{n-b-c+1}{n-c+1} \right)^c \right]$$

所以，$P\{x \geqslant 1\}$ 的下限决定了抽样审计的有效性，即审计检测到数据丢失或被篡改的概率为 $1 - \left(\frac{n-b}{n} \right)^c$。

如果存储在云服务器中的数据 F 共包含 n 个数据块，由于意外事故，其中有 1‰ 数据块出现丢失，因此 $b = 0.01n$，则审计成功率为 $1 - 0.99^c$。同理，$b = 0.05n$，$b = 0.07n$，$b = 0.09n$ 的情况如图 8.3 所示。

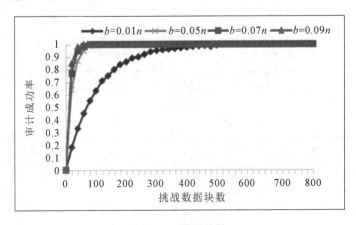

图 8.3　数据抽样

3）数据证据和标签证据聚合阶段

CSP 执行 Prove 算法，输入文件 F、标签 T 以及挑战信息集合 Q，生成数据证据 DP 和标签证据 TP：

$$DP = e\left(\prod\nolimits_{j=1}^{s} R_j^{\sum_{i \in I} v_i m_{ij}} , R_1 \right)$$

$$TP = e\left(\prod\nolimits_{i \in I} (t_i)^{v_i} , R_2 \right)$$

为了节省通信开销，可将 k 个数据证据聚合成 DP_k，k 个标签证据聚合成 TP_k：

$$DP_k = \prod\nolimits_{k \in K} e\left(\prod\nolimits_{j=1}^{s} R_j^{\sum_{i \in I} v_i m_{k,ij}} , R_k \right)$$

$$TP_k = e\left(\prod\nolimits_{k \in K} \prod\nolimits_{i \in I} ((t_{k,t})^{v_i} , R_2) \right)$$

将 DP_k 和 TP_k 合成证据 P_k：

$$P_k = \frac{TP_k}{DP_k}$$

云服务器将若干个聚合后的证据 P_k 合并为证据子集，并把多个证据子集合并为证据集发送给 TPA。

8.1.3 基于 Hadoop 的分布式证据验证模型

对数据证据进行验证主要是利用 Hadoop 分布式平台并行执行验证算法来实现的。在基于 Hadoop 的分布式证据验证模型中，HDFS 主要作为数据存储设施为数据证据提供丰富的存储资源，每个审计代理节点并行运行证据验证算法实现审计目标。

1. 分布式证据验证架构

如图 8.4 所示，分布式证据验证架构基于 Hadoop MapReduce 架构，主要由主审计代理、作业监视器、资源调度器和分布式审计代理组成。其中，主审计代理作为系统的管理者通过 heartbeat 与作业监视器建立联系，实时接收来自作业监视器的信息。资源调度器属于可拔插模块，DO 可以根据自己的需求进行编程设计，该模块主要负责对审计任务进行动态调度，保证实现系统的负载均衡。分布式审计代理是执行数据完整性审计任务的实施者，主要由若干个具有一定计算能力的主机构成。

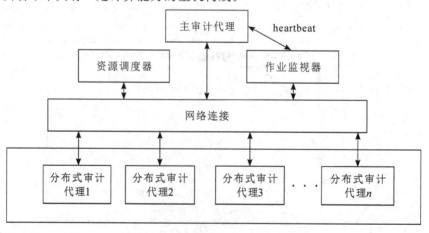

图 8.4　分布式验证架构

1) 主审计代理

主审计代理的功能与 Hadoop MapReduce 架构中的 JobTracker 相同，负责整体资源管理和作业管理。具体功能为：接收 DO 上传的数据摘要、公钥等信息和云服务器发送的批量聚合证据集，并将数据存储在 HDFS 中；对接收到的聚合证据集进行分割，通过资源调度器将分割后的证据数据以证据子集的形式动态分配给分布式审计代理，每个分布式审计代理直接对接收到的证据子集中的证据数据元素进行验证；接收作业监视器传递的各个分布式审计代理审计任务的执行状态及健康状态信息；为资源调度器提供决策信息。

2) 作业监视器

作业监视器的功能与 Hadoop MapReduce 架构中的 dTaskTracker 相同，主要负责监控每个分布式审计代理的状态。具体功能是：通过 heartbeat 将每个分布式审计代理的资源使用情况、任务执行情况及健康状况汇报给主审计代理；实时接收并执行来自主审计代理的各种指令信息；为每个分布式审计代理节点的 Map() 函数和 Reduce() 函数分配计算资源。

3) 资源调度器

资源调度器通过读取各个分布式审计代理的节点、作业和任务运行信息，对审计任务进行动态调度，避免审计堵塞。

4) 分布式审计代理

分布式审计代理主要负责对验证证据进行逻辑分割，并行执行数据完整性证据验证算法，并将验证结果按一定规则存储在 HDFS 中。每个分布式审计代理节点的计算资源以一定的规则进行等量划分，划分后的资源分别供 Map Task 和 Reduce Task 使用。每个节点可以运行多个 Map() 函数和 Reduce() 函数。

2. 证据验证算法并行执行流程

针对海量数据的完整性审计，验证的方法必须高效，本模型在实现聚合审计的基础上，采用 Hadoop 分布式平台，充分利用每个分布式审计代理的性能，对聚合后的证据进行分布式验证，进一步减少了数据完整性的整体响应时间。

在证据验证阶段，基于 Hadoop MapReduce 架构并行运行数据证据验证算法，首先通过 Map() 函数对聚合证据进行验证，然后通过 Reduce() 函数对验证结果进行排序和合并，最后将合并后的验证结果发送给主审计代理。具体过程如图 8.5 所示。

(1) 主审计代理对证据集进行逻辑分割。聚合后的验证证据集 P 由若干个证据子集 P_i 构成($P=\{P_1, P_2, \cdots, P_n\}$)，每个证据子集 P_i 包括多个证据元素($P_i=\{P_{i1}, P_{i2}, \cdots, P_{im}\}$)。在对证据集进行分割时，按照证据子集合并成证据集的逻辑位置，将证据集分割为若干个证据子集，然后再将证据子集通过逻辑分割成多个证据元素，并将其存储在 HDFS 中。

(2) 调用 Map() 函数。每个证据元素 P_{im} 作为输入，Map() 函数执行证据验证算法，对每个证据元素 P_{im} 进行正确性验证，输出相应的验证结果，并将验证结果存储在本地磁盘。

(3) 执行 Reduce() 函数。把 Map() 函数的输出作为 Reduce() 函数的输入，将验证结果数据 R_{im} 进行排序，并将排序后的 R_{im} 合并成验证结果子集 R_i 存储在 HDFS 中，再将验证结束信息汇报给作业监视器。作业监视器实时监听验证任务的执行情况，当收到验证结束信息后通知主审计代理，主审计代理从 HDFS 中读取每个分布式审计代理执行完成的验证结果子集 R_i，并将结果返回给相应的用户。

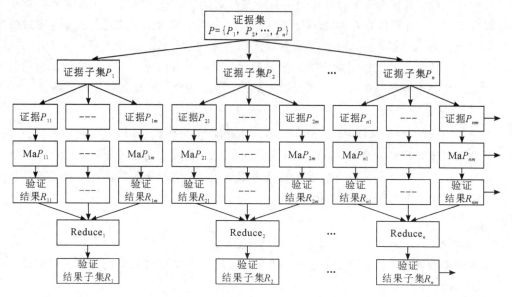

图 8.5　证据验证算法并行执行流程

8.1.4　基于负载均衡的动态延迟调度模型

基于 Hadoop 分布式平台并行验证数据完整性能够减少整体响应时间，提高审计效率。针对海量数据的完整性验证，由于验证任务数量巨大，每个分布式审计代理节点的响应时间与审计任务的等待时间成为制约整体性能的关键因素，因此，为了减少审计任务等待时间，充分发挥每个分布式审计代理节点的性能，提高审计效率，本小节采用基于负载均衡的动态延迟调度模型(Load Balance of Dynamic Delay Scheduling Based on, LBDDS)加以解决。首先，对审计代理进行负载分级，并以此来给审计代理节点分配审计任务，当负载节点的负载等级为 3 级时，重新寻找审计代理节点，当负载等级为 1 级或 2 级时，则延迟等待；然后，利用灰色预测模型 GM(1，1)，通过对前 n 个时刻空闲审计代理节点的到达速率进行计算，预测下个时刻空闲审计代理节点的到达速率，兼顾任务数据的本地性，动态设置等待时间阈值。如果在设定的等待时间阈值内出现符合数据本地性的审计代理，则把数据完整性审计任务分配给该审计代理，反之，则将审计任务分配给负载最低的审计代理节点。

在现实情况下，因为受各个审计节点性能不同、执行作业类型不同、审计节点负载变化等因素的影响，在不同时刻空闲审计节点的到达速率不一样。因此，等待时间阈值的设定与空闲审计代理的到达速率关系密切，如果到达速率慢，但是等待时间阈值却设置过小，则不利于数据本地性，直接影响整体审计效率；如果到达速率快，但是等待时间阈值却设置过大，这将会增加审计任务的整体执行时间。

为了设置合理的等待时间阈值，利用灰色预测模型 GM(1，1)来预算未来某时刻空闲审计代理的到达速率。针对较大样本、中长期预测场景，采用马尔科夫、回归分析等方法比较适合。而对于数据较小样本，上述方法易造成较大误差，而灰色预测模型 GM(1,1) 是基于小样本信息的，其计算简单，具有较高的预测精度。具体流程如下：

(1) 将前 n 个时刻空闲审计代理的到达速率作为原始数据序列 $x^{(0)}$，可以表示为式(8-1)。

$$x^{(0)} = (x^{(0)}(1), x^{(0)}(2), \cdots, x^{(0)}(n)) \tag{8-1}$$

(2) $x^{(0)}$ 通过执行一次累加运算，能够使得原始数据序列的随机性得到一定程度的弱化，因此生成序列 $x^{(1)}$。

$$x^{(1)} = (x^{(1)}(1), x^{(1)}(2), \cdots, x^{(1)}(n)) \tag{8-2}$$

其中，$x^{(1)}(1) = x^{(0)}(1)$，则可得到式(8-3)。

$$x^{(1)}(i) = \left\{ \sum_{j=1}^{i} x^{(0)}(j) \mid i = 1, 2, \cdots, n \right\} \tag{8-3}$$

(3) 对等式两边同时执行求导运算，得到 $x^{(1)}$ 的一阶微分方程如式(8-4)所示。

$$\frac{\mathrm{d}\, x^{(1)}(i)}{\mathrm{d}i} + \alpha\, x^{(1)}(i) = \beta \tag{8-4}$$

其中，发展系数用 α 表示，该参数能够在一定程度上反映预测的发展势态；灰作用量用 β 来表示，该参数能够在一定程度上反映数据变化关系。

求解该微分方程(8-4)，其矩阵形式可以表示为式(8-5)。

$$\boldsymbol{y} = \begin{bmatrix} x^{(0)}(2) \\ x^{(0)}(3) \\ \vdots \\ x^{(0)}(n) \end{bmatrix} \tag{8-5}$$

$$\begin{bmatrix} x^{(0)}(2) \\ x^{(0)}(3) \\ \vdots \\ x^{(0)}(n) \end{bmatrix} = \begin{bmatrix} -\frac{1}{2}\left[x^{(1)}(2) + x^{(1)}(1)\right] & 1 \\ -\frac{1}{2}\left[x^{(1)}(3) + x^{(1)}(2)\right] & 1 \\ \vdots & \vdots \\ -\frac{1}{2}\left[x^{(1)}(n) + x^{(1)}(n-1)\right] & 1 \end{bmatrix} \begin{bmatrix} \alpha \\ \beta \end{bmatrix} \tag{8-6}$$

$$\boldsymbol{B} = \begin{bmatrix} -\frac{1}{2}\left[x^{(1)}(2) + x^{(1)}(1)\right] & 1 \\ -\frac{1}{2}\left[x^{(1)}(3) + x^{(1)}(2)\right] & 1 \\ \vdots & \vdots \\ -\frac{1}{2}\left[x^{(1)}(n) + x^{(1)}(n-1)\right] & 1 \end{bmatrix} \tag{8-7}$$

令

$$\boldsymbol{U} = \begin{bmatrix} \alpha \\ \beta \end{bmatrix} \tag{8-8}$$

则式(8-6)可化简为式(8-9)。

$$\boldsymbol{y} = \boldsymbol{B}\boldsymbol{U} \tag{8-9}$$

由最小二乘估计法得式(8-10)。

$$\hat{U} = \begin{bmatrix} \hat{\alpha} \\ \hat{\beta} \end{bmatrix} = (\boldsymbol{B}^\mathrm{T}\boldsymbol{B})^{-1}\boldsymbol{B}^\mathrm{T}\boldsymbol{y} \tag{8-10}$$

然后将估计值 $\hat{\alpha}$ 以及 $\hat{\beta}$ 同时代入式(8-4)中,得出时间响应方程式(8-11)所示。

$$\hat{x}^{(1)}(i) = \left[x^{(0)}(1) - \frac{\hat{\beta}}{\hat{\alpha}} \right] \mathrm{e}^{-\hat{\alpha}(i-1)} + \frac{\hat{\beta}}{\hat{\alpha}} \tag{8-11}$$

当 $i=1,2,\cdots,n$ 时,$\hat{x}^{(1)}(i)$ 是拟合值,指空闲审计代理节点在前 n 个时刻的到达速率;当 $i \geqslant n+1$ 时,$\hat{x}^{(1)}(i)$ 作为预测值,它表示下个时刻空闲审计代理的到达速率。

(4) 对 $\hat{x}^{(1)}(i)$ 作累减生成还原。

$$\hat{x}^{(0)}(i+1) = \hat{x}^{(1)}(i+1) - \hat{x}^{(1)}(i) = (1-\mathrm{e}^{\hat{\alpha}})\left(x^{(0)}(1) - \frac{\hat{\beta}}{\hat{\alpha}} \right)\mathrm{e}^{-\hat{\alpha}i} \tag{8-12}$$

所以,下个时刻的空闲审计节点的到达速率为 $\hat{x}^{(0)}(i+1)$。

8.1.5 实验与结果分析

基于 Hadoop 分布式平台的数据完整性分布式聚合验证方法,在数据证据验证阶段主要基于负载均衡的动态延迟调度算法动态分配待审计任务,保证了每个审计节点的负载均衡。为了验证本方法的性能,分别从数据本地性、节点负载均衡度、整体响应时间以及审计代理节点性能等方面设计实验进行验证。

1. 数据本地性测试

为了验证本方法的数据本地性,基于 10 个分布式审计代理节点,分别选取 1000 (Job1)、2000(Job2)、4000(Job3)和 8000(Job4)个验证任务,运用先进先出调度算法(First Input First Output,FIFO)、延迟调度算法(Delay Scheduler,DS)、最短队列优先任务分配算法(Shortest Queue First Assignment Algorithm,SAA)以及基于负责均衡的动态延迟调度算法(LBDDS)四种调度算法,在计算不同验证任务数量情况下数据本地性的平均值,并分析实验结果。

实验结果如图 8.6 所示,FIFO 和 SAA 算法并未设置延迟等待时间阈值,所以其数据本地性所占比例较低;传统的 DS 算法主要关注数据本地性,可能会出现强制将审计任务

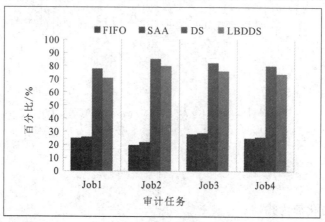

图 8.6　数据本地性比较

提交给负载等级较高的审计代理节点的情况，从而导致审计堵塞，降低系统的整体性能。LBDDS 调度算法基于 Hadoop 分布式集群中审计代理节点的负载、网络传输速率以及审计任务数量等因素，弹性设置延迟等待的时间阈值，在保证整体执行效率的前提下，在一定程度上兼顾了数据本地性。所以，结合实验结果以及实验分析可以得出，虽然 DS 算法相比 LBDDS 算法，其数据本地性略高，但其整体执行效率比 LBDD 算法低。

2. 审计代理节点负载均衡度分析

为了验证本方法所采用的 LBDDS 算法的性能，分别计算 FIFO、SAA、DS 和 LBDDS 四种算法在实际应用场景下，各审计代理节点的负载均衡度。负载均衡度是用来对 Hadoop 分布式集群中所有审计代理节点负载的均衡程度进行评价的指标，它是指在 t 时刻所有审计代理节点负载量的方差之和。设 t 时刻审计代理节点 i 的负载均衡度可以用 W_i 来表示，整个分布式集群的平均负载均衡度用 $\overline{W}$ 表示：$\overline{W} = \dfrac{1}{n} \sum\limits_{i=1}^{n} W_i$，因此，$t$ 时刻集群的负载均衡度 $\mathrm{DW} = \dfrac{1}{n} \sum\limits_{i=1}^{n} (W_i - \overline{W})^2$。

如图 8.7 所示，随着任务数量的增加，审计代理节点的负载均衡度不断增大，主要是因为 FIFO 和 DS 未考虑每个审计代理节点的实际负载，因此，它们的负载均衡度比较高，使得审计代理负载不均衡，易导致审计堵塞情况。LBDDS 在分配待审计任务时，充分考虑审计代理集群的负载均衡问题，依据每个审计代理节点的实际负载情况对它们进行负载分级，按照审计代理节点的实际级别进行任务调度，能在一定程度上避免审计代理节点负载过高的情况，所以分布式审计代理节点的负载量比较平均，负载均衡度较低。SAA 调度算法考虑了审计代理节点的负载，总是将审计任务提交给审计任务数少的审计代理节点，但该算法假设每个审计代理节点的性能是一致的，但在真实环境中，每个审计代理节点的性能是有差异的，因此该算法易造成审计堵塞，其负载均衡度较 LBDDS 更高。

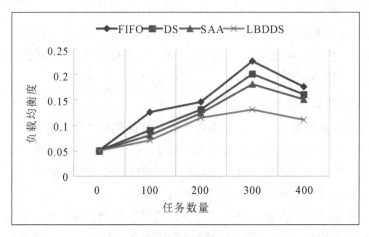

图 8.7 负载均衡度比较

3. 数据完整性审计整体响应时间比较

为了验证本方法的整体性能，基于 10 个分布式审计代理节点，选取 1000、2000、

4000、6000 和 8000 个验证任务，分别计算 FIFO、DS、SAA、LBDDS 算法以及不采用任何算法这五种情况下，其数据完整性审计的整体响应时间如表 8.1 所示。

表 8.1　整体响应时间比较

算法	1000 个审计任务所需时间/s	2000 个审计任务所需时间/s	4000 个审计任务所需时间/s	6000 个审计任务所需时间/s	8000 个审计任务所需时间/s
LBDDS	76.6	135.8	271.5	391.8	538.9
DS	79.8	140.8	279.8	405.9	547.9
SAA	81.6	145.3	283.4	410.5	548.1
FIFO	83.5	148.6	285.6	412.8	522.8
未采用调度算法	73.1	152.1	293.2	422.5	576.8

如表 8.1 所示，数据完整性审计任务总数量与审计总时间成正比，随着任务数量的增多，审计时间开销增加。当审计任务数量为 1000 个时，未采用调度算法所用时间比其他四种调度算法更短，这是因为调度算法在动态分配审计任务时会产生额外的时间开销，当审计任务数量较小时，额外的时间开销超过了采用调度算法所节省的时间。但随着审计任务数量增加，LBDDS 调度算法明显优于 SAA、DS 和 FIFO，因为 LBDDS 在调度审计任务时，先对审计代理节点进行负载等级判断。如果审计代理节点负载等级为 3 级，则放弃对该审计代理节点分配审计任务；如果审计代理节点负载等级为 1 级或者 2 级，则将审计任务提交给该审计代理节点。审计代理节点接收到该任务后按照数据本地性优先原则，在等待时间阈值内若没有到达的审计代理节点，则将审计任务分配给负载最小的审计代理节点。SAA 调度算法总是把待执行的审计任务提交给当前任务数量最少的审计代理，既没有考虑数据本地性，也未考虑审计代理节点的实际负载，但在实际应用场景中每个审计代理节点的性能是不一致的，因此导致其整体响应时间比 DS 调度算法和 LBDDS 调度算法更长。DS 调度算法没有考虑审计代理节点的实际负载情况，当某个审计代理节点负载很高时，DS 调度算法会按照本地优先原则，强制将审计任务提交给该审计代理节点，则增加了任务完成时间，导致整体响应时间延长。

4. 分布式审计代理节点性能测试

为了验证 Hadoop 分布式审计代理节点个数对数据完整性审计方法性能的影响，该实验以 2000、4000 和 8000 个审计任务为样本，采用 5、10、15、20 个分布式审计代理节点进行处理。图 8.8 反映了审计代理节点个数对数据完整性云审计系统效率的影响。

如图 8.8 所示，当分布式审计代理节点数量增加时，分别完成 8000、4000、2000 个审计任务所用时间相应减少，但整体审计性能并未成相应比例增加。例如，图中 5 个节点完成 8000 个任务大约耗时 1400 s，而 10 个节点完成 8000 个任务时大约耗时 1000 s，很明显节点数增加一倍，但系统整体效率并未提升一倍。这是因为随着云审计代理节点数量的增加，系统的整体性能会得到不断释放，从而使审计数据完整性所用时间不断减少，但当 Hadoop 分布式集群中审计代理节点增多时，云存储中数据完整性验证方法的额外开销也将随之增大，一定程度上影响了审计效率。

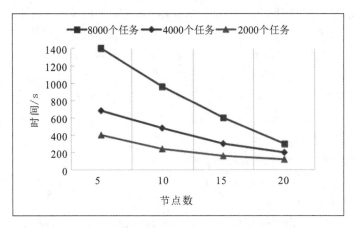

图 8.8 分布式审计代理节点数与整体审计性能的关系

8.2 基于 ElGamal 加密的动态多副本数据完整性审计方法

现有的数据完整性审计方法大多基于数据持有性审计（Provable Data Possession，PDP）与可恢复证明（Proof of Retrievability，PoR）两种模型设计而来。其中，数据持有性审计（PDP）模型是一种常用的数据完整性审计模型，它主要包括数据拥有者（DO）、第三方审计（TPA）和云服务提供商（CSP）三种实体，如图 8.9 所示。

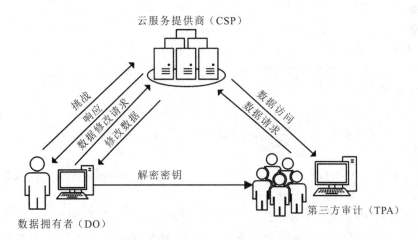

图 8.9 数据持有性审计（PDP）模型

8.2.1 基于 ElGamal 加密的数据完整性审计算法设计

根据数据持有性审计（PDP）模型及设计目标，设计多副本数据完整性审计算法，该算法主要基于同态加密算法。DO 对原始数据创建多个加密的副本，然后将这些副本上传到云服务器进行存储，CSP 将这些数据副本保存在多个服务器上，这些服务器分布在不同的地理位置。审计算法的详细流程为：DO（或 TPA）对 CSP 定期发起挑战；CSP 根据接收到的挑战信息生成证据 P，然后将证据返回给 DO(或 TPA)；DO(或 TPA)根据收到的证据对多副本数据进行完整性审计。审计算法包括 KeyGen()、ReplicaGen()、TagGen()、CheckProof()、GenProof()、PrepareUpdate()、ExecUpdate()等算法。

设 G_1、G_2 和 G_T 是素数阶为 p 的循环群，Z_p^* 表示有限域$[1, 2, \cdots, p-1]$，u 和 v 分别表示G_1、G_2 的生成元，构造双线性映射 $e: G_1 \times G_2 \rightarrow G_T$。设 F 表示外包的数据文件，它由 m 个数据块组成，即 $F_i = \{b_1, b_2, \cdots, b_m\}$，其中，$b_i \in Z_p^*$，$F_i$ 表示第 i 个数据块的副本，因此，$F_i = \{b_{i1}, b_{i2}, \cdots, b_{im}\}$，式中$b_{ij}$表示第 i 个数据副本的文件块b_j。各算法功能如下：

(1) 密钥生成算法：KeyGen()$\rightarrow$(pk, sk)。密钥生成算法一般由 DO 运行，通过该算法可以生成完整性审计过程中所需的公私钥(pk, sk)和五组密钥集。

(2) 加密副本生成算法：ReplicaGen(F, sk)$\rightarrow\{F_i\}$。本算法由 DO 运行，输入私钥 sk 和文件 F，输出为数据的所有副本，其中 $1 \leqslant i \leqslant s$。

(3) 标签生成算法：TagGen(sk, F)$\rightarrow\varphi$。本算法由 DO 运行，输入私钥 sk 和文件 F，输出标签 φ 集。

(4) 证据生成算法：GenProof(F, φ, challenge)$\rightarrow P$。本算法由 CSP 运行。输入的参数包括文件的 F 副本、标签 φ 以及挑战向量，输出结果为证据 P。

(5) 审计验证算法：CheckProof(pk, P)$\rightarrow\{1, 0\}$。本算法由 DO 或 TPA 运行，输入是公钥 pk 与证据 P。若完整性审计通过，则输出 1，否则输出 0。

(6) 更新请求算法：PrepareUpdate()$\rightarrow$Update，本算法由 DO 运行，DO 对存储在云服务器上的外包文件副本执行更新操作，算法的输出是更新请求。

(7) 更新执行算法：ExecUpdate(F, φ, Update)$\rightarrow(F', \varphi')$。本算法由云服务提供商运行，实现对存储在云服务器上的外包文件副本的更新操作，输入为数据文件的副本 F、标签 φ，以及更新请求，输出为更新后的文件副本 F' 和标签 φ'。

下面针对支持数据更新的多副本数据完整性验证算法内容进行更详细的论述。其中，前五个算法是传统云审计模型中审计数据完整性的常用算法，其主要细节如下。

(1) 生成密钥。

① 数据标签密钥。在 DO 端执行，主要用于计算数据标签。选择双线性映射 e 与私钥 l，私钥 $l \in Z_a$，循环群组G_1、G_2 和 G_T 的阶数为 a，公钥的计算表达式为 $y = v^l \in G_2$，群G_2 的生成元为 v。

② 数据密钥。在 DO 端执行，选择 ElGamal 公钥 p 和私钥 λ，加密数据及创建数据的多个副本。

③ 用于验证 PRF 密钥。在 DO 端执行，通过计算获得 PRF 密钥Key_{PRF}，然后使用该密钥生成创建数据的 s 个副本的随机数，设 PRF 密钥Key_{PRF}产生的随机数序列为k_1，k_2，$\cdots$，k_s。由于该密钥Key_{PRF}在 DO 端保存，因此 CSP 并不知道 DO 端创建多个数据副本的 s 个随机数值。

④ 用于 ElGamal 加密 PRF 密钥：在 DO 端执行该方法，生成 PRF 密钥Key_{rand}，然后采用该密钥生成基于 ElGamal 加密的随机数。

⑤ 标签 PRF 密钥。在 DO 端执行，通过执行后生成标签 PRF 密钥Key_{tag}。

(2) 生成加密副本。

输入的参数包括文件 F 以及副本个数 s，输出结果是 s 个不同的加密副本 $\{F_i\}_{1 \leqslant i \leqslant s}$。

采用概率加密方法，对文件 F 的每个文件块创建唯一的副本，即对每个文件块加密 s 次产生 s 个不同的密文。通过采用 ElGamal 加密方法对 DO 的文件 F 生成多个数据副本，其中 F 满足表达式 $F=\{b_1, b_2, \cdots, b_m\}$：

$$F_i=\{(1+N)^{b_1}(k_i r_{i1})^p, (1+N)^{b_2}(k_i r_{i2})^p, \cdots, (1+N)^{b_m}(k_i r_{im})^p\}_{1\leqslant i\leqslant m}$$

根据同态加密算法的性质可以分析出，上面的表达式可以表示为式(8-13)。

$$F_i=\{(1+b_1 p)^{b_1}(k_i r_{i1})^p, (1+b_2 p)^{b_2}(k_i r_{i2})^p, \cdots, (1+b_m p)^{b_m}(k_i r_{im})^p\}_{1\leqslant i\leqslant m} \qquad (8-13)$$

式(8-13)中，i 表示副本数量，k_i 表示 Key_{PRF} 生成的随机数，r_{ij} 由密钥 Key_{rand} 生成，用于同态加密的随机数。

（3）生成标签。

由于 BLS 签名比较短，并且具有同态性特点，它同时可对多个数据块进行验证，因此，采用 BLS 签名方法进行标签创建。对每个文件块 b_i 生成的标签表示如式(8-14)所示。

$$\varphi_i=(H(F)\cdot u^{b_i p+a_i})^l \in G_1 \qquad (8-14)$$

式中，$u\in G_1$，$H(\cdot)\in G_1$ 唯一表示文件 F 的哈希值，$\{a_i\}_{1\leqslant i\leqslant m}$ 是通过 PRF 密钥 Key_{tag} 生成的随机数。最后，从 DO 端向云服务端发送标签，标签的集合由式(8-15)所示。

$$\varphi=\{\varphi_i\}_{1\leqslant i\leqslant m} \qquad (8-15)$$

（4）生成证据。

DO（或 TPA）端根据 CSP 提供的证据 P 对数据的完整性进行验证。具体的流程分为两个阶段：

① 挑战阶段：在 DO 端发起挑战，验证不可信的云服务器中的 DO 数据的完整性。完整性验证包括两种方式：一种是确定性验证，主要验证数据副本所包含的文件块。另一种是概率性验证，仅验证数据副本中的若干个数据块。在 DO 端发起挑战时，如果选择第一种验证方式，则会产生一个 PRF 密钥 Key_1；若选择第二种验证方法，则会产生两个 PRF 密钥 Key_1 和 Key_2，最后由 DO 将生成的密钥发送到 CSP 端。

② 响应阶段：CSP 从 DO 端接收到发起的挑战。以下主要以概率性验证方法为例说明 CSP 生成审计证据的过程。CSP 从 DO 端接收到两个 PRF 密钥 Key_1 和 Key_2，然后采用 Key_1 生成 $c(1\leqslant c\leqslant m)$ 个随机文件索引集 $\{C\}(\{C\}\in\{1, 2, \cdots, m\})$（通常取 $c=460$，该方式的验证正确率可以达到 99%），索引值主要用于表示验证的文件块的索引；使用 Key_2 生成 s 个随机数的标签集 $T=\{t_1, t_2, \cdots, t_s\}$。最后，CSP 对标签和文件块执行的操作如下：

· 对标签的操作，操作过程采用式(8-16)。

$$\sigma=\prod_{j\in C}(H(F)\cdot u^{b_j p+a_j})^l=\prod_{j\in C}H(F)^l\cdot\prod_{j\in C}u^{(b_j p+a_j)l}$$
$$=H(F)^d\cdot u^{(N\sum_{j\in C}b_j+\sum_{j\in C}a_j)l} \qquad (8-16)$$

· 对文件块的操作采用式(8-17)。

$$\mu=\Big(1+p\sum_{i=1}^s(t_i)\sum_{j\in C}(b_j)\Big)\Big(\prod_{i=1}^s(k_i)^{pct_i}\Big)\Big(\prod_{i=1}^s\big(\prod_{j\in C}(r_{ij})^{t_i p}\big)\Big) \qquad (8-17)$$

CSP 将参数 σ 和 μ mod p 发送到 DO 端（或 TPA 端）。

（5）审计验证。

CSP 将参数 σ 和 μ 值发送到 DO 端以后，执行下面的过程：

① 计算式(8-18)和式(8-19)：

$$V = \prod_{i=1}^{s} (k_i)^{t_i c p} \qquad (8-18)$$

$$d = \text{Decrypt}(\mu) \cdot \text{Inverse}\left(\sum_{i=1}^{s} t_i\right) \qquad (8-19)$$

② 计算式(8-20)：

$$\mu \cdot \text{Inverse}\left(\prod_{i=1}^{s} (k_i)^{t_i c p}\right) \bmod v \equiv 0 \qquad (8-20)$$

验证式(8-20)是否成立，如果成立，说明在响应阶段，CSP 使用了所有文件副本。

③ 计算式(8-21)：

$$\left(H(F)^c u^{dp} + \sum_{j\in C} a_j\right)^l \equiv \sigma \qquad (8-21)$$

验证式(8-21)是否成立。如果成立，说明在响应阶段 CSP 采用了所有文件块。如果同时满足上面的②和③项，说明云服务器中存储的数据满足完整性要求，并且 CSP 已存储了 SLA 里面要求的多个副本数据。

8.2.2 数据动态更新

数据动态更新需要同时使用两种算法，包括更新请求算法 PrepareUpdate()和更新执行算法 ExecUpdate()。数据块的操作方式主要包括插入、删除和修改三种。

(1)数据块插入：CSP 端接收到由 DO 端发来的插入请求后，将数据的新块插入到索引值为 j 的位置处。操作前假设文件 F 具有 m 个数据块，执行插入操作后，文件 F 将有 $m+1$ 个数据块。插入数据块如图 8.10 所示。

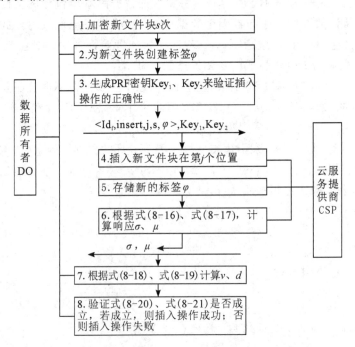

图 8.10　插入数据块操作

(2)数据块删除：当 DO 想要删除索引值为 j 的数据块时，CSP 会从 DO 端接收到删除请求〈Id_f, delete, j, null, null〉，然后将所有副本中索引值为 j 的文件块删除。

（3）数据块修改：在修改数据块操作过程中，文件块修改操作利用率较高。详细的操作过程如图 8.11 所示。

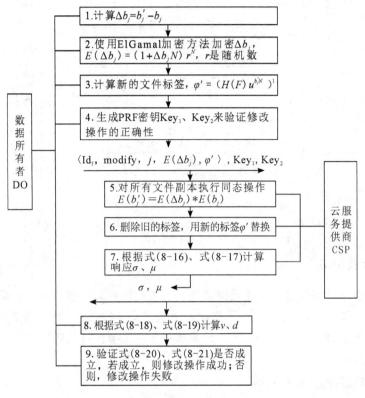

图 8.11　数据块修改操作流程

8.2.1 节采用基于 ElGamal 加密技术发展而来的 BLS 签名方法产生文件标签，也可以通过 RSA 签名方法生成标签，而数据完整性审计工作同样也可以通过 RSA 签名方法生成标签，详细的操作流程如图 8.12 所示。

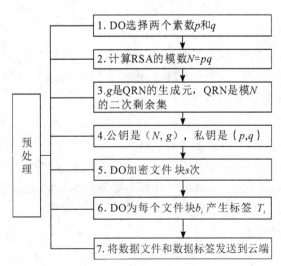

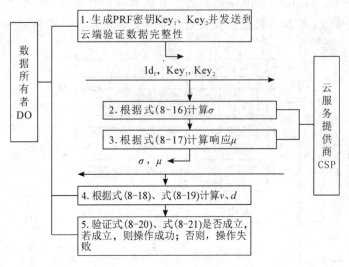

图 8.12　基于 RSA 签名的动态多副本数据完整性审计流程

8.2.3　安全性分析

　　数据完整性审计方法的核心是借助数据块生成的标签来检查存储在云端的数据，显然标签的生成算法是否安全直接决定了审计方法是否安全有效。本节从重复数据不可删除、防重放攻击和签名算法的合理性三个方面来衡量 8.2.1 节设计的数据完整性审计算法的安全性。

1. 相同索引值的数据块删除

　　在对文件进行分割操作过程中，通常会生成多个相同的数据块，进而生成若干个相同的数据块标签。为了避免上述问题的发生，在构造标签时使用伪随机函数（Pseudo Random Function，PRF）密钥Key_{tag}生成随机数，然后将其添加到标签中，对于文件块$b_i = b_j$，有式（8-22）和式（8-23）：

$$Tag(b_i) = (H(F) * u^{b_i N + a_i})^l \tag{8-22}$$

$$Tag(b_j) = (H(F) * u^{b_j N + a_j})^l \tag{8-23}$$

式中，a_i、a_j分别表示由 PRF 的密钥Key_{tag}生成的随机数。根据式（8-22）和式（8-23），可对相同数据块生成不同标签，从而在根本上避免了 CSP 端将具有相同文件标签的数据块删除，仅存储其中一个数据块来欺骗 DO。

2. 云端伪造响应

　　在挑战阶段，DO 向 CSP 提供的参数包括两个 PRF 密钥Key_1、Key_2以及参数c，其中参数c表示需要验证的文件块数量。由于 DO 给 CSP 端发起挑战时所提供的参数c和 PRF 密钥都不相同，因此，CSP 针对不同的挑战都会有不同的响应，进而从源头端避免了 CSP 的伪造响应，有效防止了来自 CSP 的重放攻击。

3. ElGamal 密码安全性

　　本方法基于 ElGamal 密码系统进行研究，因此 ElGamal 密码系统的安全程度将决定该方法的安全性。该方案的应用确保了本章提出的多副本数据完整性审计方法的安全性。DO 先使用 ElGamal 加密方法对数据进行加密，随后再将加密的数据存储到云端，由 ElGamal 方法保证数据的安全性。本方法融合了 PDP 和 ElGamal 两种方法，保证了本节方法的安全性。

8.2.4　实验性能分析

下面通过详细的实验过程分析本节方法的性能，软件配置为：i7-6700 CPU、16GB 内存、CentOS 6.3 操作系统。实验过程主要测试 CSP 端和 DO 端在各种操作过程中的开销，重点包括通信开销、计算开销和存储开销。实验过程中，文件哈希是通过使用 SHA256 计算获得的，双线性对使用 PBC 库生成。G_1、G_2、G_T 主要采用 MNT 椭圆曲线域，参数 $|\rho| = 160$，160 bit 的 MNT 椭圆曲线域与 1024 bit RSA 具有相同的安全性。在实验过程中，文件使用 128 bit 的 ElGamal 加密算法进行加密处理，设定文件 F 的大小为 $|F| = 2^{23}$ bit，用 t 表示副本的数量，数据块 b 的大小为 $|b| = 2^{13}$ bit，则可以得到数据块的数量是 $w = \dfrac{|F|}{|h|} = 2^{10}$。在进行实验性能分析时，每个结果都是取 20 次实验的平均值。此外，实验对通信成本进行了测试，并在测试过程中考虑了文件大小的影响。

1. 通信开销

通信开销是指审计方法各参与者之间传送数据的大小。DO 端在上传数据过程中产生的额外开销主要包括将数据上传至 CSP 端的标签集大小、DO 或 TPA 向 CSP 发送的挑战信息的大小和 CSP 向 DO 或 TPA 发送的数据持有性证据的大小，过程中产生的总通信开销为 $(\mathrm{lb}460 + 256 + 1024 + 160t)$ bit。Hash-PDP 方法的通信开销为 $(\mathrm{lb}460 + 128t + (1024 + 257)t)$ bit，MR-PDP 方法的通信开销为 $(\mathrm{lb}460 + 128t + 2048t)$ bit. 通信开销对比如表 8.2 所示。

表 8.2　通信开销对比(bit)

类　型	本节方法	Hash-PDP	MR-PDP
通信开销	$(\mathrm{lb}460 + 1280 + 160t)$	$(\mathrm{lb}460 + 1409t)$	$(\mathrm{lb}460 + 2176t)$

2. 存储开销

在存储开销的对比分析过程中，设定 CSP 端保存的 DO 数据副本的数量相同，在这个前提下，主要对比其他方面产生的存储开销。对于 TPA 端，主要操作过程是完成挑战-响应的发起和验证，这个过程中的存储开销可以忽略不计。因此，重点是对比 DO 端和 CSP 端的存储开销。本方法中 DO 端存储的 DO 密钥大小为 $128 \times 5 + 1024 \times 2 \mathrm{bit} = 0.33$ Kb，CSP 端存储的标签集大小为 $|\rho| 2^{10} t \mathrm{bit} = 20t$ Kb。本方法、Hash-PDP 方法和 MR-PDP 方法在 DO 端和 CSP 端的存储开销如表 8.3 所示。

表 8.3　存储开销对比(Kb)

类型	本节方法	Hash-PDP	MR-PDP
DO	0.33	可忽略	约 $20t$
CSP	$20t$	$64t$	$20t$

3. 计算开销

(1) 数据初始化、CSP 以及 DO 之间的计算开销比较。

从图 8.13 可以得到，当文件大小分别为 1 MB、5 MB、10 MB 以及 20 MB 时(且每个文件具有 3 个副本)，在数据初始化开销、CSP 计算开销以及 DO 计算开销随着文件大小变化的对比。其中，数据初始化在 DO 端只执行一次，本方法与动态多副本数据持有性验证(Dynamic Multi-Copy Provable Data Possession，DMC-PDP)方法的初始化开销比较如图 8.13(a)所示，在前几分钟内，DMC-PDP 方法执行速度稍快于本方法，然而可以看出本方法总体稍快于对比方法。DMC-PDP 方法采用比 ElGamal 加密算法执行速度更快的 AES 加密，但它涉及所有副本的标签构造，而本方法只对所有副本构造一组标签，故初始化计算开销基本相同。

CSP 计算开销对比如图 8.13(b)所示，其计算开销主要为文件块与文件标签的操作开销。改变文件大小后，两种方法花费的时间基本持平。然而，本方法只需创建一组标签，远小于每个副本均创建标签的 DMC-PDP 方法，因此，在副本数量不断增加的情况下，本方法与 DMC-PDP 方法计算开销的差距逐渐拉大。

在 DO 端，计算开销的对比分析结果如图 8.13(c)所示，本方法在 DO 端需要进行解密

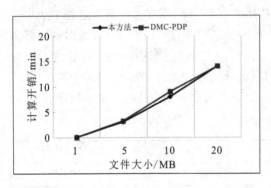

（a）初始化开销对比

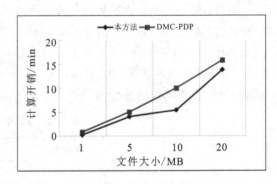

（b）CSP 计算开销对比

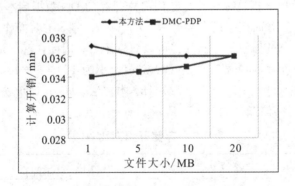

（c）DO 计算开销对比

图 8.13　不同条件下计算开销的对比分析

处理，因此其计算开销比 DMC-PDP 方法高。从实验可得，随着文件大小的不断增加，本方法与 DMC-PDP 方法的计算开销差距逐渐缩小。

（2）BLS 签名与 RSA 签名比较。

基于 BLS 和 RSA 签名时，CSP 和 DO 的计算开销分别如图 8.14 和图 8.15 所示。

图 8.14(a) 和图 8.15(a) 是在响应阶段使用 BLS 签名时，本地服务器的加密文件块产生的 CSP 和 DO 计算开销。由于 DO 验证阶段只涉及重配对操作，文件大小和副本数量不会影响其计算开销。在本地服务器上采用 RSA 签名时，CSP 端和 DO 端的计算开销如图 8.14(b) 和图 8.15(b) 所示。

图 8.14 比较了 BLS 签名和 RSA 签名的 CSP 计算开销，由实验结果可知，仅在文件大小为 20 M 且副本数量为 20 时，RSA 略小于 BLS 的计算开销。根据图 8.15 可知，BLS 相较于 RSA 计算开销更小，具体原因为 BLS 签名大小为 160 bit，而 RSA 签名大小为 1024 bit，为了提高效率，采用基于 BLS 的数据完整性审计方法效果更好。

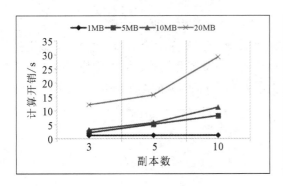
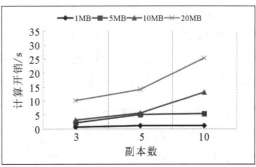

（a）BLS 签名计算开销　　　　　　　　　　　（b）RSA 签名计算开销

图 8.14　CSP 计算开销比较

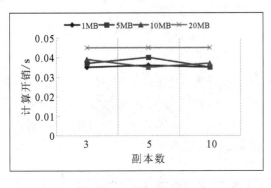

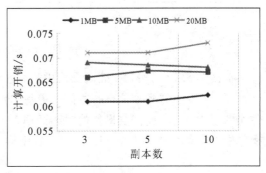

（a）BLS 签名计算开销　　　　　　　　　　　（b）RSA 签名计算开销

图 8.15　DO 计算开销比较

文件与标签集大小的关系如图 8.16 所示，若采用 RSA 签名，由于本方法的数据块大小为 128 B，标签大小也为 128 B，增加了通信成本，因此，选择 BLS 与本方法融合可提升完整性审计的性能。

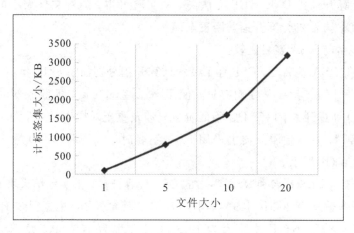

图 8.16　文件与标签集关系

（3）插入与修改文件块计算开销比较。

对于文件块的操作，一般 DO 一次可对多个文件块进行数据更新操作。具体操作包括创建存储在云服务器中的标签以及文件块的增、删、改。实验样本为 1 MB 的文件，该文件具有 3 个数据副本。首先对大小为 128 B 的文件块进行更新操作，插入文件块的百分比表示文件大小转换为 n 个文件块的百分比。若文件大小为 M，则该文件的文件块个数 $n=$M/128 B。

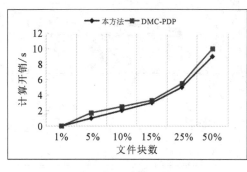

（a）插入计算开销

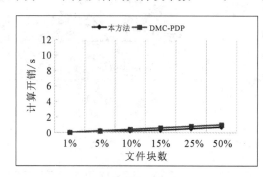

（b）修改计算开销

图 8.17　本地服务器操作计算开销

根据图 8.17 可得，在插入操作中，本方法的计算开销始终低于 DMC-PDP 方法，而与DMC-PDP 方法的修改操作的通信开销基本持平。其原因是 s 次插入操作包含了对新增文件块的写入操作，而修改操作的时间开销仅仅取决于 ElGamal 同态操作的开销。由于删除操作中 DO 和 CSP 的计算很少，故没有比较文件块删除的计算开销。

8.3　基于增量存储的多副本文件版本控制方法

由于在多副本情况下传统的数据存储模式会在云存储空间产生空间消耗问题，因此本节提出了基于增量存储的多副本文件版本控制方法（Multiple Replica File Version Control Method，MRFVCM）。MRFVCM 方法支持多副本文件版本控制管理，为数据的审计工作带来了极大的便利。

8.3.1　文件版本控制方法

DO 将文件划分为多个文件块，并为文件块产生多个副本和数据标签，且每个副本可唯一标识。文件块的多个副本由同态概率加密方法生成，文件块的数据标签由 BLS 签名生成，如 8.2.1 节所述，将文件块副本和数据标签发送到云端。这些文件块的加密副本表示未加密文件块的基本版本，对未加密文件块当前版本的每一次修改都将产生新的版本，新版本的文件块不直接存储在云端，而是作为存储增量，即未加密的文件块的新版本与基本版本之间的差异。当需要文件块的特定版本时，DO 请求云端将增量块与文件块的基本版本合并，从而得到文件块所需版本。

DO 使用文件版本表来跟踪、记录文件块的版本更新情况，该表是存储在验证端的小数据结构，用来验证 CSP 存储的所有文件及其版本的完整性和一致性。

文件版本表由五部分组成，分别为块号(BN)、增量块号(DBN)、文件版本(FV)、块版本(BV)和块操作(BO)。BN 表示文件块的索引，描述了文件块在数据文件中的物理位置；DBN 是增量块的索引，如果增量不存在，则该值存储为"—"；FV 表示整个文件的版本；BV 表示文件块的版本；BO 指出对文件块执行操作的类型；FV 的最大值表示文件的最新版本。对于特定的 BN，其 BV 的最大值表示该文件块的最新版本。如果在文件版本表中没有找到文件块号的条目，则意味着没有对文件块的基本版本进行更新操作，并且文件块的基本版本和最新版本的文件块是相同的。

当 DO 对文件块执行更新操作时，将会生成新版本的文件块，数据更新操作包括插入新的文件块、删除或修改若干文件块，当且仅当数据更新操作是"修改"时才会生成增量块，一旦更新操作完成，DO 就会更新文件版本表。文件版本表仅在 DO 端维护，这也有助于 DO 隐藏 CSP 执行更新操作的详细信息。当对块号为 b、文件块版本为 v 和文件块版本为 y 的文件块进行修改时，DO 可以选择将整个文件的版本更改为 $v+1$ 或保持原版本不变。对于这两种情况，DO 在文件版本表中创建一个新条目。如表 8.4 所示，在第一种情况下，表条目将是 $\langle b, -, v+1, y, \text{Modify} \rangle$；对于第二种情况，表条目将是 $\langle b, -, v, y+1, \text{Modify} \rangle$。

表 8.4　文件版本表

BN	DBN	FV	BV	BO
b	—	$v+1$	y	Modify
b	—	v	$y+1$	Modify

8.3.2　MRFVCM 方法设计

MRFVCM 方法是在基于 ElGamal 加密的动态多副本数据持有性验证方法的基础上，进行基于增量存储的多副本文件版本控制方法的研究，本方法由九个算法组成：KeyGen()、ReplicaGen()、TagGen()、GenProof()、CheckProof()、PrepareUpdate()、ExecUpdate()、FileVersionRequest()、FileVersionDeliver()。在这 9 个算法中，前 5 个算法是传统云审计模型中审计数据完整性的常用算法，其主要细节如下。

1. 生成密钥

KeyGen()→ (pk，sk)。除了 8.2.2 节中描述的密钥，DO 还要生成 PRF 密钥 Key_{data}，用于在文件块加密之前对文件块进行随机化处理。

2. 生成加密副本

ReplicaGen(s, F_b)→$\{F_{b_i}'\}1 \leqslant i \leqslant s$。本算法由 DO 运行，它与 8.2.2 节中描述的算法略有不同。在本算法中，DO 在生成多个副本之前对数据进行随机化，使用由 PRF 密钥 Key_{data} 生成的随机数进行文件块随机化。文件 $F_b=\{b_1, b_2, \cdots, b_m\}$，其中 F_b 表示文件的基本版本，F_b' 是随机化文件，其值为 $\{b_1+x_1, b_2+x_2, \cdots, b_m+x_m\}$，其中 $\{x_j\}1 \leqslant j \leqslant m$ 是使用 Key_{data} 生成的随机数。DO 在创建文件 F_b 的 s 个副本时结合了 ElGamal 加密技术，因此 $F_{b_i}' = \{(1+(b_1+x_1))(k_i r_{i1})^p, (1+(b_2+x_2))(k_i r_{i2})^p, \cdots, (1+(b_m+x_m))(k_i r_{im})^p\}_{1 \leqslant i \leqslant m}$，其中 i 表示文件副本序号，k_i 表示由 PRF 密钥 Key_{PRF} 生成的随机数，r_{ij} 表示由 PRF 密钥 Key_{rand} 生成的用于 ElGamal 加密的随机数(在 8.2.1 节中讨论)。当更新文件块的版本时，增量文件由 DO 生成，因为增量文件未加密，为了增加安全性，将数据块随机化之后再进行加密。当生成增量文件时，DO 使用与随机化数据块相同的随机数随机化增量文件。

3. 生成标签

TagGen(sk, F)→φ。本算法由 DO 运行，BLS 签名用于生成数据标签。本算法的细节与 8.2.2 节中讨论的相同。

4. 生成证据

GenProof$(F_b, F_\Delta, \varphi, \text{challenge})$→$P$。本算法由 CSP 运行，文件 F_b、所有增量文件 F_Δ、标签 φ 和由 DO 发送的挑战向量 challenge 作为输入，输出是证据 P。证据 P 证明 CSP 实际存储了文件 F_b 的 s 个副本和所有增量文件 F_Δ，DO 使用证明 P 来验证数据完整性。本算法的细节与 8.2.1 节中讨论的相同。

5. 审计验证

CheckProof(pk, P)→$\{1, 0\}$。本算法由 DO 运行，将 CSP 返回的公钥 pk 和证明 P 作为输入，如果所有文件副本的完整性已通过验证，则输出 1，否则输出 0。本算法的细节与 8.2.2 节中讨论的相同。

8.3.3　文件版本动态更新

MRFVCM 算法在传统数据完整性审计框架的基础上还增加了动态更新功能。文件版本动态更新操作由更新请求算法 PrepareUpdate()和更新执行算法 ExecUpdate()来执行，对应的请求操作包括数据块修改、数据块插入和数据块删除。

1. 更新请求算法：PrepareUpdate( )→Update

本算法在 DO 端运行，对远程 CSP 存储的外包文件副本执行更新操作，算法的输出是更新请求。DO 将更新请求以〈Id_f, BlockOp, j, b_i', φ'〉的形式发送到云端，其中 Id_f 是文件标识符，BlockOp 对应于块操作，j、b_i' 和 φ' 分别表示文件块的索引、更新的文件块和更新的标签，BlockOp 可以是数据插入、修改或删除操作。

（1）数据插入：对文件 F 的任一版本"v"的插入操作意味着在文件中插入新的文件块。DO 决定新文件块所属的文件版本，可以是当前文件版本 v 或者是下一个文件版本 $v+1$。如果新文件块添加到文件版本"$v+1$"，则"$v+1$"就是文件的新版本，在文件版本表中创建一个新记录为 $\langle BN，-，v\rangle$ 或 $\langle v+1，0，Insert\rangle$。由于没有增量块且插入新的文件块，所以 DBN 值为"$-$"，BV 值为 0。

（2）数据修改：对最新版本的文件块进行修改。DO 识别需要修改的文件块的块号，并在文件版本表中搜索块号，如果没有找到特定块号记录，那么从云端下载来自基本版本的文件块。如果找到了目标记录，则识别出文件块的最新版本并从云端下载，文件块的最新版本就是解密下载的基本版本的文件块并与增量合并得到的文件块版本。对明文进行修改以获得更新后的明文，DO 计算更新的明文和基本版本的明文之间的差异作为新的增量，然后将增量随机化，并将其发送到云端，随机化的目的是不向云端暴露增量值。令 $M=\{b_i\}$（其中 $1\leqslant i\leqslant s$）是更新操作之前的文件块集合，则 $M'=\{b'_i\}$（其中 $1\leqslant i\leqslant s$）是更新操作之后的文件块，增量 ΔM 值为 $\{b'_i-b_i\}$（其中 $1\leqslant i\leqslant s$）。使用由 PRF 密钥 Key_{data} 生成的随机数来对增量进行随机化，因此，$\Delta M=\{b'_i-b_i+N-x_i\}$（其中 $1\leqslant i\leqslant s$）。最后将 M 值发送到云端。

（3）数据删除：对文件"v"的任一版本的删除操作意味着从文件中删除几个文件块。DO 可以从当前版本 v 中删除文件块，或者从下一版本 $v+1$ 中删除文件块，并且 DO 在文件版本表中创建一条记录 $\langle BN，-，v$ 或 $v+1，0，Delete\rangle$。删除操作的结果只是在文件版本表中添加一条记录，而 CSP 不知道关于删除操作的任何内容。

2. 更新执行算法：ExecUpdate(F，φ，Update)$\rightarrow$(F'，φ')

本算法在 CSP 端运行，输入参数为文件副本 F、标签 φ 和更新请求（由 DO 发送），输出为新的文件副本 F' 以及更新的标签 φ'。在每次块操作之后，DO 运行挑战协议以确保云端正确执行了更新操作，更新请求中的操作可以是插入新的文件块或修改文件块，但 DO 不向云端发送任何删除请求，因此不会删除任何数据块。

8.3.4　文件版本请求与文件版本传递

DO 创建文件版本表以跟踪数据更新操作，此表中的记录数取决于对文件块进行动态操作的数量。文件更新作为增量存储在云端，为了获得文件的特定版本，DO 将带有两个参数 $\langle BN，DBN\rangle$ 的 FileVersionRequest 发送到云端。在接收到 FileVersionRequest 之后，云端执行 FileVersionDeliver 算法。对于 DBN 值为"$-$"的文件版本请求，CSP 直接将块号为 BN 的文件块传递给 DO，不涉及任何 CSP 计算开销。对于具有有效 DBN 值的 FileVersionRequest，云加密增量块号为 DBN 的文件块并执行同态加法运算。

（1）FileVersionRequest：DO 通过检查文件版本表来识别所需版本的文件块，并以 $\langle BN，DBN\rangle$ 的形式使用块编号向 CSP 发送请求。此外，需要 DBN 才能访问所需的文件版本，如果文件版本表中没有 DBN 条目，则请求将是 $\langle BN，-\rangle$。

（2）FileVersionDeliver：对于"FileVersionRequest"中 DBN 值为"$-$"的所有文件块号，将该文件的基本版本传递给 DO，如果具有有效 DBN 值，那么 CSP 利用公钥对增量进行加密，并对基本版本的文件块进行同态加法运算，最后得到 DO 请求版本的文件块。令

$\Delta M=\{b'_i-b_i+N-x_i\}$（其中 $1\leqslant i\leqslant s$），是与 DO 请求的相应文件版本的文件块相关联的增量，加密的增量 $E(\Delta M)=\{(1+(b'_i-b_i+N-x_i)N)(r)^N\}$，其中 $r\in Z_N^*$ 是随机数。最后，云端对基本版本文件上所请求的文件块执行同态加法操作。

$$E(F_v)=E(F_b)\times E(\Delta M_v)$$
$$=\{(1+(b_i+x_i)N)(k_ir_i)^N\}\times\{(1+(b'_i-b_i+N-x_i)N)(r)^N\} \quad (8-24)$$
$$=\{(1+(b'_iN)(k_ir_ir)^N\}$$

同态加法之后得到的文件块即为 DO 所请求版本的加密文件块，将加密的文件块发送给 DO，DO 对文件块进行解密，从而获得其请求的版本。

8.3.5　实验与结果分析

本实验主要验证文件版本传递算法中 CSP 的计算开销，其他方面的开销已在 8.2.4 节中验证。本小节在本地计算机、不同配置的虚拟机环境下对 1 MB 文件进行实验。

本地计算机实验环境：Intel(R) Core(TM) i7-6700HQ 2.60 GHz 处理器、16 GB RAM；

虚拟机实验环境 1：单核处理器，2 GB 内存，200 GB 硬盘空间；

虚拟机实验环境 2：双核虚拟处理器，8 GB 内存，500 GB 硬盘空间。

图 8.18 给出了当 DO 发送具有有效 DBN 值的多个 FileVersionRequest 时，CSP 在三种环境下执行 FileVersionDeliver 算法所花费的时间。本实验仅考虑具有有效 DBN 值的文件版本请求，因为传送 DBN 值为"—"的文件块不涉及计算开销。图 8.18 中，横坐标是 FileVersionRequest 的数量占文件块总量的百分比。例如，1 MB 文件具有 8192 个大小为 128 B 的文件块。当 DO 发送 81 个 FileVersionRequest 时，CSP 加密 81 个增量块（8192 个文件块的 1%），并执行 81 次同态加法运算，因此当 DO 发送任何数目的 FileVersionRequest 时将导致 CSP 执行相同数目的加密操作与同态加法运算，并且 FileVersionRequest 可以用文件块的数目来表示。MRFVCM 在 DO 端不涉及执行 FileVersionDeliver 算法的任何计算，DO 的唯一成本是维护文件版本表。FileVersionDeliver 算法的 CSP 计算开销定义为 CSP 将所请求版本的文件块传递给 DO 所花费的时间。

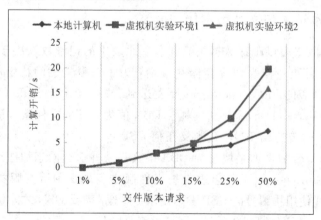

图 8.18　文件版本传递算法 CSP 计算开销比较

从图 8.18 可以看出，在 DO 发送的 FileVersionRequest 数量较少时，三种虚拟环境下 CSP 计算开销相差不大，但是当 DO 发送的 FileVersionRequest 数量超过总文件块的 15%

时，配置更好的环境执行相同的操作时间远小于配置稍次的环境。本实验主要体现本地计算机的计算速度优于两个虚拟环境。

8.4　基于分层多分支树的数据完整性审计方法

在数据完整性审计方法中，一方面，为了减小 DO 的计算负担，引入了 TPA 代替 DO 进行审计工作，但 TPA 在工作中可能会窥探 DO 的数据，所以 DO 数据的隐私性应得到有效的保护；另一方面，DO 对外包在 CSP 的数据可能会有动态更新的需求。基于此，本节提出基于多层分支树的数据完整性审计方法，以高效地支持数据的动态更新操作，并且能防止 TPA 在审计过程中窃取 DO 的原始数据。

8.4.1　构造分层 MBT 认证结构

为了能支持 DO 对数据细粒度进行动态更新操作，本节在基于分层多支树（Hierarchical Multibranched Tree，MBT）认证结构的基础上，进一步构造分层 MBT 认证结构作为数据完整性审计过程的存储认证结构。具体构造方法如下：

（1）DO 将数据文件 F 划分成 m 个等长的数据块，再将每个数据块进一步分割成 n 个基本块，即数据文件 F 重新被组织并划分成二维结构：

$$F = \{B_1, B_2, \cdots, B_i, \cdots, B_m\}, \quad B_i = \{b_{i1}, b_{i2}, \cdots, b_{ij}, \cdots, b_{in}\}$$

（2）为了构造分层 MBT 审计结构，本节引入一个一维向量：

$$Z_i = \{z_{i1}, z_{i2}, \cdots, z_{in}\}$$

用向量 Z_i 的每个元素 z_{ij}（$1 \leqslant j \leqslant n$）记录数据块 B_i（$1 \leqslant i \leqslant m$）所包含的基本块 b_{ij} 的哈希值，如图 8.19 所示。基本块 b_{ij}（$1 \leqslant i \leqslant m$，$1 \leqslant j \leqslant n$）中的 i 对应数据文件的第一层数据块 B_i，采用向量 Z_i 来审计，而向量 Z_i 的正确性用分层 MBT 认证结构来审计，如图 8.20 所示。

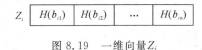

图 8.19　一维向量 Z_i

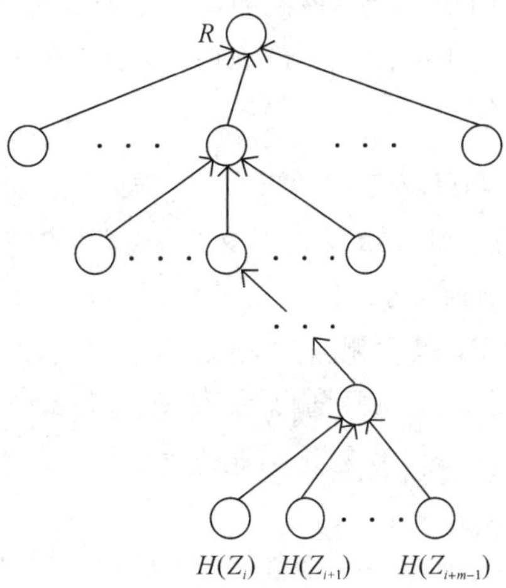

图 8.20　分层 MBT 认证结构

MBT 的叶子节点值为 $H(Z_i)$，其他节点值都是其所有子节点哈希值的连接，R 表示根节点，H 为一个密码学哈希函数。

当 DO 需要在第 i 个数据块 B_i 中的第 j 个位置之后插入一个基本块 b'_{ij} 时，需要更新向量 Z_i：

$$Z_i = \{H(b_{i1}), H(b_{i2}), \cdots, H(b_{ij-1}), H(b_{ij}), H(b_{ij+1}), \cdots, H(b_{in})\}$$

$$\downarrow$$

$$Z'_i = \{H(b_{i1}), H(b_{i2}), \cdots, H(b_{ij-1}), H(b_{ij}), H(b'_{ij}), H(b_{ij+1}), \cdots, H(b_{in})\}$$

当 DO 需要将第 i 个数据块 B_i 中的第 j 个位置的基本块 b_{ij} 修改为一个基本块 b'_{ij} 时，更新向量 Z_i：

$$Z_i = \{H(b_{i1}), H(b_{i2}), \cdots, H(b_{ij-1}), H(b_{ij}), H(b_{ij+1}), \cdots, H(b_{in})\}$$

$$\downarrow$$

$$Z'_i = \{H(b_{i1}), H(b_{i2}), \cdots, H(b_{ij-1}), H(b'_{ij}), H(b_{ij+1}), \cdots, H(b_{in})\}$$

当 DO 需要将第 i 个数据块 B_i 中的第 j 个位置的基本块 b_{ij} 删除时，与插入操作相反，更新向量 Z_i：

$$Z_i = \{H(b_{i1}), H(b_{i2}), \cdots, H(b_{ij-1}), H(b_{ij}), H(b_{ij+1}), \cdots, H(b_{in})\}$$

$$\downarrow$$

$$Z'_i = \{H(b_{i1}), H(b_{i2}), \cdots, H(b_{ij-1}), H(b_{ij+1}), \cdots, H(b_{in})\}$$

通过向量 Z_i 和 MBT 认证结构就能确定基本块在云端存储的具体位置。

上述构造过程中将数据文件重新组织成二维结构，用分层 MBT 结构进行存储和审计，与多层次索引认证结构相比，本方法引入的分层 MBT 认证结构树的高度明显降低，能有效地减小 DO 和 CSP 构造认证结构的时间，减轻了计算负担，从而提高了在动态审计过程中构造和查询认证结构的效率。本方法不仅能达到支持细粒度动态更新操作的目的，还能提高数据完整性审计效率。

8.4.2　数据完整性审计过程

本节的审计方法仍属于 PDP 模型，该模型由数据预处理和审计这两个阶段组成，具体由 KeyGen()、TagGen()、GenProof()、CheckProof()四个算法组成。

1. 数据预处理阶段

DO 运行 KeyGen()算法和 TagGen()算法对数据进行预处理，分别生成整个数据完整性审计过程中所需要的密钥对(pk，sk)，以及文件所有基本块的审计标签集合，构造分层 MBT 数据认证结构，并对认证结构的根节点进行签名，然后将数据块、标签集合、MBT 根节点的签名统一发送给 CSP，最后删除本地数据。具体过程如下：

(1) DO 运行 KeyGen()算法。选择随机元素 $l \in Z_a$ 和 $x \in G_1$，其中 a 是循环乘法群组 G_1、G_2 和 G_T 的阶数，计算出 $y = v^l$，v 是群组 G_2 的生成元，令私钥 sk $= l$，公钥 pk $= (y, v, x, e(x, y))$。

(2) DO 运行 TagGen(sk，F)算法，将染色后的数据文件划分成二维结构：

$$F = \{B_1, B_2, \cdots, B_i, \cdots, B_m\}, B_i = \{b_{i1}, b_{i2}, \cdots, b_{ij}, \cdots, b_{in}\}$$

对B_i构造一维向量$Z_i = \{z_{i1}, z_{i2}, \cdots, z_{in}\}$ $(i=1, 2, \cdots, m)$，然后利用 BLS 签名方案为各个基本块b_{ij} $(i=1, 2, \cdots, m, j=1, 2, \cdots, n)$创建标签如下：

$$\varphi_{ij} = (H(Z_i \| z_{ij}) \cdot x^{b_{ij}})^l, \quad 1 \leqslant i \leqslant m, j=1, 2, \cdots, n$$

记数据所对应的标签集合为：

$$\varphi = \{\varphi_{ij}\}, \quad 1 \leqslant i \leqslant m, j=1, 2, \cdots, n \tag{8-25}$$

该认证结构的叶子节点对应$H(Z_i)$ $(i=1, 2, \cdots, n)$，并用私钥对根节点R进行签名得$\mathrm{Sig}_{sk}(H(R)) = (H(R))^l$，$\mathrm{Sig}()$是 BLS 数字签名方案中的签名算法。最后，DO 将基本块集合F、基本块标签集合φ和认证结构的根节点签名$\mathrm{Sig}_{sk}(H(R))$一起发送到 CSP。当 CSP 接收到 DO 发送的数据信息后，将其存储在云服务器上，并构造同样的分层 MBT 认证结构。

2. 审计阶段

DO 或 TPA 可以通过向 CSP 发起挑战来审计外包数据的完整性。DO 或 TPA 随机选择审计的数据块，生成挑战信息发送至 CSP，CSP 收到挑战后运行 GenProof()算法生成相应的审计证据，并发送至 DO 或 TPA，最后 DO 或 TPA 运行 CheckProof()算法审计证据的正确性，从而检验外包数据的完整性。审计流程如图 8.21 所示。

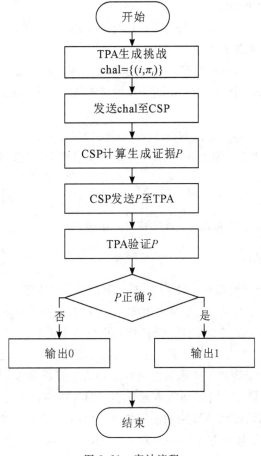

图 8.21　审计流程

具体的审计过程如下：

（1）挑战阶段：为了生成挑战信息 chal，TPA 随机从 $\{1, m\}$ 中选择 d 个元素构成集合 $D = \{r_1, r_2, \cdots, r_d\}$，假设 $r_1 \leqslant r_2 \leqslant \cdots \leqslant r_d$，并为每个 $i \in D$ 选择随机元素 $\pi_i \in Z_a$，最后生成挑战信息 chal $= \{(i, \pi_i)\}_{r_1 \leqslant i \leqslant r_d}$ 并发送至 CSP。

（2）响应阶段：当 CSP 收到挑战信息 chal $= \{(i, \pi_i)\}_{r_1 \leqslant i \leqslant r_d}$ 后，通过运行 GenProof$(F, \varphi, $chal$)$ 算法来生成挑战证据。

首先，CSP 使用伪随机函数 $f_{\pi_i}()$ 计算所有 b_{ij} 的随机系数 $\varepsilon_{ij} = f_{\pi_i}(j)$，$i \in D$，$j \in \{1, 2, \cdots, n\}$，被挑战数据块的线性组合如式（8-26）所示。

$$\mu = \sum_{i=r_1}^{r_d} \sum_{j=1}^{n} \varepsilon_{ij} b_{ij} \tag{8-26}$$

其次，CSP 计算聚合的认证标签，如式（8-27）所示。

$$\sigma = \prod_{i=r_1}^{r_d} \prod_{j=1}^{n} \varphi_{ij}^{\varepsilon_{ij}} \tag{8-27}$$

然后，CSP 提供分层 MBT 认证结构的第 i 个叶子节点 $H(Z_i)$ 相对应的辅助验证信息 $\{\Psi\}_{i \in D}$ 以及根节点的签名 Sig$_{sk}(H(R))$，并将 μ、σ、$H(Z_i)$、$\{\Psi\}_{i \in D}$ 和 Sig$_{sk}(H(R))$ 作为响应证据，如式（8-28）所示。

$$P = \{\mu, \sigma, H(Z_i), \{\Psi\}_{i \in D}, \text{Sig}_{sk}(H(R))\} \tag{8-28}$$

最后，CSP 将响应证据 P 发送给 TPA。

（3）审计阶段：TPA 收到审计证据 P 后运行 CheckProof$($pk, chal, $P)$ 算法审计证据 P。首先，用 $\{H(Z_i), \Psi_i\}$ 生成 MBT 认证结构的根节点 R，通过式（8-29）审计根节点 R 的有效性。

$$e(\text{Sig}_{sk}(H(R)), v) = e(H(R), v^l) \tag{8-29}$$

若等式（8-29）不成立，输出 0，无需继续审计，否则，继续审计式（8-30）的正确性。

$$e(\sigma, v) = e\left(\left(\prod_{i=r_1}^{r_d} \prod_{j=1}^{n} H(Z_i \| z_{ij})^{\varepsilon_{ij}}\right) \cdot x^\mu, y\right) \tag{8-30}$$

若等式（8-30）成立，则输出 1，若不成立，则输出 0。

8.4.3　数据动态更新

DO 可以对数据进行更新操作，如修改、插入和删除，具体操作过程由 PrepareUpdate()、ExecUpdate() 和 VerifUpdate() 三个算法组成。DO 通过运行 PrepareUpdate() 算法生成数据动态更新的请求消息并发送至 CSP。CSP 收到更新请求消息之后，运行 ExecUpdate() 算法执行相应的更新操作，输出更新证据，并返回给 DO。然后 DO 运行 VerifUpdate() 算法来验证更新证据，确认 CSP 是否按照约定进行了相应的更新操作。若验证通过，则 CSP 对数据进行了正确的更新操作，同时删除本地数据。因为构造的是分层 MBT 认证结构，所以能够支持粗粒度和细粒度两种级别的动态操作，即粗粒度操作和细粒度操作，其中细粒度操作包括插入基本块、修改基本块和删除基本块，而粗粒度操作包括插入新的数据块和删除数据块。五种动态更新操作具体过程如下：

（1）插入基本块。以在第 i 个数据块B_i中的第 j 个基本块b_{ij}之后插入新的基本块b'_{ij}为例，具体操作过程如下所示。

① 执行 PrepareUpdate(F，φ)算法生成插入基本块的请求消息。首先，DO 为基本块b'_{ij}生成相应的认证标签为φ'_{ij}，然后，DO 生成插入基本块的请求消息$Update_I = \{Insert，i，j，b'_{ij}，\varphi'_{ij}\}$，并将插入基本块的请求消息发送至 CSP。

② 当 CSP 收到插入基本块的请求消息后，执行 ExecUpdate(F，φ，$Update_I$)算法将基本块b'_{ij}插入，输出新的数据文件F'、新的标签集合 φ'和插入基本块证据 P_{Insert}。首先，CSP 先将基本块b'_{ij}存储在服务器上，生成叶子节点 $H(Z_i)$的辅助审计路径Ψ_i，输出新的数据文件F'。其次，将标签φ'_{ij}插入到φ_{ij}之后，输出新的标签集合 φ'。然后，更新分层 MBT 认证结构，如图 8.22 所示，在向量Z_i中的第 j 个元素之后插入基本块b'_{ij}的哈希值 $H(b'_{ij})$，将插入后的向量记为Z'_i，重新计算$H(Z'_i)$，将之前存储 $H(Z_i)$的叶子节点修改为$H(Z'_i)$，并再次计算原叶子节点 $H(Z_i)$辅助认证路径上所有节点的值，生成新的根节点R'。最后，生成插入基本块操作的证据 P_{Insert}，如式（8-31）所示。

$$P_{Insert} = \{H(Z_i)，\Psi_i，R'，Sig_{sk}\} \tag{8-31}$$

将插入证据作为本次插入基本块操作的响应消息返回给 DO。

③ 当 DO 收到 CSP 返回的插入基本块证据后，运行 VerifUpdate(pk，Insert，P_{Insert})算法审计插入基本块的更新操作证据。首先，DO 用$\{H(Z_i)，\Psi_i\}$生成根节点 R，用式（8-32）审计根节点 R 的有效性。

$$e(Sig_{sk}(H(R))，v) = e(H(R)，v^l) \tag{8-32}$$

若上式不成立，输出 0，无需继续审计，否则继续审计插入基本块证据，使用$\{H(Z_i)，H(Z'_i)，\Psi_i\}$重新计算生成根节点 R''，并与R'对比。若两个值相等，则输出 1，表明 CSP 按照约定插入基本块b'_{ij}，DO 进一步对新根节点R'进行 BLS 签名得到$Sig_{sk}(H(R'))$，并对新节点签名，将其发送到 CSP 进行更新，同时删除本地数据块，输出 0。

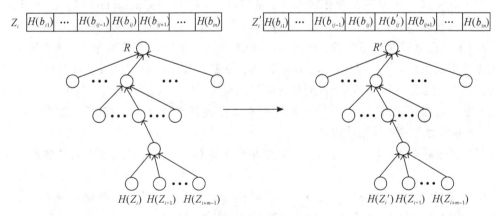

图 8.22　插入基本块过程

（2）修改基本块。若 DO 将第 i 个数据块B_i中的第 j 个基本块b_{ij}修改为新的基本块b'_{ij}，具体操作过程如下：

① 执行 PrepareUpdate(F，φ)算法生成修改基本块的请求消息。首先，DO 为基本块

b'_{ij}生成相应的标签φ'_{ij}，然后，DO生成修改基本块的请求消息$\text{Update}_M = \{\text{Modify}, i, j, b'_{ij}, \varphi'_{ij}\}$，并将请求消息发送至CSP。

② 当CSP收到修改基本块的请求消息后，执行$\text{ExecUpdate}(F, \varphi, \text{Update}_M)$算法将基本块$b_{ij}$修改为基本块$b'_{ij}$，输出新的数据文件$F'$、新的标签集合$\varphi'$和修改基本块证据$P_{\text{Modify}}$。首先，CSP先将服务器上的基本块$b_{ij}$替换为$b'_{ij}$，生成叶子节点$H(Z_i)$的辅助审计路径$\Psi_i$，输出新的数据文件$F'$。其次，将标签$\varphi_{ij}$修改为标签$\varphi'_{ij}$，输出新的标签集合$\varphi'$。然后更新分层MBT认证结构，如图8.23所示，将向量Z_i中的第j个元素z_{ij}修改为基本块b'_{ij}的哈希值$H(b'_{ij})$，同时将修改后的向量记为Z'_i，重新计算$H(Z'_i)$，将之前存储$H(Z_i)$的叶子节点修改为$H(Z'_i)$，再次计算原叶子节点$H(Z_i)$辅助认证路径上所有节点值，生成新的根节点R'。式(8-33)所示为修改基本块的证据P_{Modify}。

$$P_{\text{Modify}} = \{H(Z_i), \Psi_i, R', \text{Sig}_{sk}(H(R))\} \tag{8-33}$$

将修改证据作为本次修改基本块操作的响应消息返回给DO。

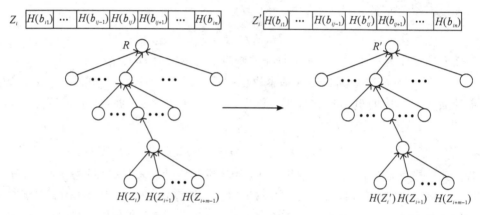

图8.23　修改基本块过程

③ DO收到CSP返回的修改基本块的证据后，运行$\text{VerifUpdate}(pk, \text{Modify}, P_{\text{Modify}})$算法审计修改基本块的更新操作证据。首先，DO用$\{H(Z_i), \Psi_i\}$生成根节点$R$，用式(8-32)审计根节点$R$的有效性。若式(8-32)不成立，输出0，无需继续审计；否则继续审计插入基本块证据，使用$\{H(Z_i), H(Z'_i), \Psi_i\}$重新计算生成根节点$R''$，并与$R'$相比。若两个值相等，则输出1，表明CSP按照约定将基本块b_{ij}修改为基本块b'_{ij}，DO进一步对新根节点R'进行签名得到$\text{Sig}_{sk}(H(R'))$，并将新根节点进行BLS签名，将其发送到CSP进行更新，删除本地数据，反之输出0。

(3) 删除基本块。若DO将第i个数据块B_i中的第j个基本块b_{ij}删除，具体操作过程如下：

① 执行$\text{PrepareUpdate}(F, \varphi)$算法生成删除基本块的请求消息。需要强调的是，删除基本块无需生成新的标签信息。DO生成删除基本块的请求消息$\text{Update}_D = \{\text{Delete}, i, j\}$，并将请求消息发送至CSP。

② CSP收到删除基本块请求消息后执行$\text{ExecUpdate}(F, \varphi, \text{Update}_D)$算法，将服务器端存储的基本块$b_{ij}$删除，输出新的数据文件$F'$、新的标签集合$\varphi'$和删除基本块证据$P_{\text{Delete}}$。首先，CSP先将服务器上存储的基本块$b_{ij}$删除，生成叶子节点$H(Z_i)$的辅助审计路径$\Psi_i$，

输出新的数据文件 F'。其次，将标签集合中的 φ_{ij} 删除，输出新的标签集合 φ'。再次，更新分层 MBT 认证结构，如图 8.24 所示，将向量 Z_i 中第 j 个元素 z_{ij} 删除，将删除后的向量记为 Z_i'，重新计算 $H(Z_i')$。再将之前存储 $H(Z_i)$ 的叶子节点修改为 $H(Z_i')$，再次计算原叶子节点 $H(Z_i)$ 辅助认证路径上所有节点的值，生成新的根节点 R'。最后根据式(8-34)生成删除基本块操作的证据 P_{Delete}。

$$P_{\text{Delete}} = \{H(Z_i),\ \Psi_i,\ R',\ \text{Sig}_{\text{sk}}(H(R))\} \tag{8-34}$$

将删除证据作为本次删除基本块操作的响应消息返回给 DO。

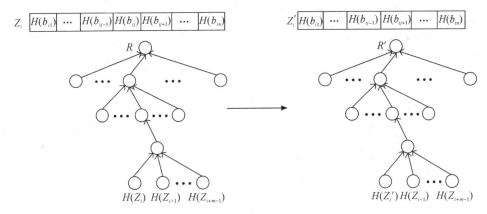

图 8.24　删除基本块过程

③ DO 收到 CSP 返回的删除基本块的证据后，运行 VerifUpdate(pk, Delete, P_{Delete}) 算法删除基本块的更新操作证据。首先，DO 用 $\{H(Z_i),\ \Psi_i\}$ 生成根节点 R，再用式 (8-32) 审计根节点 R 的有效性，若式(8-32)不成立，输出 0，无需继续审计；否则继续审计插入基本块证据，使用 $\{H(Z_i),\ H(Z_i'),\ \Psi_i\}$ 重新计算生成根节点 R''，并与 R' 对比。若两者值相等，则输出 1，表明 CSP 按照约定删除了基本块 b_{ij}。DO 进一步对新根节点 R' 进行签名得到 $\text{Sig}_{\text{sk}}(H(R'))$，并对新的根节点进行 BLS 签名，将其发送到 CSP 执行更新操作，反之则输出 0。

(4) 插入数据块。以插入新的数据块 B_i' 为例，插入位置为第 i 个数据块 B_i 之后，具体操作过程如下：

① 执行 PrepareUpdate(F, φ) 算法生成插入数据块的请求消息。首先，DO 将数据块 B_i' 进一步划分成 n 个基本块 $\{b_{i1}',\ b_{i2}',\ \cdots,\ b_{in}'\}$，为新的数据块 B_i' 生成相应的标签为 φ_{ij}'，然后 DO 生成插入数据块的请求消息 $\text{Update}_I = \{\text{Insert},\ i,\ B_i',\ \varphi_i'\}$，并将请求消息发送至 CSP。

② 当 CSP 收到插入数据块的请求消息后，执行 ExecUpdate(F, φ, Update_I) 算法将数据块 B_i' 插入，输出新的数据文件 F'、新的标签集合 φ' 和插入基本块证据 P_{Insert}。首先，CSP 先将数据块 B_i' 的各个基本块 b_{ij}' 存储在服务器上，生成叶子节点 $H(Z_i)$ 的辅助审计路径 Ψ_i，输出新的数据文件 F'。其次，将标签 φ_i' 插入到 φ_i 之后，输出新的标签集合 φ'。再次，更新分层 MBT 认证结构，如图 8.25 所示，将原来存储 $H(Z_i)$ 的叶子节点修改为父节点 A，将 $H(Z_i)$ 和 $H(Z_i')$ 变为父节点 A 的子节点，再重新计算节点 A 的值为 $H(H(Z_i)\ \|\ H(Z_i'))$，

以及原来 $H(Z_i)$ 辅助认证路径上所有节点的数值，生成新的根节点 R'。最后，生成插入数据块操作证据 P_{Insert}，如式（8－34）所示。

$$P_{\text{Insert}} = \{H(Z_i),\ \Psi_i,\ R',\ \text{Sig}_{sk}(H(R))\} \tag{8－35}$$

将插入证据作为本次插入数据块操作的响应消息返回给 DO。

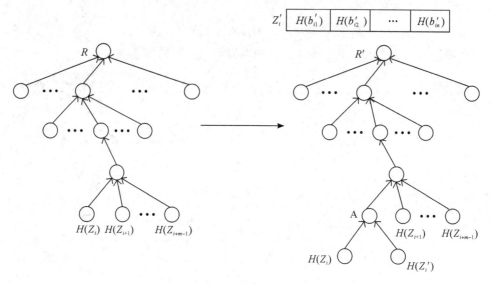

图 8.25　插入数据块过程

③ DO 在收到 CSP 返回的插入数据块的证据之后，运行 VerifUpdate（pk，Insert，P_{Insert}）算法审计插入数据块的更新操作证据。首先，DO 用 $\{H(Z_i),\ \Psi_i\}$ 生成根节点 R，用式（8－7）审计根节点 R 的有效性。若式（8－7）不成立，输出 0，无需继续审计；否则继续审计插入数据块证据，使用 $\{H(Z_i),\ H(Z_i'),\ \Psi_i\}$ 重新计算生成根节点 R''，并与 R' 对比。若两个值相等，则输出 1，表明 CSP 按照约定插入了数据块 B_i，DO 进一步对新根节点 R' 进行签名得到 $\text{Sig}_{sk}(H(R'))$，并对新的根节点进行 BLS 签名，将其发送到 CSP 进行更新，删除本地的数据；否则输出 0。

（5）删除数据块。以删除第 i 个数据块 B_i 为例，具体操作过程如下：

① 执行 PrepareUpdate（F，φ）算法生成删除数据块的请求消息。首先，DO 将数据块 B_i 对应的向量 z_i 删除，然后在 DO 端生成请求消息 $\text{Update}_D = \{\text{Delete},\ i,\ B_i\}$ 并发送至 CSP。

② 当 CSP 收到删除数据块的请求消息后，执行 ExecUpdate（F，φ，Update_D）算法将云服务器端存储的数据块 B_i 的所有基本块 b_{ij} 删除，输出新的数据文件 F'、新的标签集合 φ' 和删除基本块证据 P_{Delete}。首先，CSP 先将数据块 B_i 的基本块 b_{ij} 删除，生成叶子节点 $H(Z_i)$ 的辅助审计路径 Ψ_i，输出新的数据文件 F'。其次，将标签集合中的 φ_i 删除，输出新的标签集合 φ'。如图 8.26 所示，更新分层 MBT 认证结构，删除存储 $H(Z_i)$ 的叶子节点，计算原叶子节点 $H(Z_i)$ 辅助认证路径上节点数值之和，生成新的根节点 R'。最后，生成证据 P_{Delete}，如式（8－36）所示。

$$P_{\text{Delete}} = \{H(Z_i),\ \Psi_i,\ R',\ \text{Sig}_{sk}(H(R))\} \tag{8－36}$$

将删除证据作为本次删除数据块操作的响应消息返回给 DO。

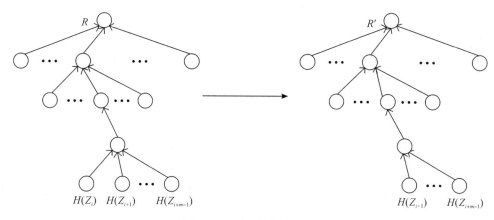

图 8.26　删除数据块过程

③ 收到 CSP 返回的删除数据块证据之后，在 DO 端运行 VerifUpdate(pk，Delete，P_{Delete})算法，审计删除数据块的更新证据。首先，DO 用{$H(Z_i)$，Ψ_i}生成根节点 R，用式 (8-32)审计根节点 R 的有效性，若式(8-32)不成立，输出 0，无需继续审计，否则继续审计删除数据块证据，重新计算生成根节点 R''，并与 R' 对比。若两者值相等，则输出 1，表明 CSP 按照约定已删除数据块 B_i，DO 进一步对新根节点 R' 进行签名得到 $\text{Sig}_{\text{sk}}(H(R'))$，并对新的根节点进行 BLS 签名，将其发送到 CSP 进行更新；否则输出 0。

8.4.4　安全性分析

本小节从正确性、隐私保护性、标签不可伪造性和预防重放攻击四个方面来证明设计方案的安全性。

1. 正确性分析

CSP 对 DO 数据正确地存储时，TPA 就能够正确地审计 CSP 所返回的证据，如式(8-37)所示。

$$P=\{\mu，\sigma，S，H(Z_i)，\{\Psi\}_{i\in D}，\text{Sig}_{\text{sk}}(H(R))\} \tag{8-37}$$

具体证明过程如下：

(1) 证明{μ，σ}是正确的，用双线性对的性质证明审计式(8-38)的正确性。

$$
\begin{aligned}
\text{等式左端} &= e(\sigma，v) \\
&= e\left(\prod_{i=r_1}^{r_d}\prod_{j=1}^{n}(H(Z_i\parallel z_{ij})\cdot x^{b_{ij}})^{k_{ij}}，v\right) \\
&= e\left(\prod_{i=r_1}^{r_d}\prod_{j=1}^{n}H(Z_i\parallel z_{ij})^{\varepsilon_{ij}}\cdot x^{b_{ij}\varepsilon_{ij}}，v\right)^{l} \\
&= e\left(\prod_{i=r_1}^{r_d}\prod_{j=1}^{n}H(Z_i\parallel z_{ij})^{\varepsilon_{ij}}\cdot x^{b_{ij}\varepsilon_{ij}}，y\right) \\
&= e\left(\prod_{i=r_1}^{r_d}\prod_{j=1}^{n}H(Z_i\parallel z_{ij})^{\varepsilon_{ij}}\cdot x^{\mu}，y\right) \\
&= \text{等式右端}
\end{aligned}
\tag{8-38}
$$

上述证明过程表明审计证据 P 中的 $\{\mu, \sigma\}$ 是正确的。

(2) 证明 $\{H(Z_i), \{\Psi\}_{i \in D}, \mathrm{Sig}_{sk}(H(R))\}$ 是正确的。

依据上文对分层 MBT 认证结构的详细阐述，根据 $\{H(Z_i), \{\Psi\}_{i \in D}\}$ 得到根节点 R，而 $\mathrm{Sig}_{sk}(H(R)) = (H(R))^l$，然后计算

$$e(\mathrm{Sig}_{sk}(H(R)), v) = e(H(R)^l, v)$$

根据双线性对性质，得到

$$e(\mathrm{Sig}_{sk}(H(R)), v) = e(H(R), v^l)$$

因此，$\{H(Z_i), \{\Psi\}_{i \in D}, \mathrm{Sig}_{sk}(H(R))\}$ 是正确的。

由(1)和(2)的证明可得：当 CSP 正确存储 DO 数据时，TPA 能够正确地审计 CSP 返回的证据。

2. 数据隐私保护分析

在数据完整性审计方法中，CSP 将审计证据返回给 TPA。证据 P 如式(8-39)所示。

$$P = \{\mu, \sigma, H(Z_i), \{\Psi\}_{i \in D}, \mathrm{Sig}_{sk}(H(R))\} \qquad (8-39)$$

在审计 P 的过程中不能获取到 DO 的原始数据，即染色前的隐私数据。

(1) 证明 TPA 不能从 $\mu = \sum\limits_{i=r_1}^{r_d} \sum\limits_{j=1}^{n} \varepsilon_{ij} b_{ij}$ 中窃取到 DO 的原始数据。

由于 CSP 返回给 TPA 的数据是染色之后的数据，而这种数据染色方法是不可逆的过程，不能通过窃取染色的数据集重构出原始的真实数据，故 TPA 在审计的过程中不能从 μ 中窃取到 DO 的原始数据。

(2) 证明 TPA 不能从 $\sigma = \prod\limits_{i=r_1}^{r_d} \prod\limits_{j=1}^{n} \varphi_{ij}^{\varepsilon_{ij}}$ 中窃取到 DO 的原始数据。

$$\sigma = \prod_{i=r_1}^{r_d} \prod_{j=1}^{n} \varphi_{ij}^{\varepsilon_{ij}}$$

$$= \prod_{i=r_1}^{r_d} \prod_{j=1}^{n} (H(Z_i \parallel z_{ij}) \cdot x^{b_{ij}})^{l\varepsilon_{ij}}$$

$$= \left(\prod_{i=r_1}^{r_d} \prod_{j=1}^{n} H(Z_i \parallel z_{ij})^{\varepsilon_{ij}} \right)^l \cdot \left(\prod_{i=r_1}^{r_d} \prod_{j=1}^{n} x^{b_{ij}\varepsilon_{ij}} \right)^l$$

$$= \left(\prod_{i=r_1}^{r_d} \prod_{j=1}^{n} H(Z_i \parallel z_{ij})^{\varepsilon_{ij}} \right)^l \cdot \left(\prod_{i=r_1}^{r_d} \prod_{j=1}^{n} x^{\mu} \right)^l \qquad (8-40)$$

由式(8-40)推导过程可知，x^{μ} 隐藏于 $\left(\prod\limits_{i=r_1}^{r_d} \prod\limits_{j=1}^{n} H(Z_i \parallel z_{ij})^{\varepsilon_{ij}} \right)^l$ 中。由于 TPA 根据 v^l 来计算 $\left(\prod\limits_{i=r_1}^{r_d} \prod\limits_{j=1}^{n} H(Z_i \parallel z_{ij})^{\varepsilon_{ij}} \right)^l$ 是一个计算性的 Diffie-Hellman 问题，所以 TPA 不能获取到 x^{μ} 值和 μ 值，进而也无法获得染色前的数据，故审计者无法从 σ 中获取到 DO 的原始数据。

从上述证明可知，在数据完整性审计方法中，TPA 在审计证据过程中不会获取到 DO 的原始数据，达到了隐私数据保护的目的。

3. 伪造攻击

出于自身经济利益考虑，CSP 可能会基于标签同态性，通过伪造标签响应 TPA 发起的完整性审计挑战信息，以此通过 TPA 对 DO 外包数据的完整性认证。对于这种基于标签同态性的伪造攻击，当 TPA 收到 CSP 返回的响应证据之后，可对被挑战的数据信息和对应的标签索引信息进行审计。由于本方法在对数据生成相应的标签时采用 BLS 数字签名，且 BLS 数字签名方案具有安全性及签名过程中哈希函数的单向性，因此 CSP 用伪造标签的方法不能通过 TPA，说明本方法能够抵御伪造攻击。

4. 重放攻击

重放攻击是指攻击者发送一个目的主机已接收过的包，以破坏认证的正确性来达到欺骗系统的目的。当 DO 需要更新数据时，CSP 应根据 DO 的更新需求对数据和标签信息进行相应更新，但是如果 CSP 没有执行相应的更新操作，却根据已有的数据和标签信息生成更新证据，就相当于欺骗 DO。首先，为了抵御重放攻击，根据更新之前的数据信息和相应的辅助验证信息，TPA 生成原来的分层 MBT 认证结构的根节点，并验证根节点的有效性。如果验证通过，再继续根据修改之后的数据信息和辅助验证信息生成新的分层 MBT 认证结构根节点，若新的根节点与 CSP 返回的根节点一致，则证明 MBT 认证结构的叶子节点进行了相应更新，即 CSP 按照 DO 的实际需求更新了相应的数据。同理，哈希函数和数据签名特性，使得 CSP 使用原来数据不能通过第三方审计认证，因此本方法能抵御重放攻击。

8.4.5 实验与结果分析

为了进一步验证本方法的性能，在 Core(TM) i7-6700HQ 2.60 GHz 处理器、16 GB RAM、Linux 操作系统上进行实验，所有算法通过 C 语言编程实现。为了执行双线性对运算和哈希函数运算，在系统中装入 PBC 库和 OpenSSL 库，通过将群的阶设定为 160 bit 来获得 80 bit 的安全参数。

由于本方法和构造认证结构的方法类似，都是将数据文件重新划分、组织成二维结构，进一步引入一维向量构造出分层次的认证结构，使得认证树的叶子节点对应第一层的数据块，一维向量对应第二层的基本块。由于本方法和其他审计方法都支持两种粒度的数据动态更新操作，因此对两种数据完整性验证方法进行实验性能对比分析。

1. 分层 MBT 认证结构构造时间

本实验分析 DO 和 CSP 构造分层 MBT 认证结构所需的时间。在同样的实验环境下，分别测试两种方法消耗的时间，对比分析和验证本方法的性能，为 DO 和 CSP 减轻计算负担。实验中选取大小为 256 MB 的数据文件作为输入，划分数据块的大小为 50 KB，基本块的大小为 1 KB，测试当分层 MBT 认证结构的出度为 2、4、6、8、16、32 和 64 时，DO 和 CSP 构造分层 MBT 认证结构时所消耗的时间，最终选取 20 次实验的平均值作为实验结果，如图 8.27 所示。当出度等于 2 时，表示本方法的认证结构树和分层次的索引结构相同，非叶子节点都有两个子节点；当出度大于 2 时，表示本方法的认证结构树的非叶子节点都有 $n(n>2)$ 个子节点。对于数量相同的数据块来说，随着出度增大，本方法的认证结构树的高度会远低于分层次的认证结构的高度。从图 8.27 中可看出，本方法构造的分层 MBT 认证结构所消耗的时间远小于分层次的索引结构所消耗的时间，并且随着出度的逐渐增加，消耗的时间也逐渐减少，因此本方法构造的分层 MBT 认证结构能较大地减轻 DO 和 CSP 的计算负担，提高了整个数据完整性审计方法的效率。

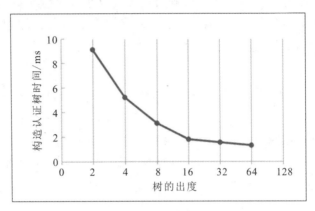

图 8.27　构造分层 MBT 认证结构时间

2. 数据完整性审计效率

本实验旨在分析比较本方法与其他方法的数据完整性审计效率。数据完整性审计效率包含两个方面的内容，即审计时间和通信开销。在相同实验环境下，通过 TPA 向 CSP 分别挑战不同数量的数据块来测试本方法所消耗的审计时间和通信开销。其中，审计时间由 CSP 生成验证证据所消耗的时间和 TPA 验证证据所消耗的时间两部分构成；通信开销也由 TPA 发送挑战信息和 CSP 返回证据两部分的通信开销组成。

本实验中划分的数据块大小仍然为 50 KB，构造的分层 MBT 认证结构的出度为 8。分别测试当挑战数据块的数量为 50、100、150、200、250、300 时所消耗的审计时间和通信开销，最终选取 20 次实验的平均值作为实验结果，如图 8.28 所示。

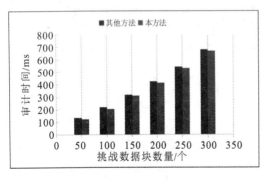
（a）审计时间比较

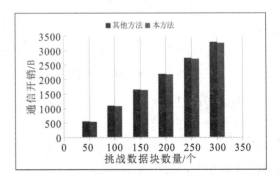
（b）通信开销比较

图 8.28　审计效率比较

从图 8.28(a)中可以看出，当挑战的数据块数量逐渐增多时，本方法和其他方法所消耗的审计时间都逐渐增多，但是本方法消耗的时间小于其他方法消耗的时间，这主要是由于本方法减少了审计过程中所需要的相关辅助验证信息，也减少了 CSP 生成证据的时间和 TPA 验证证据所消耗的时间，即本方法在查询和构造认证结构方面明显优于其他方法中的认证结构。

从图 8.28(b)中可以看出，当被挑战的数据块数量逐渐增多时，本方法和其他方法发送挑战信息的通信开销均逐渐增大，但本方法的审计通信开销更小；本方法和其他方法返回验证证据的通信开销一致，但本方法返回验证证据中的辅助验证信息更少，因此，本方法的通信开销较小，性能更优。

3. 数据动态更新操作效率

本实验旨在分析比较本方法和其他数据完整性审计方法数据动态更新效率。在相同的实验环境下，测试当 DO 对云服务器端的数据块和基本块进行更新操作时，本方法和其他方法所消耗的时间。更新操作的时间包括云服务器端执行更新操作时间和 DO 验证更新操作证据时间两部分。通过对比、分析两种方法所消耗的时间，验证本方法的数据动态更新效率更高。

（1）更新不同数量数据块的效率比较。实验中划分的数据块大小仍然为 50 KB，构造的分层 MBT 认证结构的出度为 8。分别测试当插入和删除数据块的数量为 500、1000、1500、2000、2500 时所消耗的时间，最终选取 20 次实验的平均值作为实验结果，如图 8.29 所示。

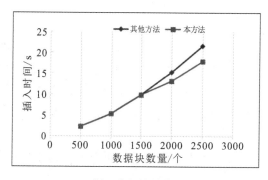 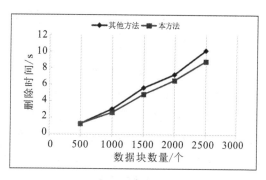

（a）插入数据块效率比较　　　　　　　　（b）删除数据块效率比较

图 8.29　更新数据块效率比较

从图 8.29 中可以看出，当数据块的数量逐渐增多时，本方法插入和删除操作所消耗的时间都逐渐增多，但本方法所消耗的时间都小于其他方法所消耗的时间。这是因为本方法构造的更新分层 MBT 认证结构的效率优于其他方法所构造的分层索引认证结构。除此之外，相对于插入操作而言，删除操作在分层 MBT 中需要更新的节点数相对减少，这是因为删除数据块时不需要存储新的数据和标签，因此，执行删除数据块操作所消耗的时间都小于执行插入操作所消耗的时间。

（2）更新不同数量基本块的效率比较。实验中划分的基本块大小为 1 KB，构造分层

MBT 认证结构的出度为 8。分别测试当插入、修改和删除基本块的数量为 500、1000、1500、2000、2500 时所消耗的时间,最终选取 20 次实验的平均值作为实验结果,如图 8.30 所示。

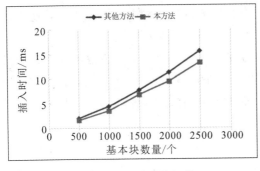
（a）插入基本块效率比较

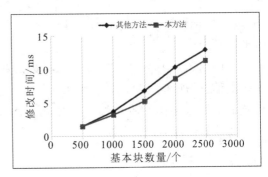
（b）修改基本块效率比较

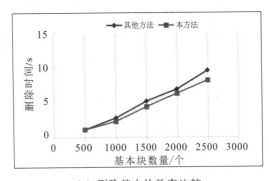
（c）删除基本块效率比较

图 8.30　更新基本块效率比较

从图 8.30 中可以看出,当基本块的数量逐渐增多时,本方法和其他方法的插入、修改和删除操作所消耗的时间都逐渐增多,但本方法所消耗的时间都小于其他方法所消耗的时间,其原因与数据块更新操作时一致。由于插入操作需要重新存储新的基本块和对应的文件块,会使分层 MBT 认证结构的节点数增多,而修改操作不会改变 MBT 认证结构的节点数,删除操作则会减少 MBT 认证结构的节点数,三种操作对应的需要更新的节点依次减少,因此所消耗的时间都逐渐减少。

8.5　基于哈希消息认证码和不可区分性混淆的数据完整性审计方法

哈希消息认证码具有保证数据完整性、防止数据篡改的特点,而不可区分性混淆利用公钥密码学思想,保证原回路与混淆后回路在功能上一致,但计算上不可区分,从而在混淆后能够确保其功能性的同时隐藏内部信息。融合哈希消息认证码与不可区分性混淆使得在完整性审计过程中既保证了数据的完整性,又隐藏了内部信息。因此本节基于哈希消息认证码(Hash-based Message Authentication Code,HMAC)和不可区分性混淆(Indistinguishability Obfuscation，IO)技术，提出了一种数据完整性审计方法，以减轻 TPA 的计算负担，同时达到保护 DO 数据隐私的目的。

8.5.1　算法设计

首先，本方法创建出一个分层 MBT 数据认证结构，用来帮助 DO 快速对数据进行动态更新。其次，在审计过程中，DO 生成一个封装了以前在 TPA 端运行的、可以验证外包数据完整性的证据信息的审计程序，之后使用 HMAC 把 DO 密钥嵌入生成的审计程序中，并根据 IO 技术对该审计程序进行混淆处理，然后，把混淆处理的审计程序发送给 CSP，同时发送密钥给 TPA。再然后，CSP 收到 TPA 的挑战信息后，执行混淆程序并生成标签 HMAC，反馈给 TPA。最后，TPA 验证标签的正确性，以达到认证 DO 数据完整性的目的，并把验证结果发送至 DO。

8.5.2　数据完整性审计过程

本节提出的数据完整性审计方法仍然属于数据持有性验证模型，数据完整性审计过程与 8.4 节一样，分为初始化阶段、挑战阶段和响应阶段三个阶段，由 KeyGen( )、TagGen( )、GenProof( )、CheckProof( )四个算法组成。

（1）初始化阶段：首先，DO 进行预处理数据，然后生成一个标签集合，该标签集合包括了公私密钥对和数据块两部分，之后进行分层 MBT 认证结构的构造，并对根节点进行签名，最后把预处理后的信息发送给 CSP，这个阶段具体由两个算法实现。

① 密钥生成算法：$KeyGen(l^k) \rightarrow \{pk, sk\}$。本算法目的为生成密钥对，由 DO 端执行。DO 任意选择签名密钥对(ssk，spk)，$\alpha \in Z_p$，再选择 $u \in G_1$，计算出 $v = g^\alpha \in G_2$，g 是群组 G_2 的生成元，则私钥 $sk = \{\alpha, ssk\}$，公钥 $pk = \{u, v, g, spk\}$。

② 标签生成算法：$TagGen(sk, F) \rightarrow \{\psi, ID, Sig_{sk}(H(R))\}$。本算法在 DO 端执行，生成数据标签，并构造分层 MBT 认证结构。DO 将数据文件 F 划分为二维结构，即 $F = \{B_1, B_2, \cdots, B_i, \cdots, B_n\}$，$B_i = \{b_{i1}, b_{i2}, \cdots, b_{ij}, \cdots, b_{ik}\}$。然后构造一维向量 $E_i = \{e_{i1}, e_{i2}, \cdots, e_{ij}, \cdots, e_{ik}\}$，$H(\cdot)$ 表示哈希函数。其次根据 $ID = fname \| n \| k \| Sig_{ssk}(fname \| n \| k)$ 计算得到 F 的标识 ID，其中 fname 只是一个随机元素，且 $fname \in Z_p$。接下来，给每一个子块(b_{ij}，$i = 1, 2, \cdots, n$，$j = 1, 2, \cdots, k$)计算生成相对应的标签 $\psi_{ij} = (H(E_i \| e_{ij}) \cdot u^{b_{ij}})^\alpha$ ($1 \leqslant i \leqslant n$，$j = 1, 2, \cdots, k$)，并把所有生成的标签放入一个集合里面，即标签集为 $\psi = \{\psi_{ij}\}$ ($1 \leqslant i \leqslant n$，$j = 1, 2, \cdots, k$)。再次，DO 对分层 MBT 数据认证结构进行构造，构造完成之后对根节点进行 BLS 签名。这里的执行过程和 8.4 节的过程相同，不再叙述。最后，DO 把数据块集 F、标识 ID、标签集 ψ 以及分层 MBT 数据认证结构的根节点签名 $Sig_{sk}(H(R))$ 全部都发送到 CSP，并删除本地数据。CSP 在接收到 DO 发送的数据信息之后，也构建一个一样的数据认证结构，然后在云端存储接收到的数据信息。

（2）挑战阶段：该阶段主要由 DO 和 TSA 参与，DO 执行混淆审计程序的生成，而 TPA 将挑战信息发送给 CSP。

① 为了达到 TPA 进行数据完整性验证的目的，首先，DO 选择 HMAC 的密钥 K，并利用安全参数生成审计程序 $AuditProgram_K$，然后，将密钥 K 嵌入生成的审计程序中，

AuditProgram$_K$ 的算法流程如图 8.31 所示。接着，采用 IO 技术对审计程序进行混淆处理，即 $Z=\mathrm{IO}(\mathrm{AuditProgram}_K)$。最后，DO 将密钥 K 发送给 TPA，并将审计程序发送给 CSP。

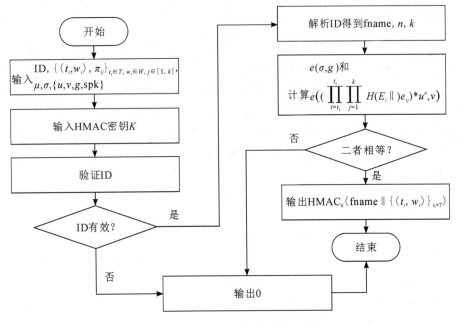

图 8.31　AuditProgram$_K$ 算法流程

在图 8.31 中，T 表示需要审计数据块的集合，μ 表示被挑战数据块的数据，σ 表示标签聚合，π_{ij} 表示数据基本块产生的随机系数，w_i 表示与 i 对应的随机数，HMAC(·) 表示哈希消息验证码。

② TPA 向 CSP 发起挑战，TPA 只生成 chal $=\{\mathrm{key}_1,\mathrm{key}_2\}$，其中 key$_1$ 和 key$_2$ 分别表示伪随机函数 f_1 和 f_2 的密钥，这样可以降低通信开销，然后 TPA 给 CSP 发送生成的挑战信息。

（3）响应阶段：CSP 收到 TPA 发送的挑战信息后，对其进行响应并生成与之相对应的响应证据，然后发送给 TPA，TPA 验证这些响应证据，以确保数据的完整性。该阶段具体由两个算法组成。

① 证据生成算法：GenProof$(F,\psi,\mathrm{chal})\rightarrow\{P\}$。该算法主要用来生成响应证据，是由云端执行的。CSP 在收到 TPA 发送的挑战信息 chal $=\{\mathrm{Key}_1,\mathrm{Key}_2\}$ 后，先使用伪随机函数 f_1 及其对应的密钥 Key$_1$ 计算生成数据块索引集 $T=\{t_1,t_2,\cdots,t_i,\cdots,t_c\}$ $(t_1<t_2<\cdots<t_c,t_i\in n)$，再使用伪随机函数 f_2 及其秘钥 Key$_2$ 计算生成 t_i 的随机序列 $W=\{w_1,w_2,\cdots,w_i,\cdots,w_c\}$；其次，按照 $\{t_i,w_i\}$ 找出与需要验证数据块对应的叶子节点 $H(E_i)$，构建辅助验证信息 ϕ_i，并通过伪随机函数 $f_3(\cdot)$ 得到所有 b_{ij} 对应的随机系数 $\pi_{ij}=f_{3w_i}(j)$。通过对应的 ID、b_{ij}、ψ_{ij} 以及公共参数 $\{u,v,g,\mathrm{spk}\}$ 计算 $\mu=\sum_{i=t_1}^{t_c}\sum_{j=1}^{k}\pi_{ij}b_{ij}$，$\sigma=\prod_{i=t_1}^{t_c}\prod_{j=1}^{k}\psi_{ij}^{\pi_{ij}}$，（其中 $i\in T,j\in[1,k]$），执行混淆审计程序，输出执行结果，如式（8-41）所示：

$$\mathrm{Output}_{\mathrm{IO}}=Z(\mathrm{ID},\{(t_i,w_i),\pi_{ij}\}_{t_i\in T,w_I\in W,j\in[1,k]},\mu,\sigma,\{u,v,g,\mathrm{spk}\}) \qquad (8-41)$$

最后生成响应证据，如式(8-42)所示：

$$P = \{\text{Output}_{\text{IO}}, H(E_i), \{\phi_i\}_{i \in T}, \text{Sig}_{sk}(H(R))\} \quad (8-42)$$

生成响应证据后，将其发送至 TPA。

② 证据验证算法：CheckProof(pk, chal, P)→{True, False}。本算法主要用来验证从 CSP 返回的响应证据，是由 TPA 端执行的。TPA 在收到审计证据 P 后，先根据辅助验证信息$\{H(E_i), \varphi_i\}$获得分层 MBT 认证结构的根节点R'，然后通过式(8-43)对R'的有效性进行判断。

$$e(\text{Sig}_{sk}(H(R)), g) = e(H(R'), v) \quad (8-43)$$

执行式(8-43)，如果表达式不成立，不再进行审计，输出 False；反之，如果使用Key$_1$和Key$_2$计算得到$\{(t_i, w_i)\}_{t_i \in T, w_j \in W}$，那么继续对式(8-44)进行验证。

$$\text{Output}_{\text{IO}} = \text{HMAC}_K(\text{fname} \parallel \{(t_i, w_i)_{t_i \in T, w_j \in w}\}) \quad (8-44)$$

如果式(8-44)成立，就表示通过挑战，输出 True；如果不成立，则输出 False。

由于对数据动态更新构造的认证数据结构和 8.4 节一样，因此数据动态更新过程就不再赘述。

8.5.3　安全性分析

本方法同样支持公开验证，不但可以抵御伪造攻击和重放攻击，而且在验证证据过程中还能够防止 DO 的隐私数据被 TPA 窃取。本方法抵抗伪造攻击、公开审计和重放攻击的理论和 8.4 节相同，这里不再赘述。此外，本方法在遭受外部攻击时同样具有强大的抵抗力。下面详细分析对外部攻击的抵御和对数据隐私的保护。

1. 正确性分析

如果 CSP 可以按照 DO 的约定对数据进行正确存储，那么 CSP 发送的响应证据就可以通过 TPA 的验证，也就是 $P = \{\text{Output}_{\text{IO}}, H(E_i), \{\varphi_i\}_{i \in T}, \text{Sig}_{sk}(H(R))\}$ 可以被验证通过。式(8-44)和混淆审计程序中验证等式的正确性以及 IO 的属性共同决定了本方法的正确性。式(8-44)已在 8.4 节详细证明，在混淆审计程序中，验证等式如式(8-45)所示：

$$e(\sigma, g) = e\left(\left(\prod_{i=t_1}^{t_c} \prod_{j=1}^{k} H(E_i \parallel e_{ij})^{\pi_{ij}}\right) \cdot u^\mu, v\right) \quad (8-45)$$

证明过程如下：

$$\text{等式左端} = e(\sigma, g) = e\left(\prod_{i=t_1}^{t_c} \prod_{j=1}^{k} (H(E_i \parallel e_{ij}) \cdot u^{b_{ij}})^{\alpha \pi_{ij}}, g\right)$$

$$= e\left(\prod_{i=t_1}^{t_c} \prod_{j=1}^{k} H(E_i \parallel e_{ij})^{\pi_{ij}} \cdot u^{b_{ij}\pi_{ij}}, g\right)^\alpha$$

$$= e\left(\prod_{i=t_1}^{t_c} \prod_{j=1}^{k} H(E_i \parallel e_{ij})^{\pi_{ij}} \cdot u^{b_{ij}\pi_{ij}}, v\right)$$

$$= e\left(\prod_{i=t_1}^{t_c} \prod_{j=1}^{k} H(E_i \parallel e_{ij})^{\pi_{ij}} \cdot u^\mu, v\right)$$

$$= \text{等式右端}$$

2. 抵御外部攻击分析

外部攻击是指攻击者成功入侵 CSP，篡改数据，并且在审计过程中非法窃听挑战信息。CSP 使用已经被篡改后的数据和 TPA 发送的挑战信息生成相应的响应证据，并将这些证据发送给 TPA，在发送响应证据期间，攻击者对证据进行阻拦并截获，然后逆运算篡改数据证据，并将新的响应证据返回给 TPA，使得在篡改数据的同时还可以成功通过 TPA 的验证。抵挡这种外部攻击的常用方法为：CSP 在发送响应证据之前先对其进行签名，这样即使在发送过程中被攻击者所截获，攻击者也无法破解签名，从而无法破坏数据。TPA 对已签名的证据进行验证，而且签名所具有的特性能够使 TPA 判断证据的来源是否可靠。

本方法不使用 CSP 对响应证据进行签名这种方式也一样完全能够抵御上述外部攻击。CSP 发送的响应证据里面包括混淆审计程序的输出结果 $Output_{IO}$，而 $Output_{IO}$ 是一个 HMAC 标签，所以攻击者只有通过破坏并重新伪造一个 HMAC 标签，才有可能对本方法产生攻击，而基于混沌映射的 HMAC 算法在性能上的多方面深度分析，其中包含对敏感性、抗碰撞性能以及抗存在性伪造攻击的分析等，表明 HMAC 算法拥有很高的安全级别，因此攻击者不可能伪造出能通过验证的 HMAC 标签，即证明了本方法能够有效抵御伪造攻击。

3. 数据隐私保护分析

在数据完整性审计方法中，DO 的数据信息不能从审计证据 $P = \{Output_{IO}, H(E_i), \{\varphi_i\}_{i \in T}, Sig_{sk}(H(R))\}$ 中被 TPA 获取。

(1) 证明 TPA 不能从 $Output_{IO}$（HMAC 标签）中获取到相应数据。因为混淆审计程序的输出结果 $Output_{IO}$ 是一个 HMAC 标签，通过随机元素和挑战向量组合得到，且不包含任何 DO 信息，所以 TPA 不能从 $Output_{IO}$（HMAC 标签）中获取到数据。

(2) 证明 TPA 不能从 $H(E_i)$，$\{\varphi_i\}_{i \in T}$，$Sig_{sk}(H(R))$ 中获取到相应数据。因为 $H(E_i)$，$\{\varphi_i\}_{i \in T}$，$Sig_{sk}(H(R))$ 与 8.4 节中所表示的意思是一致的，具有相同的证明过程，因此在这里不再赘述。

上述证明过程和结论表明，TPA 在验证证据过程中不能够得到 DO 的数据信息。

8.5.4　实验与结果分析

本实验采用与 8.4 节相同的实验环境配置进行性能分析，并选取 20 次实验的平均值作为最终实验结果。

1. TPA 时间开销对比

为计算出不同挑战数据块数量时的 TPA 验证证据时间，在实验环境相同的情况下，采用 8.4 节方法和本方法相比较。在 TPA 验证证据所花费的时间开销方面，本方法显然比 8.4 节方法的开销小。实验结果如图 8.32 所示。

在 8.4 节论述的方法中，TPA 是在验证等式(8-29)和式(8-30)的基础上验证证据的，本方法是在验证等式(8-43)和式(8-44)的基础上进行的。验证等式(8-43)时执行两次哈希运算即可，它的验证代价是 $2CompHash_{z_p}$，然而 8.4 节方法的验证等式(8-29)需要付出的代价如式(8-46)所示：

$$(ck+1)CompHash_G + (ck+3)CompExpt_G + (ck+2)CompMult_G + 2CompBlin_G \quad (8-46)$$

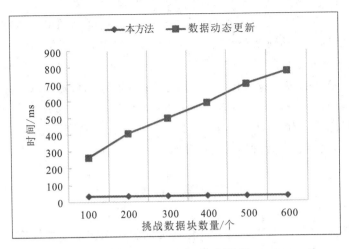

图 8.32　TPA 验证证据时间

式(8-46)中各个表达式及其含义说明如表 8.5 所示，因此在计算代价方面，本方法显然比 8.4 节方法所付的代价小。

表 8.5　表达式含义说明

表达式	含　义
CompHash_{Z_p}	Z_p 中哈希运算代价
CompHash_G	G 中哈希运算代价
CompExpt_G	G 中幂运算代价
CompMult_G	G 中乘法运算代价
CompBlin_G	G 中双线性对代价

2. 数据完整性审计通信开销对比

计算出挑战不同数量数据块的通信开销，对 8.4 节中的方法和本方法进行比较实验，可得出如下结论：本方法的通信开销略小于 8.4 节方法的通信开销。实验结果如图 8.33 所示。

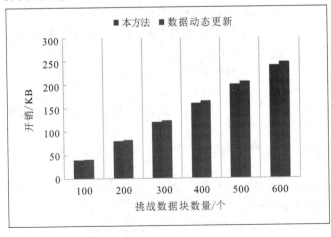

图 8.33　不同数据块数量下通信开销比较

在审计过程中，通信开销主要由 TPA 发送挑战信息开销与 CSP 响应证据的开销构成。本方法发送挑战信息的通信开销为 20 B，而 8.4 节方法的通信开销为 $11cB$，c 为挑战数据块数量，发送挑战信息的开销和 c 具有线性相关关系。除此之外，在响应证据方面，本方法只包含了 HAMC 标签，没有包含标签信息 σ、数据隐私参数 s 以及数据块信息 μ，因此可减少 40 B 的通信开销，相对于整个通信开销来说只是一小部分。

综上所述，与基于 MBT 的审计方法相比较，本方法大幅度降低了 TPA 的时间开销，也降低了整个数据完整性审计过程的通信开销。

本 章 小 结

本章主要围绕云环境下数据拥有者外包数据的隐私保护及完整性审计方法进行研究。针对当前完整性审计方法可能存在的数据安全风险问题，侧重研究基于 Hadoop 的数据完整性分布式聚合审计方案，并提出了支持数据动态更新的多副本数据完整性审计方法，支持隐私保护的数据动态更新的完整性审计方法以及基于哈希消息认证码和不可区分性混淆技术的完整性审计方法，确保数据拥有者云端数据的正确性、可用性和完整性。为云环境下的外包数据隐私保护及完整性审计提供了有效的解决方法。

参 考 文 献

［1］ HUANG Z, LAI J, CHEN W, et al. Data security against receiver corruptions：SOA security for receivers from simulatable DEMs［J］. Information Sciences，2019，471：201－215.

［2］ DANIEL E, VASANTHI N A. LDAP：a lightweight deduplication and auditing protocol for secure data storage in cloud environment［J］. 2019，22(1)：1247－1258.

［3］ WANG Liang, WANG Baocang, MA Shuquan. A Signature-Sharing Based Auditing Scheme with Data Deduplication in Cloud Storage［C］//Chinese Conference on Trusted Computing and Information Security. 2017.

［4］ 曹夕，许力，陈兰香. 云存储系统中数据完整性验证协议［J］. 计算机应用，2012，32(1)：8－12.

［5］ 秦志光，王士雨，赵洋，等. 云存储服务的动态数据完整性审计方案［J］. 计算机研究与发展，2015，52(10)：2192－2199.

［6］ KANG B, WANG J, SHAO D. Attack on Privacy-Preserving Public Auditing Schemes for Cloud Storage ［J］. Mathematical Problems in Engineering，2017：1－6.

［7］ 任静思，王劲林，陈晓，等. 一种多副本动态数据持有性证明方案［J］. 西安电子科技大学学报，2017(06)：162－167＋180.

［8］ 李超零，陈越，余洋，等. 一种动态数据多副本持有性证明方案［J］. 信息工程大学学报，2014，15(4)：385－392.

［9］ 杨旸，刘佳，蔡圣暐，等. 云计算中保护数据隐私的快速多关键词语义排序搜索方案［J］. 计算机学报，2018，41(06)：1346－1359.

［10］ FENG Dengguo, ZHANG Min, ZHANG Yan, et al. 云计算安全研究［J］. 软件学报，2011，22(1)：71－83.

［11］ 王瑞锦，张凤荔，王馨云，等.基于改进跳表的云端数据完整性验证协议［J］.电子科技大学学报，2018，47（01）：88－94.

［12］ CRIPTOGRAFÍA. Message authentication code［J］. IEEE Communications Magazine，2016，23（9）：29－40.

［13］ 谭霜，何力，陈志坤，等.云存储中一种基于格的数据完整性验证方法［J］.计算机研究与发展，2015，52（8）：1862－1872.

［14］ 李霞，王文扬，陈正，等.车联网中的密码技术［J］.信息技术与信息化，2019，（10）：40－42.

［15］ SAMANTA J，BHAUMIK J，BARMAN S. Compact CA-Based Single Byte Error Correcting Codec［J］. IEEE Transactions on Computers，2017，67（2）：291－298.

［16］ HAMMING R W. Error detecting and error correcting codes［J］. Bell Labs Technical Journal，1950，29（2）：147－160.

［17］ 冯璇，胡舒凯，王谛，等.一种改进的高速链路前向纠错编码［J］.计算机工程与科学，2017，39（5）：885－891.

［18］ 刘海峰，刘洋，梁星亮.一种结合优化后 AES 与 RSA 算法的二维码加密算法［J］.陕西科技大学学报，2019，37（06）：153－159.

［19］ BONEH D，LYNN B，SHACHAM H. Short Signatures from the Weil Pairing［C］//International Conference on the Theory and Application of Cryptology and Information Security：Advances in Cryptology. Springer-Verlag，2001：514－532.

［20］ 王惠峰，李战怀，张晓，等.云存储中数据完整性自适应审计方法［J］.计算机研究与发展，2017，54（1）：172－183.

［21］ CHOI D H，CHOI S，WON D. Improvement of probabilistic public key cryptosystem using discrete logarithm. In：Kim，K.（ed.）The 4th International Conference on Information Security and Cryptology，ICISC 2001.

［22］ MUKUNDAN R，MADRIA S，LINDERMAN M. Efficient integrity verification of replicated data in cloud using homomorphic encryption［J］. Distributed and Parallel Databases，2014，32（4）：507－534.

［23］ ATENIESE G，BURNS R，CURTMOLA R，et al. Provable data possession at untrusted stores［C］//ACM Conference on Computer and Communications Security. ACM，2007：598－609.

［24］ NAYAK S K，TRIPATHY S. SEPDP：secure and efficient privacy preserving provable data possession in cloud storage［J］. IEEE Transactions on Services Computing，2018，34（4）：21－27.

［25］ ZHU Y，HU H，AHN G J，et al. Cooperative provable data possession for integrity verification in multicloud storage［J］. IEEE transactions on parallel and distributed systems，2012，23（12）：2231－2244.

［26］ 李顺东，窦家维，王道顺.同态加密算法及其在云安全中的应用［J］.计算机研究与发展，2015，52（6）：1378－1388.

［27］ WANG Y，SHEN Y，WANG H，et al. MtMR：Ensuring MapReduce Computation Integrity with Merkle Tree-based Verifications［J］. ieee transactions on big data，2016，（99）：12－18.

［28］ 苏迪，刘竹松.一种新型的 Merkle 哈希树云数据完整性审计方案［J］.计算机工程与应用，2018，54（1）：70－76. DOI：10.3778/j.issn.1002－8331.1611－0339.

［29］ 李勇，姚戈，雷丽楠，等.基于多分支路径树的云存储数据完整性验证机制［J］.清华大学学报（自然科学版），2016，56（5）：504－510.

［30］ 王惠峰，李战怀，张晓，等.云存储中支持失效文件快速查询的批量审计方法［J］.计算机学报，2017，40（10）：2338－2351.

［31］ XIONG J，LI F，MA J，et al. A full lifecycle privacy protection scheme for sensitive data in cloud computing［J］. Peer-to-Peer Networking and Applications，2015，8（6）：1025－1037.

[32] ZHANG J, CHEN B, ZHAO Y, et al. Data security and privacy-preserving in edge computing paradigm: Survey and open issues[J]. IEEE Access, 2018, 6: 18209 - 18237.

[33] 李凌, 李京, 徐琳, 等. 一种云计算环境中 DO 身份信息隐私保护方法[J]. 中国科学院研究生院学报, 2013, 30(1): 98 - 105.

[34] BIJON K Z, KRISHNAN R, SANDHU R. Risk-Aware RBAC Sessions[J]. Lecture Notes in Computer Science, 2015, 7671: 59 - 74.

[35] LANG X, WEI L, WANG X, et al. Cryptographic access control scheme for cloud storage based on proxy re-encryption[J]. Journal of Computer Applications, 2014, 34(3): 724 - 727.

[36] WU Y, JIANG Z L, WANG X, et al. Dynamic Data Operations with Deduplication in Privacy-Preserving Public Auditing for Secure Cloud Storage[C]//2017 IEEE International Conference on Computational Science and Engineering (CSE) and IEEE International Conference on Embedded and Ubiquitous Computing (EUC). IEEE, 2017.

[37] NAELAH A, ALI M. Privacy-Preserving Public Auditing in Cloud Computing with Data Deduplication [C]//International Symposium on Foundations and Practice of Security. Springer International Publishing, 2015.

[38] JR A L M, SANTIN A O, STIHLER M, et al. A UCONabc Resilient Authorization Evaluation for Cloud Computing[J]. IEEE Transactions on Parallel & Distributed Systems, 2013, 25(2): 457 - 467.

[39] LI J, XIE D, et al. Secure Auditing and Deduplicating Data in Cloud[J]. IEEE Transactions on Computers, 2016, 65(8): 2386 - 2396.

[40] DUNNING L A, KRESMAN R. Privacy Preserving Data Sharing With Anonymous ID Assignment [J]. IEEE Transactions on Information Forensics & Security, 2013, 8(2): 402 - 413.

[41] FU A, YU S, ZHANG Y Q, et al. NPP: A New Privacy-Aware Public Auditing Scheme for Cloud Data Sharing with Group Users[J]. IEEE Transactions on Big Data, 2017, (99): 27 - 31.

[42] HUANG Longxia, ZHANG Gongxuan, FU Anmin. Privacy-preserving public auditing for non-manager group[C]//2017 IEEE International Conference on Communications (ICC). IEEE, 2017.

[43] DANIEL E , VASANTHI N A. LDAP: a lightweight deduplication and auditing protocol for secure data storage in cloud environment[J]. 2019, 22(1): 1247 - 1258.

[44] WANG Liang , WANG Baocang , MA Shuquan. A Signature-Sharing Based Auditing Scheme with Data Deduplication in Cloud Storage[C]//Chinese Conference on Trusted Computing and Information Security, 2017.

[45] ATENIESE G, BURNS R, CURMOLA R, et al. Provable data possession at untrusted stores[J]. ACM Conference on Computer & Communications Security, 2007, 14(1): 598 - 609.

[46] JUELS A, KALISKI B S. PORs: proofs of retrievability for large files[C]//Proceedings of the 14th ACM Conference on Computer and Communications Security, October 29-November 2, 2007, Alexandria, VA, USA. New York: ACM Press, 2007: 584 - 597.

[47] SHACHAM H, WATERS B. Compact proofs of retrievability[J]. Journal of Cryptology, 2013, 26 (3): 442 - 483.

[48] 刘婷婷, 赵勇. 一种隐私保护的多副本完整性验证方案[J]. 计算机工程, 2013(7): 55 - 58.

[49] 谭霜, 谭林, 李小玲, 等. 一种有效率的方法用于检测云中数据的完整性[J]. China Communications, 2014, 11(9): 68 - 81.

[50] 李超零, 陈越, 谭鹏许, 等. 基于同态 hash 的数据多副本持有性证明方案[J]. 计算机应用研究, 2013, 30(1): 265 - 269.

[51] 付艳艳, 张敏, 陈开渠, 等. 面向云存储的多副本文件完整性验证方案[J]. 计算机研究与发展,

2014, 51(7): 1410 - 1416.

[52] MA M, WEBER J, BERG J V D. Secure public-auditing cloud storage enabling data dynamics in the standard model[C]//International Conference on Digital Information Processing. IEEE, 2016: 170 - 175.

[53] KANG B, WANG J, SHAO D. Attack on Privacy-Preserving Public Auditing Schemes for Cloud Storage[J]. Mathematical Problems in Engineering, 2017, (2017 - 5 - 11), 2017: 1 - 6.

[54] XUE L, NI J, LI Y, et al. Provable data transfer from provable data possession and deletion in cloud storage[J]. Computer Standards & Interfaces, 2017, 54(P1): 46 - 54.

[55] PAWAR A, DANI A. A Novel Approach for Protecting Privacy in Cloud Storage based Database Applications[J]. Wseas Transactions on Computers, 2016, 21(8): 41 - 45.

[56] 王月. 支持隐私保护的数据完整性审计方法研究[D]. 西安：西安建筑科技大学, 2018.

[57] 王栋. 基于同态加密的动态多副本数据持有性验证方法研究[D]. 西安：西安建筑科技大学, 2017.